高性能钛铝合金热处理工艺及应用

张可人 著

中国石化出版社
·北京·

内容提要

本书综合国内外最新研究成果，系统地介绍了 TiAl 基合金铸造过程中凝固组织、凝固路径演变的基本规律和特征；讨论了 TiAl 基合金相关相区的研究进展，着重探讨了有关固态相变行为、亚稳组织析出及控制过程；介绍了 TiAl 基合金晶粒尺寸对合金性能的影响规律及展望了合金未来发展方向。

本书可作为高等院校材料科学与工程、固体力学、机械设计及理论等相关专业的本科生及研究生的学术研究参考资料，亦可作为相关专业领域科研人员及工程技术人员的参考书。

图书在版编目(CIP)数据

高性能钛铝合金热处理工艺及应用/张可人著．—北京：中国石化出版社，2023.10

ISBN 978-7-5114-7310-3

Ⅰ．①高… Ⅱ．①张… Ⅲ．①高性能化－钛合金－铝合金－热处理－研究 Ⅳ．①TG166

中国国家版本馆 CIP 数据核字(2023)第 213167 号

中国石化出版社出版发行

地址：北京市东城区安定门外大街 58 号

邮编：100011 电话：(010)57512500

发行部电话：(010)57512575

http://www.sinopec-press.com

E-mail:press@sinopec.com

北京艾普海德印刷有限公司印刷

全国各地新华书店经销

*

710 毫米×1000 毫米 16 开本 10.75 印张 201 千字

2024 年 1 月第 1 版 2024 年 1 月第 1 次印刷

定价：68.00 元

前　　言

TiAl 金属间化合物合金（Titanium Aluminide alloys）在表现出低密度（密度仅为镍基高温合金的 1/2）、高熔点、高耐火性、高比强度和比模量以及低扩散率的同时，还表现出高温强度和高温抗蠕变、抗疲劳和抗氧化等诸多优良的高温性能，从而成为有望替代已在航空、航天和汽车等工业领域使用的镍基高温合金和铁基合金的一种轻质高温结构材料，在实现结构减重、提高推重比的同时，还能提高燃油经济性和减少废气的排放。

本书首先介绍了高性能钛铝合金的前沿研究进展，通过了解其凝固特征，指导固态相变行为的研究，进而介绍了钛铝合金的制备及研究方法，探讨了钛铝合金成分－组织－性能的关系。另外，合金的进一步发展离不开计算机的理论模拟，因此总结了钛铝合金的第一性原理计算相关研究进展，具体讨论了合金元素 Ta 的影响规律及其对力学性能的影响。最后介绍了钛铝合金的展望及挑战。

本书的撰写得到了西北工业大学胡锐老师的指导和大力支持，部分实验数据由西北工业大学提供；同时，本书的出版获西安石油大学优秀学术著作出版基金资助。作者在此一并表示衷心的感谢。

由于作者水平有限，书中难免存在错误和疏漏之处，恳请读者批评指正。

目　　录

1 高性能钛铝合金

1.1 前言

材料与材料科学是人类文明存在和发展的基础和支柱，材料与材料科学的发展为人类文明的进步提供了物质基础和源源不断的动力。对材料使用需求的提高对材料性能的要求越来越高，新材料，特别是新结构材料和功能材料的开发与制备成为关键。其中，金属间化合物结构材料由于表现出诸多出色性能，从而成为材料科学领域研究的重点和热点。

金属间化合物耐高温材料是金属间化合物新材料中一个重要分支，是一类新型的高温合金结构材料。近年来，第四代和更新一代的航空航天器的发展，对高温结构材料的密度和比强度提出了更高的要求。由此，NiAl、TiAl 等 AB 型铝化物就成为发展的重点。单晶 NiAl 是一种理想的材料，因为它既耐高温，又有高比强度。但是，其室温拉伸塑性为零。TiAl 金属间化合物合金（Titanium Aluminide alloys）表现出高熔点、低密度（密度仅为镍基高温合金的1/2）、高耐火性、高比强度和比模量以及低扩散率；同时，还表现出高温强度和高温抗蠕变、抗疲劳和抗氧化等诸多优良的高温性能，从而成为有望替代已在航空、航天和汽车等工业领域使用的镍基高温合金和铁基合金的一种轻质高温结构材料，在实现结构减重、提高推重比的同时，还能提高燃油经济性和减少废气的排放。

γ－TiAl 合金具有重要的性能优势，具体如下：

（1）高熔点（high melting point）；

（2）低密度（low density）；

（3）高比强度和比模量（high specific strengths and moduli）；

（4）低扩散率（low diffusivity）；

（5）良好的结构稳定性（good structural stability）；

(6)良好的抗氧化和抗腐蚀性能(good resistance against oxidation and corrosion);

(7)与 Ti 合金相比具有高抗燃性能[high ignition resistance(when compared with conventional Titanium alloys)]。

然而，TiAl 合金也存在不足之处，如低的室温延展性和断裂韧性、在 800℃ 以上温度时其抗氧化性能及在更高温度时高温强度的不足等。尤其是其室温塑性和断裂、蠕变性能呈负相关关系，使得 TiAl 合金的整体性能极难均衡，而且不易加工成形，这极大地限制了 TiAl 合金体系在实际中的应用。为了改善和提高 TiAl 合金的综合力学性能，从 20 世纪 80 年代到 90 年代开始，围绕 TiAl 合金的性能与显微组织的关系，人们开展了大量的研究工作。研究表明，TiAl 合金的性能对其显微组织的变化极其敏感，并且发现 TiAl 合金的显微组织可通过控制相变过程进行调控，并最终获得最优的综合性能。

1.2 钛铝合金的研究现状

TiAl 合金作为高温结构工程材料的第一个突破性发展是发现了 $\gamma+\alpha$ 复相组织强韧化新技术，全面提高了 TiAl 合金的强度和塑性。TiAl 合金体系的发展有助于其衍生副产品在其他高温技术上的应用，具有良好的经济效益。

1.2.1 γ-TiAl 合金的发展

尽管 20 世纪 50 年代中期人们已经认识到 γ-TiAl 具有很好的高温强度和蠕变抗力，且其抗氧化性能可通过添加 Ta、Nb 及 Ag 得到改善，但对 γ-TiAl 的研究真正开始于 70 年代中期。γ-TiAl 合金的发展从 50 年代 McAndrew 等对 Ti-Al 二元合金的研究工作开始，公认的第一代 γ-TiAl 合金是成分为 Ti-48Al-1V-0.1C(原子分数/%)，是普惠航空发动机公司于 1979 年开发的第一种具有实际应用价值的 γ-TiAl 合金，虽然存在室温塑性和冲击性能较低、易产生铸造缺陷等缺点，但其较好的断裂韧性和典型结构件(如 F100 发动机压气机叶片毛坯和 JT9D 发动机低压涡轮叶片)的成功铸造成形大大推动了相关的研究工作。

随后，γ-TiAl 合金的发展进入第二代合金的研究工作，其具有典型的成分组成：Ti-(45~48)Al-(1~3)X-(2~5)Y-(<1)Z(其中 X 指 Cr、Mn 和 V 等元素，Y 代表 Nb、Ta、W、Mo，Z 代表 Si、B、Fe、N 和 C 等元素。第二代 γ-TiAl 合金也被称为传统 γ-TiAl 合金)。Ti-48Al-2Cr-2Nb(原子分数/%)

(4822 合金)和 Ti－45Al－2Mn－2Nb－0.8vol.% TiB_2(45XD 合金)是第二代 γ－TiAl 合金的典型代表。其中，4822 合金在第二代 γ－TiAl 合金中具有最好的塑性，而 45XD 合金的铸造性能较优，且具有好的高温强度和抗疲劳性能。因而，从美国空军开始 4822 合金军用航空发动机低压涡轮叶片研发工作后，早在 1999 年三菱公司(Mitsubishi)就在其汽车产品中使用了 γ－TiAl 合金制造的涡轮增压器转子，而通用电气公司(General Electric)更是在将第二代 γ－TiAl 合金(4822 合金)精密铸造的低压涡轮叶片在 GE CF6 发动机中测试成功后，于 2006 年开始用于 GEnx™ PW1100G－JM 引擎。这是 TiAl 合金首次应用于航空发动机，具有里程碑式的意义，进一步促进了 γ－TiAl 合金的发展。目前，每天有 160 多台 GEnx™发动机工作在波音(Boeing)787 和 747－8 飞机上，有超过 19 万个 TiAl 合金低压涡轮叶片已经在航空系统中使用(图 1－1)。

图 1－1　波音 787 客机 GEnx－1B 型发动机，TiAl 合金用于低压涡轮叶片最后 2 级

第二代 γ－TiAl 合金的稳定使用温度只有 650℃，然而，随着工业技术的不断发展，人们对 γ－TiAl 合金的性能提出了更高的要求，人们通过不断改善 γ－TiAl 合金的加工工艺和微合金化的方法来提高其综合性能。到目前为止，第三代 γ－TiAl 合金已经发展到逐步得到实际应用的程度。为了满足更高的性能要求，各国的研究工作者提出了很多种第三代 γ－TiAl 合金成分方案，可表示为：Ti－(45～48)Al－(0～10)X－(0～3)Y－(0～1)Z－(0～0.5)RE，其中，X 代表 Cr、Mn、Nb、Ta 等元素，Y 代表 W、Mo、Hf、Zr 等元素，Z 代表 Si、B、C 等元素，RE 代表稀土。总体上可分为三种类型，即最早由北京科技大学陈国良团队提出的高铌 γ－TiAl 合金、为了消除组织中各向异性明显的 β 凝固合金和块状转变合金。对于第三代 γ－TiAl 合金，目前逐渐开始应用 TNM 合金。在 2014 年，普惠(Pratt and Whitney)与德国摩天宇航发动机公司(MTU Aero Engines)进行了空客(Airbus)320neo 的试飞，其中使用了新型 GTFTM 发动机方案，并在设计中使用了能适用于更高转速和更高温度的第三代 TiAl 合金(TNM 合金)锻造低压涡轮叶片。另外，法国斯奈克玛公司(Snecma)联合通用电气公司也提出了用于替代 CFM 飞机发动机的新型 LEAPTM 发动机方案，并宣布该系列发动机的低压涡轮叶片将使用 TiAl 合金，将主要用于波音(Boeing)737MAX、中国商飞(CO-

MAC）C919 及部分空客（Airbus）320neo 等型飞机。罗尔斯－罗伊斯公司（Rolls－Royce）也将使用 TiAl 合金叶片纳入其 AdvanceTM 和 UltraFanTM 飞机发动机方案。

γ－TiAl 合金因所构成的晶体中金属键与共价键共存而同时具有金属和陶瓷性能，而共价键的存在会导致位错的运动变得困难，使其出现室温脆性大的特点，故而限制了金属间化合物作为结构材料的广泛应用。图 1－2（a）所示为 γ－TiAl 基合金与 Ti 合金、Ti_3Al 金属间化合物及 Ni 基高温合金的典型力学性能的对比。可以看出，γ－TiAl 基合金比 Ti_3Al 金属间化合物和 Ti 合金具有更加优越的高温性能，与 Ni 基高温合金的高温性能相近而合金密度仅为高温合金的 50%。图 1－2（b）所示为 γ－TiAl 合金与常用高温结构材料的比模量随着温度变化对比。图 1－2（c）所示为不同合金燃烧速率比较。可以发现，γ－TiAl 基合金具有较高的比强度和比刚度（较其他航空发动机常用材料高约 50%），在600～750℃具有良好的蠕变性能及很低的燃烧速率。这些优点使得 γ－TiAl 基合金在航空航天发动机领域展现出明显的应用优势。

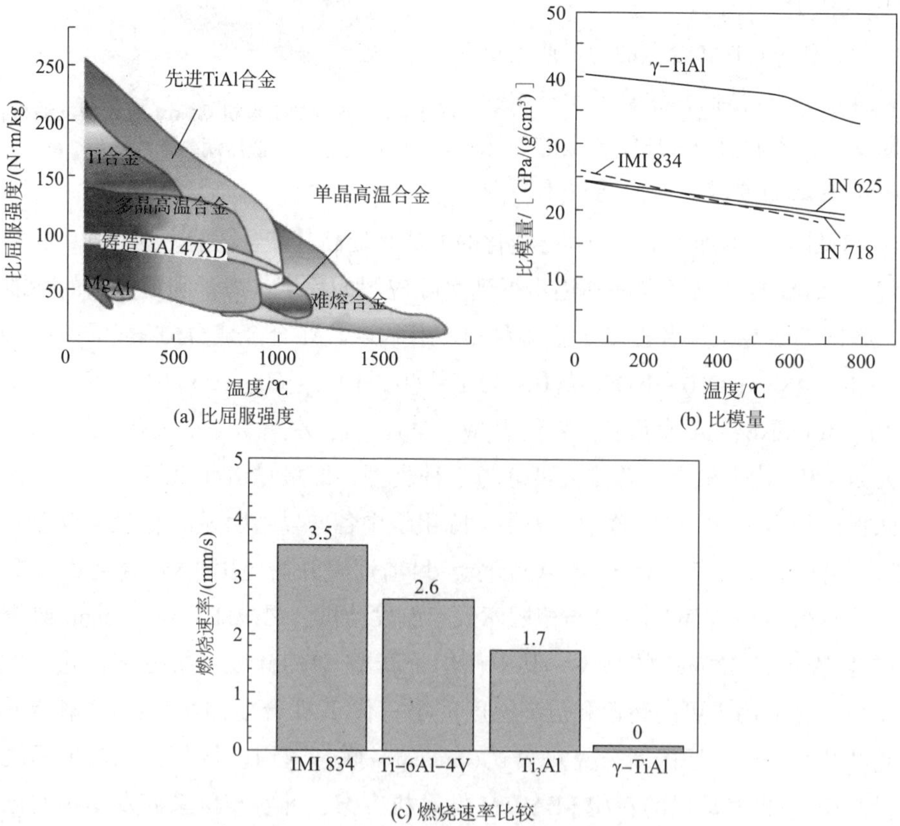

图 1－2　γ－TiAl 合金和常用高温结构材料

表1-1所示为TiAl基合金与Ti_3Al基合金、Ti基合金和Ni基高温合金的性能。由表可知，TiAl基合金密度只有Ni基高温合金密度的1/2，而且二代γ-TiAl合金在750℃以下高温性能已经与Ni基高温合金相当，第三代γ-TiAl合金甚至有可能在900℃以下作为代替Ni基高温合金的结构材料，这些充分表现出轻质高温结构材料的潜力和优势。

表1-1　TiAl基合金与Ti_3Al基合金、Ti基合金和Ni基高温合金的性能

性能	Ti基合金	Ti_3Al基合金	TiAl基合金	Ni基高温合金
晶体结构	hcp/bcc	$D0_{19}$	$L1_0$	fcc/$L1_2$
密度/(g/cm^3)	4.5	4.1~4.7	3.7~3.9	7.9~9.5
弹性模量/GPa	95~115	110~145	160~176	206
屈服强度/MPa	380~1150	700~990	400~630	800~1200
抗拉强度/MPa	480~1200	800~1140	450~700	1250~1450
室温延伸率/%	10~25	2~10	1~4	3~25
室温断裂韧性/($MPa/m^{1/2}$)	12~80	13~30	12~35	30~100
蠕变性能/℃	600	750	750①~950②	800~1090
氧化性能/℃	600	650	800③~950④	870~1090

①双态组织；②全板条组织；③无涂层；④涂层/控制冷却。

随着第二代γ-TiAl合金的工业应用，与产品制造工艺、供应链、质量稳定性相关的科学与技术问题成为研究重点。从应用成本等角度考虑，目前唯一可接受的制造工艺是铸造。但因为净尺寸精密铸造难度很大，PCC精密铸造公司为通用电气公司生产的4822合金叶片采用先重力铸造出超尺寸毛坯，再进行加工得到最终尺寸叶片的工艺。由于叶型为曲面，且TiAl基合金加工难度较大，致使制造成本仍然较高。至2014年，PCC公司制造TiAl叶片的年产量已达到近4万片。在工业生产条件下积累相关数据和应用经验需要基础研究的有力支撑。针对航空发动机γ-TiAl合金涡轮叶片等应用目标，欧盟第六框架启动了IMPRESS项目，对金属间化合物关键应用开展历时5年(2005—2009年)的纵向集成和横向集成研究。欧洲通过IMPRESS项目使分散、碎片化的γ-TiAl基础研究集成进入国际前列。

先进材料，特别是应用于苛刻环境的结构材料，从概念到应用一般认为会经历4个阶段(图1-3)。在研究热潮阶段，材料被描述为革命性的。当热潮冷却下来便进入研究活动低谷的攻坚阶段，此时材料被描述为即将兴起，这一阶段通常是漫长的，事实上多数先进材料走不出这个“死亡谷”。一旦材料的技术难题被攻克并在某个重要需求拉动下首次应用，即进入实现特定应用的第3阶段，只有当材料的稳定性、成本、供应链等诸问题妥善解决以后才会成为商品材料，或称为货架材料。在这两个阶段，材料逐渐走向成熟。到目前为止，γ－TiAl合金的发展历史基本符合图1－3所示的规律。基于首先在通用电气公司发动机上获得工业化应用的4822合金的发展史，可以确定γ－TiAl合金各发展阶段的大致时间节点。

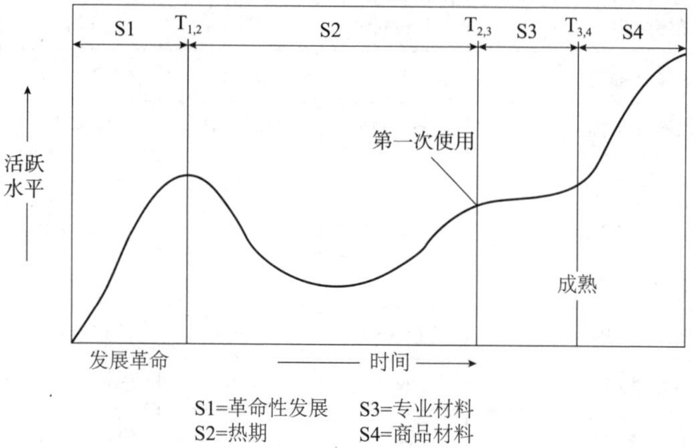

图1－3　先进材料的发展阶段

可以预见，未来的γ－TiAl合金将要在更高转速、更高压力和更高温度下工作。我国也于2011年启动了轻质高温TiAl合金相关的国家“973”计划，用于促进国内的TiAl合金研究工作的发展，北京航空材料研究所、西北工业大学、北京航空航天大学、钢铁研究总院、哈尔滨工业大学等众多科研单位都对TiAl合金开展了深入的合作和研究工作。虽然已经有了一定的工程应用，然而高制造成本却大大限制了γ－TiAl合金的更广泛应用，新的低成本的精密铸造技术和塑性加工技术的进一步发展是解决这一限制的两大途径。

1.2.2　γ－TiAl合金中的相、相图及其特点

TiAl合金是指由Ti和Al元素组成的二元金属间化合物（中间相）或以Ti和Al元素为主要组成元素并和其他微合金化元素一起构成的三元及以上的金属间化合物（中间相）。TiAl合金的发展是伴随着对微合金化元素的特点和作用的理解程度一同发展的。而TiAl合金二元相图及多元相图的发展又是这一过程的充分见证，并且，相图中包含TiAl合金中各个相的基本特点和相互之间关系的基

本信息，是研究和进一步发展 TiAl 合金的基本工具。TiAl 合金显微组织由多种相组成，各个相又表现出自己独特的特点。各个相含量的不同、分布状态和形状的差异与合金整体性能具有最为密切的联系。

在 Ti - Al 二元体系中，常见的金属间化合物有三种，分别为 Ti_3Al、TiAl 和 $TiAl_3$。由于 Ti 原子与 Al 原子间具有较强的键合作用及复杂的晶体结构，TiAl 合金又硬又脆而且具有一定的高温性能。其中，基于 $TiAl_3$ 的合金虽然具有密度最低和很好的高温抗氧化性能的优势，但却具有极差的室温塑性，因而短期内无法实现实际应用；基于 Ti_3Al 的合金正好相反，其具有较好的室温塑性，但高温强度和抗氧化性能却并不足够，大大限制了该体系合金的应用；其中 TiAl(γ) 相的 γ - TiAl合金具有相对优良的高温性能，以及可以接受的室温塑性和韧性，被认为是最具有实际工程应用价值的 TiAl 合金。

具有实际应用价值的 γ - TiAl 合金组织中一般包含 γ(TiAl) 相、α_2(Ti_3Al) 相和少量的 β_2 相，其中 α_2 相是高温 α 相在冷却过程中发生有序化转变而形成的，β_2 相是 β 相在冷却过程中发生有序化转变而形成的，γ 相在室温组织中具有等轴和片层两种形貌状态。γ 相是 γ - TiAl 合金组织中的主要组成相，其在室温组织中具有两种形貌状态：γ 等轴和 γ 片层。对于第二代 γ - TiAl 合金而言，γ 相体积分数可达到 85% 左右。并且 γ 相还具有很宽的成分范围，其 Al 元素含量在 48% ~69.5%(原子分数)。晶体结构是面心立方基的有序 $L1_0$ 型超点阵结构，属于 P4/mmm 空间群，单胞结构如图 1 -4(a)所示，单胞内 Ti 原子与 Al 原子个数相等(各有两个原子)，因而记为 TiAl。γ 相在到达其熔点(约为 1450℃)之前可以一直保持稳定状态，属于玻色欧莱依德(Berthollide)型化合物。其特点是在[001]方向上 Ti 原子面与 Al 原子面交替排列，使得沿[001]方向的晶格常数略大于[010]和[100]方向的晶格常数，平衡状态下其 c/a 约为 1.02，其中 $a = b \approx 0.4001$nm，$c \approx 0.4071$nm，通常 c/a 值会随着 Al 元素含量的不同而在 1.01 ~ 1.03 变化。为了清楚表达 γ 相这种 c 轴与其他两轴的晶体学不对称现象，其晶向与晶面指数通常用 <001] 和 <001) 的方式表达。这种 Ti 原子面与 Al 原子面沿 <001] 方向交替排列的原因是 Ti、Al 原子成键时，Al 原子 P 电子会极化，导致 Ti - Al 键合的沿 <001] 方向的方向性。这造成了 Ti - Al 键的键合力很强，提高了 γ 相中原子的扩散激活能，最终使得 γ 相可以保持很好的高温强度和很优良的扩散控制的蠕变性能，也是 γ - TiAl 合金在高温条件下能保持很好的刚度的原因，但同时也造成了合金塑性和韧性较低。

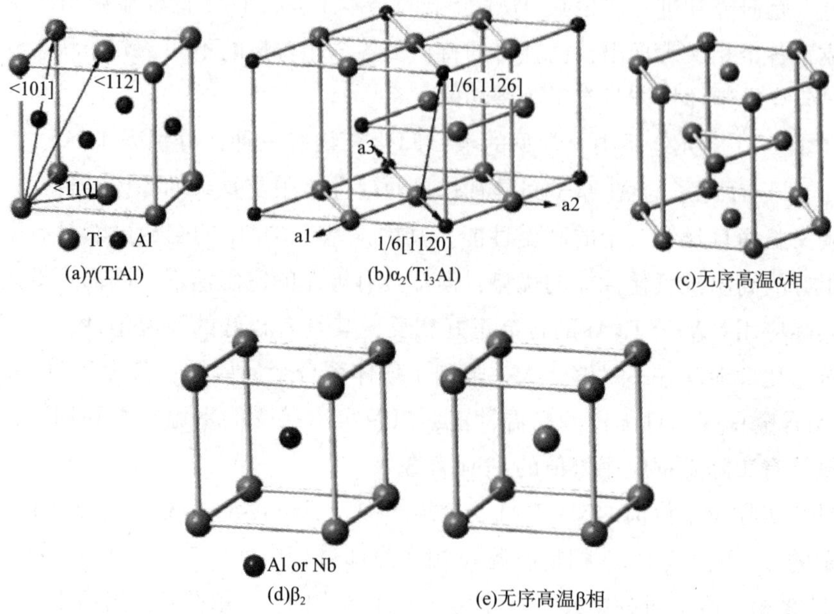

图 1－4　γ－TiAl 合金中不同相的晶体结构

作为以面心立方为基础的 $L1_0$ 结构，γ 相的滑移面是{111}面，在<110]、<101]/<011]和<112]滑移方向上存在 1/2 <110]和 1/2 <112]普通位错及<101]/<011]超点阵位错。其中 1/2 <110]普通位错的位错能最低，但其开动需要克服很高的派纳力，所需的激活能很高，所以其可动性很差，1/2 <112]位错具有类似 1/2 <110]位错的情况。而<101]/<011]则不然，其开动不受派纳力的影响。所以，在低温形变和室温形变的组织实验中，1/2 <110]和1/2 <112]普通位错很难被观察到，主要观察到的滑移位错是<101]/<011]超点阵位错；在室温以上的温度形变组织中，孪生形变出现的概率越来越高。超点阵位错开动时，多伴随层错偶极子的产生。普通位错不能开动和超点阵位错被层错偶极子钉扎是单相 γ 合金在室温下塑性低的主要原因。

α_2 相在平衡状态的组织中一般以片层状态在片层团内相间地分布于 γ 片层之间。α_2 相具有六方 $D0_{19}$ 型有序超点阵结构，晶格参数为：$a=0.5782$nm，$c=0.4629$nm，属于 $P6_3/mmc$ 空间群，单胞结构如图 1－4(b)所示。α_2 相内原子的最密排面为(0001)面，并且沿[11$\bar{2}$0]最密排方向 Ti 和 Al 原子交替出现，其单胞可以看作由 4 个亚胞穿插而成，单胞由 2 个 Al 原子和 6 个 Ti 原子构成，记为 Ti_3Al。同时，α_2 相在室温条件下 Al 含量可在 22%～39%(原子分数)范围内变化，在温度高于一定值时会发生有序－无序转变，成为六方的高温无序 α 相，一般认为 Ti－48Al－2Nb－2Cr 合金的转变温度为 1150℃，α_2 相属于库尔纳科夫(Kurnakov)型化合物。图 1－4(c)所示为高温无序 α 相的单胞结构示意。与有序的 α_2 相相比，可以发现在 c 轴有序化前后无明显变化，并且有序化后的 α_2 相 a 和 b 轴的晶格常数是无序高温 α 相的 2 倍。

α_2 相可能开动的滑移系有基面滑移系 $<11\bar{2}0>(0001)$、柱面滑移系 $<11\bar{2}0>(1010)$（为“a”型滑移）和锥面滑移系 $<11\bar{2}6>(11\bar{2}\,\bar{1})$（为“a＋c”型滑移）。实验观察发现，在 700℃ 以下发生形变时，主要是“a”型柱面滑移系 $<11\bar{2}0>(1010)$ 开动。在基面“a”型滑移系和锥面上的“a＋c”型滑移系很少开动，即使在实验观察中能观察到一些，但这两种滑移系所承担的形变量也是极有限的。这也是 α_2 相塑性低的原因。

β_2 相是高温 β 相的有序化结构，一般在凝固速度较快或者含大量 β 相稳定元素的三元及三元以上 TiAl 合金中出现。β 相具有体心立方结构，晶格常数在 0.316～0.323nm，空间群属于 $Im\bar{3}m$，单胞结构如图 1－4(d)和(e)所示。而在室温下，β_2 相在 TiAl 合金中是脆性相。高温 β 相因为是无序的，所以在形变时其有充足的滑移系可以开动，从而使合金可以产生较大的形变量，TNM 合金的锻造工艺设计就是利用高温 β 相的这一特性；有序化以后的 β_2 相可开动的滑移系就少了很多，因而是脆性相，在室温发生形变时一般是裂纹萌生处。可见，对于 TNM 这类合金而言，在室温下要尽可能减小 β_2 相含量，而在高温锻造时又要尽可能多地引入高温 β 相，这一直是这类合金的难点。γ－TiAl 合金中主要相的晶体结构信息见表 1－2。

表 1－2　γ－TiAl 合金主要相的晶体结构

相	晶体类型	晶体结构	空间群	皮尔逊符号	类型
γ－TiAl	fcc	$L1_0$	P4/mmm	tP4	AuCu
α_2－Ti_3Al	hcp	$D0_{19}$	$P6_3/mmc$	hP8	Ni_3Sn
α－Ti	hcp	A3	$P6_3/mmc$	hP2	Mg
β_2－Ti_2AlNb	bcc	B2	$Pm\bar{3}m$	cP2	CsCl
β－Ti	bcc	A2	$Im\bar{3}m$	cI2	W

可见，γ－TiAl 合金的性能不但与其组织特点有关，还与 γ、α_2 等各相的比例有关，因此为获得满足使用条件的合金性能，必须对合金的组织进行调控，掌握合金的相变和相图是进行组织调控的基础。对 γ－TiAl 合金而言，合金元素含量的不同，尤其是 Al 元素，对凝固路径和相变路径具有很大的影响，人们对 γ－TiAl合金的凝固、相变和组织演变的理解伴随着对 TiAl 合金相图的确定。

最早的 TiAl 合金相图是在 TiAl 合金研究工作开始后的 30 年才建立起来的 Ti－Al二元相图，但至今部分相区边界的确定依然不是十分清楚。图 1－5(a)所示为 Willey 等在 1973 年建立的最早的一个版本的 Ti－Al 二元相图，存在很多与目前实验结果和对相命名方法不一致的地方，尤其是其中的 Ti_3Al 相能够保持稳定一直到其熔点这一与实验结果明显不符的现象。在大量实验数据和论证的基础上，Murray 在 1987 年成功建立了第一份与实验结果比较符合的 Ti－Al 二元相图，并在很长时间被作为标准相图用来参考，如图 1－5(b)所示。该相图明确指出了 Ti_3Al 相存在无序－有序转变、在 1125℃的共析分解反应和关于 TiAl 相和 α 相的两个包晶反应。然而，该相图中相变温度和相区边界并未精确确定，对直接从液相析出的初生 α 相的相区也未标出，因此 Veeraraghavan 等在实验的基础上进一步完善了 Murray 相图，确定了初生 α 相的存在，如图 1－5(c)所示。2006

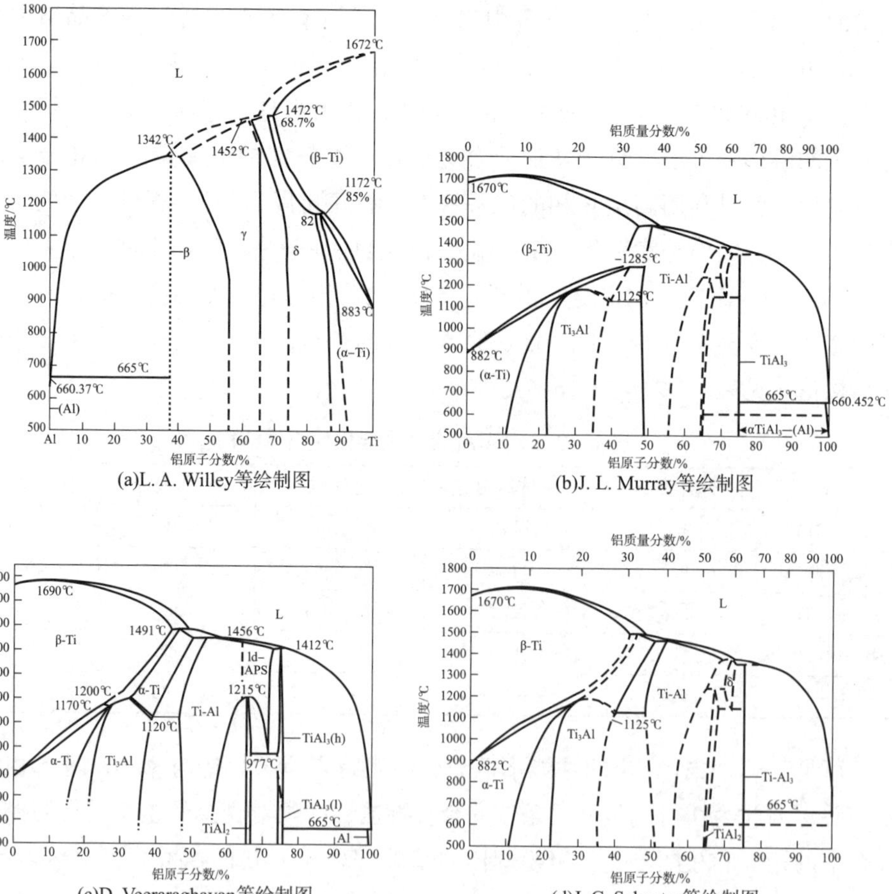

(a)L. A. Willey等绘制图　(b)J. L. Murray等绘制图

(c)D. Veeraraghavan等绘制图　(d)J. C. Schuster等绘制图

图 1－5　Ti－Al 二元相图

年，Schuster 等在整合大量实验数据的基础上，绘制了目前认可度最高的 Ti – Al 二元相图。如图 1 – 5(d)所示，相图对各个相区边界和相变温度均做了精确的绘制并对实验数据进行了标注。Witusiewicz 使用 CALPHAD 对 Ti – Al 二元相图进行了计算和绘制，主要对 60%（原子分数）Al 含量的相区进行修正。

对于具有工程应用价值的 γ – TiAl 合金，其 Al 元素含量一般在 44% ~48%（原子分数），通过图 1 – 5(d)的 Ti – Al 二元相图可以看出，γ – TiAl 合金凝固和相变路径对 Al 元素含量极其敏感，既可以通过 $L\rightarrow\beta$ 的方式从液相中开始凝固，即 β 相凝固方式，又可以通过 α 相凝固和包晶凝固方式。其中包晶凝固方式包含 $L+\beta\rightarrow\alpha$ 和 $L+\alpha\rightarrow\gamma$ 两种包晶凝固路径。详细凝固路径如下：β 相凝固路径：$L\rightarrow L+\beta\rightarrow\beta\rightarrow\beta+\alpha\rightarrow\alpha\rightarrow\alpha+\gamma\rightarrow$lamellar$(\alpha_2+\gamma)$；$\alpha$ 相凝固路径：$L\rightarrow L+\beta\rightarrow L+\beta+\alpha\rightarrow L+\alpha\rightarrow\alpha\rightarrow\alpha+\gamma\rightarrow$lamellar$(\alpha_2+\gamma)+\gamma$ 或者 $L\rightarrow L+\alpha\rightarrow\alpha\rightarrow\alpha+\gamma\rightarrow$lamellar$(\alpha_2+\gamma)+\gamma$。其中当 Al 含量小于 44%（原子分数）时，合金按 β 相凝固进行，在合金组织完全转变为 α 相后，会先发生无序 – 有序转变，然后再析出片层状 γ 相从而形成片层组织，即 $L\rightarrow L+\beta\rightarrow\beta\rightarrow\beta+\alpha\rightarrow\alpha\rightarrow\alpha_2\rightarrow\alpha_2+\gamma\rightarrow$lamellar$(\alpha_2+\gamma)$。对于原子分数 49% ~55% Al 的合金会按照 γ 相凝固路径：$L\rightarrow L+\alpha\rightarrow\alpha+\gamma\rightarrow\gamma$ 凝固。

实际应用中的工程化 γ – TiAl 合金都含有微合金化元素，这些元素会对相变产生重要影响，从而影响 Ti – Al 合金相图。目前，虽然对于 Ti – Al – X 类三元合金已经有比较完善的相图，但对四元系合金而言其相图的建立就非常困难。因而在实际应用中，常常使用 Ti – Al 伪二元相图作为研究合金相变的参考。如图 1 – 6 所示的 Ti – Al – Nb 三元合金的伪二元相图。

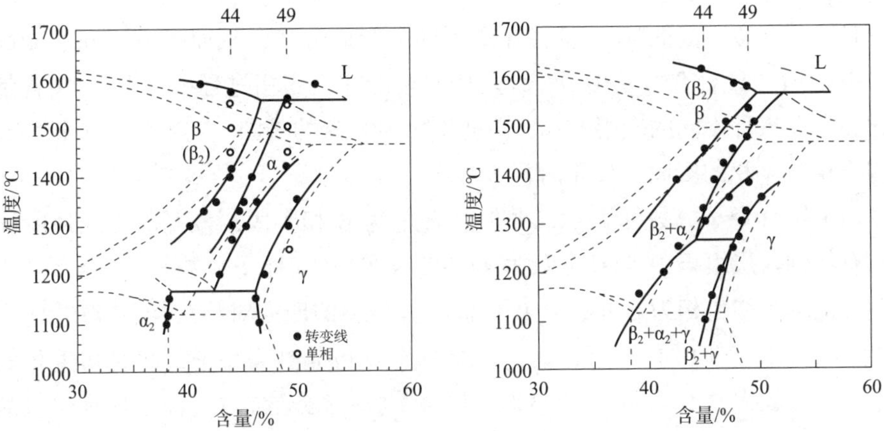

(a)Ti-Al-8Nb　　(b)Ti-Al-10Nb

图 1 – 6　高 Ti – Al – Nb 合金伪二元相图

2　钛铝合金的凝固特征

目前被广泛研究的 TiAl 合金铸态组织主要是粗大的柱状枝晶，这种组织存在以下不足：①各向异性大，室温强度及延展性欠佳；②由于枝晶的存在，易在枝晶界面处产生微孔等缺陷。正因如此，人们研究开发了热机械处理细化和热处理细化等方法来达到细化组织、提高性能的目的。研究也表明，α 相凝固路线合金由于柱状晶的存在，若在预处理过程中未被破坏，在后续热处理过程中很容易出现试样的变形现象，这种变形对于形状要求较高且加工余量较小的铸件非常有害。为此，本章具体讨论 TiAl 基合金凝固特征。

2.1　钛铝合金凝固行为研究

2.1.1　钛铝合金凝固方式

TiAl 基合金不同的 Al 含量将导致不同的凝固方式，从而形成不同的凝固组织。根据 Ti－Al 合金二元相图，合金从液相冷却至固相过程中，由于 Al 含量的变化，存在三种不同的凝固方式，即初生相为 β 相的凝固、初生相为 α 相的凝固和初生相为 γ 相的凝固。具体内容如下：

(1)当 Al 原子分数低于 44.8% 时，合金为 β 相凝固，该凝固方式使凝固组织具有等轴片层组织；当 Al 含量为 44.8% ~49.4% (原子分数)时，合金处于包晶凝固范围，初生相为 β 相，且 β 相枝晶呈典型的四方对称结构，其中 Al 含量为 44.8% ~47.3% (原子分数)时，合金具有亚包晶凝固特征，此时初生相的结晶温度范围较大；Al 含量为 47.3% ~49.4% (原子分数)时，合金具有过包晶凝固特征，随着 Al 含量增加，残余液相增多，使包晶 α 相枝晶比较粗大；

(2)Al 含量为 49.4% ~55% (原子分数)时，合金为 α 相凝固，初生相为 α 相，且 α 相枝晶呈典型的六方对称结构；

(3)当 Al 含量大于 55%(原子分数)时，合金凝固的初生相为 γ 相。其中，在平衡凝固条件下初生相为 β 相凝固的 γ-TiAl 基合金组织为 α_2/γ 全片层，初生相为 α 相凝固的合金组织为 α_2/γ 片层与 γ 相的混合，初生相为 γ 相凝固的合金组织为等轴的 γ 晶粒。

这三种凝固组织具有包晶凝固特征，或单一 β 相凝固的 γ-TiAl 合金具有两相组织，表现出更好的加工塑性和良好的综合性能，因而具备良好的工程应用发展前景，而单相 γ 的合金室温塑性较低。在实际凝固过程中，很难达到完全的平衡凝固状态，通常在非平衡凝固条件下，由于冷却速度较快，合金元素来不及在已经析出的固相中扩散均匀，因而导致晶粒内部化学成分不均匀，产生微观偏析。微观偏析是合金的缺陷之一，对铸件的力学性能和物理特性有很大的影响，通常将增加铸件的开裂倾向、不均匀腐蚀甚至降低合金室温塑性和强度等。同时微观偏析还能使凝固组织中产生微观缺陷，这些缺陷在服役过程中会不断萌生和扩展，最终降低铸件寿命。

按照凝固条件不同主要分为慢速凝固与快速凝固，在慢速凝固条件下，接近于近平衡凝固。在快速凝固条件下，可能会产生亚稳相；而包晶合金长大可分为三个阶段：反应阶段、转变阶段及直接凝固阶段。

2.1.2 近平衡包晶凝固

图 2-1 所示为 $k_e<1$ 和 $k_e>1$ 两种典型的包晶合金相图。从相图上可看出，首先从液相析出的 α 相即为初生相，当温度降低至包晶平台温度 T_P 时，包晶反应($L+\alpha\rightarrow\beta$)发生。在包晶反应过程中，初生 α 相不断分解，直至完全消失，同时包晶 β 相形核长大，β 相的形核可以 α 相为基底，也可从液相中直接形成。

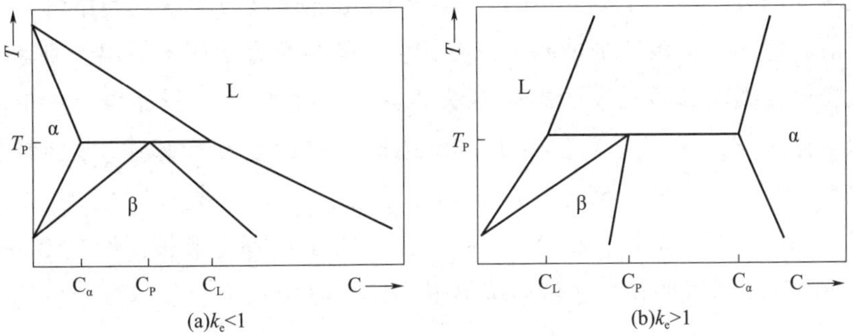

图 2-1 包晶合金相图

通常包晶相的包晶生长过程分为三个阶段：①$L+\alpha\rightarrow\beta$ 包晶反应阶段(Peritectic Reaction)，即包晶反应是通过初生相与液相反应生成包晶相的过程；②$\alpha\rightarrow\beta$ 包晶转变阶段(Peritectic Transformation)，即包晶转变主要是通过固相原子的扩散使初生相消耗生长为包晶相的过程；③$L\rightarrow\beta$ 直接凝固阶段(Direct Solidification)，即液相直接在已存在的包晶相上生长增厚的过程。包晶凝固过程三个阶段的示意如图 2－2 所示。可以明显看出，包晶合金中包晶相的三种生长方式，其中包晶转变机制消耗部分初生相，长时间保持高温有利于包晶转变的进行，更有利于包晶相的粗化。在实际的凝固过程中，这三个阶段并没有明显的界限，可能同时存在。

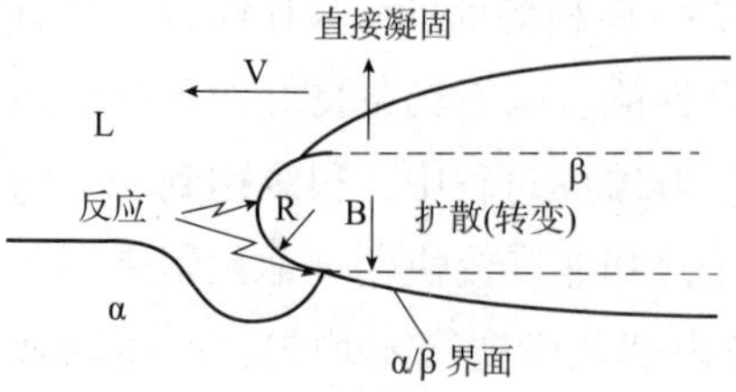

图 2－2　包晶凝固三个阶段示意

2.1.3　非平衡条件包晶合金的相选择

多相合金凝固过程中亚稳相与稳定相之间的竞争就是相选择。由于包晶合金为多相合金，在非平衡凝固过程中广泛存在初生相与包晶相的竞争，即包晶相与初生相之间的相选择。根据亚稳相的定义，包晶合金在凝固过程中，若相图中的初生相领先析出则该相为稳定相，若相图中的包晶相为领先相则该相为亚稳相。

通过文献发现，人们对包晶合金的相选择机制和凝固行为研究已经取得了一些重要进展。Leonhardt 等对过冷 Fe－Mo 包晶合金的相选择行为的研究发现，当熔体过冷度大于 345K 时，包晶 σ 相将取代初生 bcc 相而析出；Zhai 等在快速凝固 Cu－Sn 包晶合金中发现超过临界过冷度 220K，包晶 η 相通过抑制初生 ε 相形核与包晶转变的发生，包晶 η 相直接从过冷液相中形核与长大。Chen 采用深过冷快速凝固的方法研究了 Fe－Ni 包晶合金的相选择行为发现，当熔体过冷度大于一定值，包晶反应被完全抑制，只有初生相 δ 从合金熔体中析出。刘永长等采用深过冷快速凝固和激光表面熔凝方法研究了二元 Ti－Al 包晶合金中的相选择与组织演化规律，界定了该合金中的相选择与过冷度和冷却速度之间的关系。Shuleshova 对于三元 Ti－50Al－5Nb 包晶合金进行过冷凝固时发现，在 $\Delta T<300K$，β 相始终领先形核；在 $\Delta T=305K$，发现 α 相首先形核；但是 $\beta\rightarrow\alpha$ 转变在 10^{-3}s 内发生，说明初生相依然为 β 相(图 2－3)。

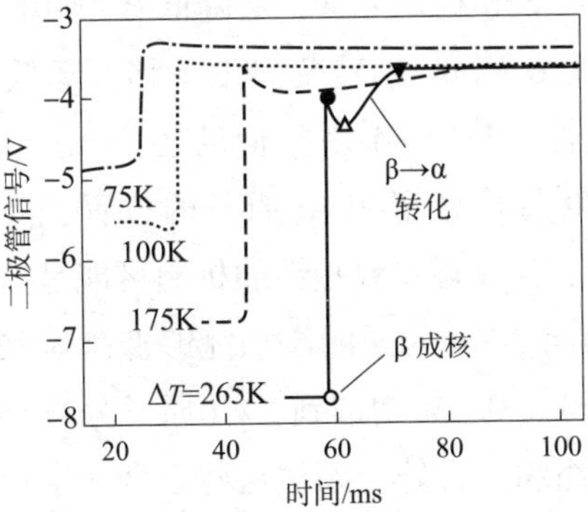

(a)不同过冷度下冷却曲线上得到的二极管信号

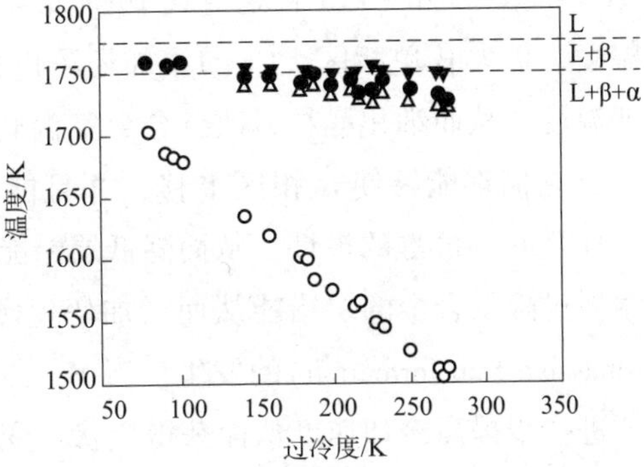

(b)不同过冷度下冷却曲线上得到的特征温度

图 2-3　不同过冷度下 Ti-50Al-5Nb 合金的冷却曲线

2.1.4　合金元素作用下的凝固组织演化

虽然 Ti-48Al-2Cr-2Nb 合金具有较好的室温塑性，但不能满足发动机热端部件未来更高温度的服役要求，因此仍需添加合金化元素以提高 γ-TiAl 合金的高温性能。第 1 章提到的第二代和第三代 γ-TiAl 基合金也是添加了不同的合金化元素发展而来的。针对 γ-TiAl 基合金的成分设计，首先，选择改变 2 个主元素之一 Al 的含量，Al 含量不但极大程度改变了合金凝固组织进而改变合金性能，还能改变 $L1_0$ 结构的四方性进而改变合金的塑性。当 Al 含量控制在 48%(原子分数)左右时，二元 γ-TiAl 基合金的室温塑性、强度、抗疲劳和高温蠕变等性能达到最大值。因为当 Al 含量为 48%(原子分数)时，合金可以形成大约相等体积分数的 α 相和 γ 相。此时，由于 α 晶粒和 γ 晶粒在生长时会互相制约，易获得晶粒细小的双态组织。其次，α 相或 α_2 相内由于富含 Ti 元素，在冷却过程中会吸取 γ 相中氧元素，减小 O 产生的脆性，增强 γ 相中 1/2 <110] 滑移系的可动性。因此在得到很好的室温塑性的同时也得到比较好的综合性能。由于 TiAl 合金室温塑性普遍较低，故良好的塑性在工程应用中非常重要，所以当 Al 含量集中在 43% ~48%(原子分数)时合金具有良好的工程应用前景。除此之外，为了利用高温 β 相进行锻造，一些新型 γ-TiAl 合金的 Al 含量控制在 42% ~43%(原子分数)。虽然 Al 含量的降低会明显地增加合金强度，但考虑合金室温塑性和抗氧化性能，Al 元素一般还是保持比较高的含量。总体来看，Al 含量最显著的作用是改变合金的凝固路径，具体 Al 含量界限则取决于添加的其他元素及其含量。

Cr 和 Nb 元素首先被考虑加入二元 γ-TiAl 基合金中，发展出具有代表意义的 Ti－48Al－2Nb－2Cr 合金。其中 Cr 元素是 β 相稳定元素，会降低 β 单相区下部温度，扩大 β 单相区。Cr 的添加还可以使 α 相向 γ_L 转变温度下移，降低 T_α 转变温度，从而细化晶粒，改善合金室温塑性。与 Cr 作用类似的还有 Mn 和 V 元素，它们都能够使 α 相区下移，并且能够替代合金中 Al 原子的位置，降低 Ti－Al 之间共价键的极性，从而降低层错能。其改善室温塑性的机制可能是这些元素通过降低合金的层错能从而增加孪生倾向。Mn 元素的添加能够抑制块状转变(massive transformation)的发生，当 Mn 含量由 0.4% 增加到 2%（原子分数）时，必须进一步提高冷却速度从而获得块状转变组织。另外，添加这些合金元素还能降低 α 相与 γ 相的界面能。研究发现，在 Ti－45Al－1Si 合金中添加 Cr 元素能降低片层间距，但 Cr 和 Mn 会降低合金抗氧化性能。

Nb 元素能够有效地提高 TiAl 合金高温强度、高温抗氧化、高温抗疲劳等性能，与 Nb 作用类似的还有 W、Mo 和 Ta 等难熔元素，这些都是 β 相稳定元素。当其含量增加时，可以使相图中 β 相区的下边界向下移动，从而使得室温组织中含有更多的 B2 相，有利于使用常规锻造方法对合金进行处理。但室温 B2 相会导致γ－TiAl基合金室温塑性进一步降低，因此不宜添加过多 β 相稳定元素。目前，这些 β 相稳定元素对高温性能，如高温蠕变、高温强度的影响机制并不明确。同时，大部分 β 相稳定元素在 α_2 和 γ 相中最大固溶度不到 2%（原子分数），当 β 相稳定元素含量超过这一值时就会析出第三种相。为了衡量不同的合金化元素的影响能力，通过计算获得不同元素对应的 Al 当量值(表 2－1)。

表 2－1　不同合金化元素代表的 Al 当量

Al 当量	α 相稳定元素		β 相稳定元素						
	C	Si	Cr	V	Nb	Ta	Mo	Re	W
	－4.2	－2.8	+0.1	+0.3	+0.3	+0.3	+0.6	+0.8	+1.0

近年来，与 Nb 元素同在 VA 族的 Ta 元素正逐渐受到关注。Ta 元素熔点远高于 Nb，与 Nb 元素均在 VA 族，Ta 的 Al 当量与 Nb 相同(均为0.3)且不随着 Ta 含量变化而变化，表现出了不同于 Nb 元素对合金凝固行为产生影响的特性。20 世纪 90 年代，McCullough 等在 Al 含量为 45% ～48% 的合金中添加少量的 Ta 元素后发现，γ－TiAl 合金的凝固行为和固态相变行为发生了改变。英国伯明翰大学一直在开发高 Ta－TiAl 合金，并发现高 Ta－TiAl 合金具有比高 Nb－TiAl 合金更好的室温韧性和高温蠕变性能。由于 Ta 原子半径及密度高且属于慢扩散元素，会使 TiAl 相图向高 Al 和高温方向偏移，同时扩大 β 相区并缩小 α 相区，故 Ta

对 TiAl 合金凝固组织和片层组织的影响较 Nb 显著，并直接改变 TiAl 基合金的凝固路径。因此，高含量 Ta 的添加明显影响 TiAl 合金铸锭和铸件的枝晶形貌、成分偏析、致密性与热裂趋向。Lapin 等对比了 Ti－46Al－8Nb 和 Ti－46Al－8Ta 合金定向凝固组织，如图 2－4 所示。发现 Ta 比 Nb 更能细化枝晶尺寸，且枝晶一次臂间距和二次臂间距都发生了明显细化。其中 Ti－46Al－8Nb 合金的凝固路径为单一 β 相凝固，而含 Ta 的 Ti－46Al－8Ta 合金不同于 Ti－46Al－8Nb 合金，Ti－46Al－8Ta 合金在其凝固过程中仍有包晶反应发生。且 Ta 易在树枝晶内偏析，同时，Al 相更易在树枝晶间偏析，树枝晶间 Al 的偏析富集程度比含高 Nb 的合金高而易形成 γ－TiAl 相。

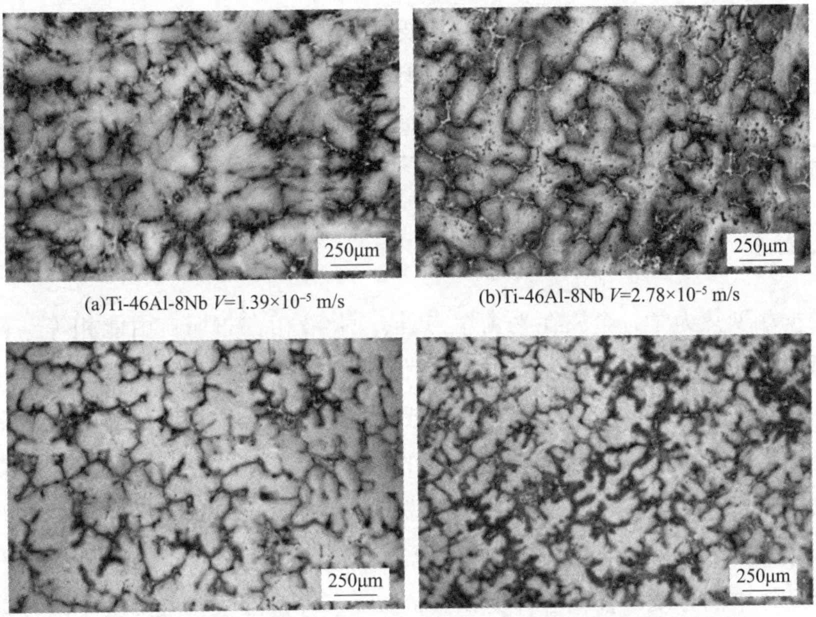

(a)Ti-46Al-8Nb V=1.39×10^{-5} m/s　(b)Ti-46Al-8Nb V=2.78×10^{-5} m/s

(c)Ti-46Al-8Ta V=1.39×10^{-5} m/s　(d)Ti-46Al-8Ta V=2.78×10^{-5} m/s

图 2－4　定向凝固 Ti－46Al－8Nb 和 Ti－46Al－8Ta 合金横截面组织形貌（G_L = 2 × 10^3 ℃/m）

铸造类 TiAl 合金是以高 Al 为主要特点的过包晶凝固合金，通过适当地控制 Al 含量及添加适量的 β 相稳定元素，使 TiAl 合金在发生包晶反应后，还保留残余液相，流动性好，易补缩，可以改变铸造过程中由于没有液相补缩而形成的铸造缺陷。对于不同 Al 含量的过包晶合金，以 Ti－48Al－2Cr－2Nb 合金为例，包晶反应完成后，残余液相适中，容易补缩，组织致密；但是 Al 含量增加 1%（原子分数），残余液相将大量增加，残余液相量过多，包晶相尺寸容易粗大。凝固组织特征和合金的凝固路径与其合金成分密切相关，通过调配 Al、Nb 合金元素获得合理的凝固组织特征，将有助于减小铸锭和铸件的开裂趋向。

2.2 冷却速度对凝固组织的影响

快速凝固是指通过对合金熔体的快速冷却（冷却速率≥10^4～10^6K/s）使合金的非均质形核被遏制，从而使合金在很大过冷度下，发生高生长速率（≥1～100cm/s）凝固。快速凝固能扩大平衡溶解度极限，获得超细的晶粒度，生成亚稳相和非晶相，减少偏析或无偏析，引入高的点缺陷密度，从而得到新型的组织结构和优异的性能。目前，获得非平衡凝固的手段很多，如激冷法、过冷熔体法、高能辐射法和高压凝固法等。然而，从技术发展和操作的可控性来讲，大体积液态金属的深过冷快速凝固和激冷快速凝固相对比较成熟。深过冷快速凝固是从热力学角度出发达到快凝效果，而激冷快速凝固则是从动力学角度实现大冷速下的快速凝固。

2.2.1 深过冷快速凝固技术

根据相变热力学，金属在平衡熔点处，固/液相吉布斯自由能相等，合金凝固不可能发生。合金的凝固必须发生在低于熔点的某个温度，这种现象即为过冷。通过对液态金属的微观净化，消除或钝化熔体中异质核心的方法或者采用无容器悬浮熔炼的方法可以使合金获得大的过冷度。在大过冷度条件下，固/液相的吉布斯自由能差大幅度提高，热力学驱动力增加，凝固一旦发生，固/液界面可以几到几十米/秒的速度推进，进而使合金实现快速凝固。由于热力学方法只与合金熔体中的异质形核核心种类和数量有关，深过冷快速凝固法可以实现大体积液态金属发生快速凝固。获得深过冷度的主要方法有：乳化法、熔融玻璃净化法、电磁悬浮熔炼法、落管法、循环过热法。高温材料的凝固研究经常会遇到熔体污染的问题，如熔体与坩埚壁及外界空气等发生反应。TiAl 合金由于具有强化学活泼性，很容易与外界反应形成异质形核质点，从而影响实验结果的真实性，为避免这一现象的发生，采用电磁悬浮的方式是非常合适的手段。

2.2.2 激冷快速凝固技术

金属的凝固速度不仅受到自身热力学性质的影响，其凝固速度直接受到凝固潜热导出速率的控制，增大热流的导出速率可以使凝固界面推进速率增加，从而实现非平衡快速凝固。在激冷凝固过程中，液–固界面前沿熔体一侧温度梯度为正，而已凝固固相一侧温度梯度为负，此时熔体中的热量及凝固潜热均通过固相导出，凝固层的热阻会随着其厚度的增大而迅速升高，从而导致后续凝固速度下降，因此激冷凝固适于粉体、薄片、线材等低维材料的制备。

常见的激冷凝固技术方法有：甩带法、淬火以及喷射沉积法、激光熔覆等。淬火法的基本原理是，在电磁场所产生的力场下抵消金属样品自身重力，实现样品的悬浮，直接将金属或合金液淬入冷却介质(如水、V形铜模等)，实现快速冷却，从而获得非平衡凝固组织。激光熔覆是通过在基材表面添加熔覆材料，并利用高能密度的激光束使之与基材表面薄层一起熔凝的方法，在基层表面形成冶金结合的添料熔覆层通过同步或预置材料的方式，将外部材料添加至基体经激光辐照后形成的熔池中，并使二者共同快速凝固形成包覆层。

2.2.3 非平衡凝固理论

凝固是铸件形成过程的关键问题，它在很大程度上决定了铸件的铸态组织以及铸造缺陷的形成，从而对铸件质量，特别是对铸态机械性能有着决定性的影响。随着凝固理论和技术的发展，控制凝固过程已成为提高传统材料性能和研制开发新材料的重要手段之一。

形核和长大是凝固过程中两个最基本的问题，在非平衡凝固条件下，虽然经典形核理论面临许多挑战，但经典形核理论仍然在非平衡凝固的理论计算中广泛运用，在一定程度上解释了非平衡凝固过程中的实验现象且与实验结果比较吻合。我们重点从形核和长大两个方面，回顾一下经典形核理论、瞬态形核理论以及非平衡凝固的枝晶生长理论在非平衡凝固行为中的运用和研究进展。

(1)经典形核理论

1949年，Turnbull等将经典形核理论运用于纯金属凝固过程中，创立了纯金属凝固的形核理论，为经典形核理论在金属凝固领域的应用奠定基础，此后，人们对金属形核理论进一步发展、完善，最终由Christian导出液态金属形核的稳态形核率的一般表达式：

$$I_{SS}=\frac{k_B T N_n}{3\eta(T)a_0^3}\exp\left(-\frac{\Delta G^*}{k_B T}\right) \tag{2-1}$$

式中，k_B为Boltzmann常数；N_n为参与形核的原子个数；$\eta(T)$为液态金属黏度；a_0为原子间距；T为热力学温度，ΔG^*为临界形核功。

(2)瞬态形核理论

1994 年，Shao 等对经典形核理论进行修正，添加了过冷熔体中扩散系数与黏度的耦合关系后，提出了孕育时间对过冷熔体中两相竞争形核的影响，即瞬态形核理论，其表达式为：

$$\tau = \frac{7.2R_g f(\theta)}{1-\cos\theta} \cdot \frac{a^4}{d_a^2 X_{L,eff}} \cdot \frac{T_t}{D_L S_m \Delta T_t^2} \tag{2-2}$$

式中，$X_{L,eff}$为有效合金浓度；d_a 为固态原子半径；S_m 为合金的摩尔熔化熵；R_g 为气体常数；$T_t = T/T_m$，其值为无量纲温度，其中 T_m 为合金熔点；$\Delta T_t = (T_m - T)/T_m$。

从表达式中可以看出，形核所需孕育时间与熔体的过冷度有密切关系，该理论与 Al－Cr、Fe－B 等合金的快速凝固实验结果基本吻合，证实其可靠性。

(3)非平衡凝固的枝晶生长理论

枝晶是凝固组织中最常见的组织形貌，其生长受外界条件的限制，由于过冷熔体往往远离热力学平衡，因此，枝晶生长受过冷度的控制。研究过冷熔体中的枝晶生长，能够更好地理解和掌握非平衡凝固条件下枝晶生长和演化规律，为合金设计和凝固组织控制提供理论依据。

1947 年，假定固－液界面上温度或浓度相等，Ivantsov 得到了枝晶生长的稳态扩散解。随后，Horvay 等研究发现，稳态扩散解的枝晶更为普遍的形式是椭圆抛物面。但该模型无法唯一确定 $V-R-\Delta T$ 之间的关系，基于 Ivantsov 的稳态扩散解，在 1984 年，Lipton 等建立了在低过冷度(小 Peclet 数)条件下的枝晶生长的 LGK 模型。虽然此模型能够唯一地确定 $V-R-\Delta T$ 的关系，但未考虑溶质截留效应对枝晶生长的影响仅适用于低过冷度下的枝晶生长。Lipton 等在 LGK 模型基础上建立了 LKT 模型，研究发现：当 Peclet 数很大时，VR^2 不再为常数；虽然 Trivedi 等采用 LKT 模型系统分析了过冷熔体中生长速度对溶质分配的影响，并能够描述过冷熔体中 $V-R-\Delta T$ 之间的关系，但是 LGK 和 LKT 模型仍是基于局域平衡的假设所获得的。由于随着过冷度的增大，局域平衡的假设不再成立，应考虑枝晶生长过程中动力学效应对溶质再分配和界面过冷度的影响。为解决上述问题，Boettinger 等建立了较为完善的过冷熔体枝晶生长理论，即 BCT 模型。

BCT 模型中，枝晶尖端的过冷度由以下四部分组成：

$$\Delta T = \Delta T_t + \Delta T_c + \Delta T_r + \Delta T_k \tag{2-3}$$

式中，ΔT_t、ΔT_c、ΔT_r 和 ΔT_k 分别为热过冷度、溶质过冷度、曲率过冷度和界面动力学过冷度。

热过冷度 ΔT_t 的表达式为：

$$\Delta T_t = \frac{\Delta H_f}{C_P} I_v(P_t) \tag{2-4}$$

式中，C_P 为合金的定压比热容；$I_v(P)$ 为 Ivantsov 函数，P_t 为热 Peclet 数；ΔH_f 为熔化潜热。

由于溶质截留效应显著地改变了合金的溶质分配系数和液相线斜率，此时溶质过冷度 ΔT_c 的表达式为：

$$\Delta T_c = m_0 C_0 \left[1 - \frac{m/m_0}{1-(1-k)\cdot I_v(P_C)} \right] \tag{2-5}$$

式中，k 为 Aziz 提出的有效溶质分配系数的表达式：

$$k = \frac{k_0 + (a_0 V/D_L)}{1 + (a_0 V/D_L)} \tag{2-6}$$

式中，a_0 为液相中溶质扩散的特征长度。

m 为实际液相线斜率：

$$m = m_0 \left\{ 1 + \frac{k_0 - k[1 - \ln(k/k_0)]}{1-k_0} \right\} \tag{2-7}$$

界面动力学过冷度 ΔT_k 可表示为：

$$\Delta T_k = \frac{V}{\mu} \tag{2-8}$$

界面动力学系数 μ 的表达式为：

$$\mu = \frac{\Delta H_f V_0}{R_g T_L^2} \tag{2-9}$$

式中，V_0 为熔体中的声速；T_L 为液相线温度。

可得枝晶尖端半径表达式：

$$R = \frac{\Gamma/\sigma^*}{\frac{P_t \Delta H}{C_P}\xi_t + \frac{2mP_C C_0(k-1)}{1-(1-k)I_v(P_C)\xi_C}} \tag{2-10}$$

式中，

$$\xi_t = 1 - \frac{1}{\left(1 + \frac{1}{\sigma^* P_t^2}\right)^{1/2}} \tag{2-11}$$

$$\xi_C = 1 + \frac{2k}{1 - 2k - \left(1 + \frac{1}{\sigma^* P_C^2}\right)^{1/2}} \tag{2-12}$$

枝晶尖端固、液相成分分别为：

$$C_S^* = \frac{kC_0}{1-(1-k)I_v(P_C)} \tag{2-13}$$

$$C_L^* = \frac{C_0}{1-(1-k)I_v(P_C)} \tag{2-14}$$

运用BCT模型可以准确地计算出快速凝固合金中$V-R-\Delta T$之间的关系。大量研究结果表明，BCT模型能够成功地描述过冷熔体中的枝晶生长过程。

2.2.4 定向凝固理论

对凝固过程的界面形态和稳定性进行系统的实验和理论研究，不仅对凝固理论的发展和完善，而且对获得优良组织和性能所需的凝固技术都有重要的意义和指导作用。

(1)凝固界面形态演化

定向凝固条件对合金凝固界面形态有重要影响，对此研究者进行了深入的研究，并对定向凝固界面形态的影响做出准确概括。成分过冷理论用于判断界面稳定性是适合的，但未阐述界面形态改变的机制。

在定向凝固条件下，随着抽拉速度的增加，单相合金的固－液界面形态将经历平界面→粗胞晶→枝晶→细胞晶→带状组织→绝对稳定平界面的转变。不同界面形态所需的生长驱动力也有所不同，最直接的就是生长过冷度之间的差异，也表现为界面生长温度之间的差异。Lima等结合简化的相图对定向凝固界面前沿温度的演化进行总结，如图2－5所示。

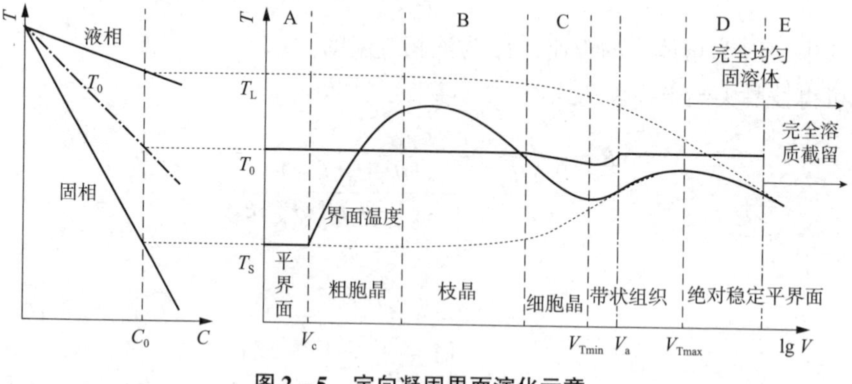

图2－5 定向凝固界面演化示意

理论上，随着生长速率增大，定向凝固界面形态将经历平界面→粗胞晶→枝晶→细胞晶→带状组织→绝对稳定平界面的转变，然而在当前具体的工业定向凝固条件下，合金凝固界面形态仅可观察到平面状、胞状、树枝状等变化。

(2)平面晶 - 胞晶、胞晶 - 树枝晶临界转变速度

Chalmers 等在研究合金单向凝固过程中首次发现并提出“成分过冷”的概念。成分过冷理论从界面稳定性的角度揭示了二元合金凝固组织形成的原因，并给出了在温度梯度和浓度梯度共同作用下，低速生长平界面保持稳定的定量判据：

$$\frac{G}{v} \geqslant \frac{mc_0(k-1)}{kD} \tag{2-15}$$

式中，m 为液相线斜率；G 为液相内的温度梯度；c_0 为合金的原始成分；v 为界面生长速率；D 为液相内的溶质扩散系数；k 为溶质平衡分凝系数。

当温度梯度 G 一定时，随着生长速度 v 的增大，界面前沿的成分过冷也逐渐增大，在合金定向凝固宏观组织上将会出现胞晶。平面晶向胞晶转变的临界生长速度 v_c 为：

$$v_c = \frac{kGD}{mc_0(k-1)} = \frac{GD}{\Delta T_0} \tag{2-16}$$

随着固 - 液界面生长速度的进一步增加，胞晶侧壁平滑的固 - 液界面处成分过冷增大。当界面生长速度进一步增大到一个临界阈值 v_{c-d} 时，固 - 液界面形态就会出现树枝晶，发生胞晶向树枝晶转变现象。

Kurz 等发现胞晶枝晶的尖端行为随着生长速度的变化在 $v_{c-d} = v_c/k = GD/k\Delta T_0$（$v_c$ 为平界面失稳速度）两侧变化巨大，认为 v_{c-d} 即为胞晶 - 枝晶转变速度临界值，即胞晶 - 枝晶转变的临界生长速度 v_{c-d} 为：

$$v_{c-d} = \frac{G_L D_L}{mc_0(k-1)} = \frac{G_L D_L}{\Delta T_0 k} \tag{2-17}$$

式中，v_{c-d} 为胞 - 枝转变速率；G_L 为凝固界面前沿液相中的温度梯度；D_L 为溶质液相扩散系数；ΔT_0 为平衡结晶温度间隔；m 为合金液相线斜率；c_0 为合金初始成分；k 为溶质分配系数。

2.2.5 非平衡条件下 TiAl 合金研究现状

人们在非平衡凝固条件下针对 TiAl 合金的研究已开展了许多的工作。在过冷凝固中，熔体是在负温度梯度下进行的非平衡凝固，凝固过程主要受竞争形核控制，而急冷凝固是在正的温度梯度下进行的非平衡凝固，凝固过程主要受竞争生长控制，对于这两种不同非平衡凝固条件下的 Nb 含量不同对 TiAl 合金组织及相选择的影响还需进一步研究。

Anderson 通过对等原子比附近 TiAl 二元合金的过冷凝固动力学及亚稳相研究

发现，Al 含量在 40% ~ 49.6%（原子分数）的 TiAl 合金在获得过冷度范围（≤350K）内均以 β 相为初生相凝固，Al 含量（原子分数）在 49.6% ~ 52.5% 的 TiAl 合金在小过冷度时是以 α 相为初生相，但随着过冷度的增大，亚稳相 β 相作为初生相析出。Löser 等对二元 $Ti_{55}Al_{45}$、$Ti_{50}Al_{50}$、$Ti_{45}Al_{55}$ 合金和三元 $Ti_{45}Al_{50}Nb_5$、$Ti_{45}Al_{45}Nb_{10}$、$Ti_{40}Al_{50}Nb_{10}$ 合金的相形成和组织演化过程研究发现，随着 Nb 含量的增加，初生相 α 区域减小。与二元合金中出现的再辉曲线不同的是，在三元合金中，再辉曲线中没有明显的 β→α 相变对应再辉曲线的变化。$Ti_{45}Al_{50}Nb_5$、$Ti_{40}Al_{50}Nb_{10}$ 这两种合金中，出现的第二个再辉峰是由于析出 γ 相产生，$Ti_{45}Al_{45}Nb_{10}$ 合金中第二个再辉峰很小，可能是由于冷却过程中 γ 相被抑制，形成了有序的 α_2 相。Shuleshova 等采用原位 XRD 的方法对 Ti - Al - Nb 三元合金的熔化和冷却过程进行记录发现：Ti - 49Al - 5Nb 合金随着过冷度增加，初生相从 β 相（$\Delta T = 10K$）转变为 α 相（$\Delta T = 90K$），当 $\Delta T = 290K$ 时，Al 偏析明显减小，组织是由大的等轴晶组成。Ti - 54.4Al - 8Nb 合金（$\Delta T = 140K$）与 Ti - 49Al - 5Nb 合金（$\Delta T = 90K$）时，同是 α 相为初生相，但是由于合金成分的差异后续固态相变由片层析出向块状转变。Ti - 55.9Al - 6Nb 合金（$\Delta T = 225K$）初生相已经转变为 γ 相。Hartmann 采用原位 XRD 记录 Ti - 55Al 合金再辉过程，并计算出发生溶质截留的临界过冷度，计算结果与实验结果基本吻合，并分析了枝晶的生长过程。Chai 等通过熔体快淬法得到 Ti - 46Al - (2, 4, 6) Nb - 2Cr 四种合金成分的凝固组织均为片层状 + 块状结构，随着 Nb 含量的增加，片层间距显著细化，为 15 ~ 17nm。不同 Nb 含量的快速凝固 TiAl 合金均由 α_2 相和 γ 相组成。随着 Nb 含量的增加，层片结构的含量也增加，而且层片结构逐渐细化。快速凝固 TiAl 合金的硬度比其铸态合金显著提高。Kenel 等研究了不同冷却速率下二元 Ti(44 - 48) Al 合金凝固组织发现，其凝固组织差别很大，当 Al 含量小于 45%（原子分数）时，合金凝固组织经历 $\alpha \to \alpha_2$ 的有序化转变，当 Al 含量在 45% ~ 48%（原子分数）时，凝固组织由粗化的 α/α_2 晶粒、局部的 γ 相及片层结构（$\alpha_2 + \gamma$）组成，大于 48%（原子分数）的富 Al 合金表现为枝晶形貌，由片层结构（$\alpha_2 + \gamma$）和枝晶间 γ 相组成。Kenel 等研究不同冷却速率下三元 Ti - Al - (Nb, Mo) 合金及其凝固组织发现，合金成分和凝固行为对凝固组织的形成起重要作用。单一 β 相凝固的 Ti - (45 - 46) Al - (3 - 7) Nb 和 Ti - (45 - 46) Al - (1 - 2) Mo 合金主要形成粗大的 α/α_2 晶粒。

热力学计算表明，等原子比 $Ti_{50}Al_{50}$ 合金在实验中获得的最大过冷度已达到临界超过冷状态，其组织由超细的 γ 相等轴晶粒（平均直径为 17nm）组成，其

Vickers 显微硬度(561)约为热处理态合金的显微硬度(285)的 2 倍。超过冷时 γ 相的高速无序生长导致各晶面衍射峰向小角度方向偏移。过冷 Ti -45Al -2Cr -2Nb 合金中，随着过冷度的提高，层片间距减小，达到最小值(134nm)后又增大，合金的最小层片间距出现在过冷度为 171K、硬度值为 430 处。

高 Al 含量的 TiAl 合金凝固组织主要由 $\alpha_2+\gamma$ 片层组织、γ_{seg}、γ_m 和 β/β_0 构成。高 Al 含量 TiAl 合金的凝固组织对成分和冷速非常敏感。不同 Nb 含量下，Ti -(43 -49)Al -(0 -8)Nb 合金通过基于 CALPHAD 方法计算形成块状 γ_m 的趋势(图 2 -6)。Zhu 等对 Ti -48Al -2Cr 合金薄带快凝固组织研究表明：初生相仍为 β 相，与铸态组织相比，随着转速的增加，片层团和片层间距明显细化且片层结构的体积分数减少，同时快速凝固大大提高了 TiAl 合金的硬度。

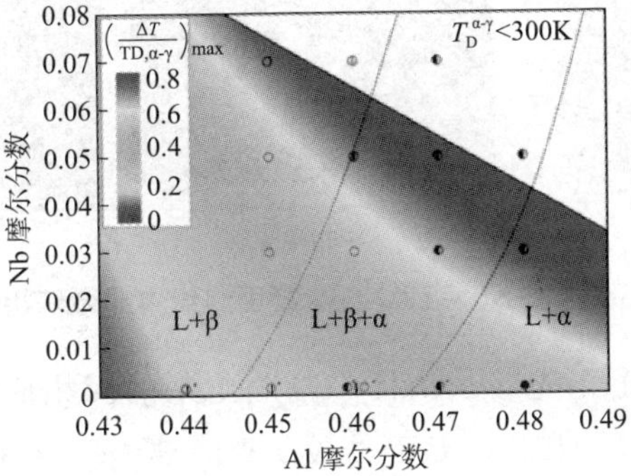

图 2 -6　Ti -(43 -49)Al -(0 -8)Nb 合金理论计算预测块状 γ_m 的形成趋势

2.3　钛铝合金凝固组织均匀性

由于合金在铸造过程中的凝固为非平衡凝固，不可避免地存在合金元素的偏析，这不仅引起组织的不均匀性，也影响合金的力学性能。对于包晶凝固型 γ -TiAl 基合金，在非平衡凝固过程中会形成三种显微偏析：β 偏析、α 偏析和 S 偏析。β 偏析是在 L + β→α 相变过程中产生残余的 β 相；α 偏析是由于发生 α→α_2 + γ + β 相变而产生；S 偏析是凝固过程中枝晶间残余液相来不及完全扩散产生的凝固偏析。因此 γ -TiAl 基合金中凝固偏析主要表现为树枝晶形貌的保留及成分差异、相组成的差异。因为在非平衡快速凝固过程中，首先会发生 L→β 转变，先析出的 β 相以树枝晶的形貌生长，此时 β 相内产生大量的 Nb、Ta、Ti 等 β 稳定元素的偏析，从而使这些元素富集在枝晶干，而在残余液相中含量较少。

同时，Al 元素会富集在枝晶间残余液体内。而在后续快速冷却过程中发生了包晶反应，而 Nb、Ta、Ti 等 β 稳定元素很难完全扩散到枝晶内而使成分均匀。反之，这些元素会残留在枝晶间，使 L + β→α 转变很难完全进行，从而合金组织中残余高 Nb、Nb 和 Ti 低 Al 的 β 相及偏析区，因此形成 β 偏析。高 Nb－TiAl 合金凝固显微组织的 SEM－BSE 如图 2－7 所示。S 偏析的分布如图 2－7(a)所示，可以看出 Al 元素富集在枝晶间，形成了 S 偏析。β 偏析一般分布在片层团界面处[图 2－7(b)]。α 偏析表现为在 α_2/γ 片层组织之间析出小块的 β 板条。这是因为当 Nb 含量超过 9.5% 时，合金中会形成 α + β + γ 三相区，在凝固过程中产生 $\alpha \to \alpha + \gamma + \beta \to \alpha_2 + \gamma + \beta$ 的反应，产生 α 偏析，如图 2－7(c)所示。

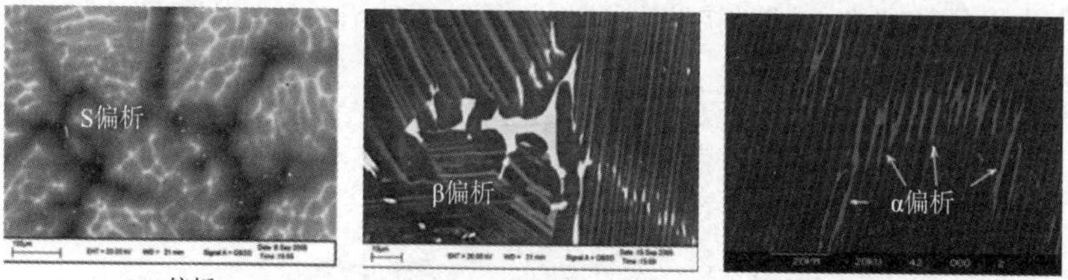

(a)S偏析　(b)β偏析　(c)α偏析

图 2－7　高 Nb－TiAl 合金凝固组织中显微偏析分布

形成微观偏析是由于先后从液体中凝固出来的固相成分不同，再加上冷速快，来不及在固相中均匀扩散，从而造成晶粒内部化学成分不均匀。微观偏析是合金铸锭或铸件的主要缺陷之一，对铸锭或铸件的力学性能及物理性能有重要影响，常常会造成铸锭或铸件的热裂倾向增加，局部腐蚀严重，以及塑性和冲击韧性的降低等。同时，微观偏析还可能会引起组织中形成缺陷，从而导致微裂纹的萌生和扩展，最终造成铸锭或铸件使用寿命严重下降。

在合金组织中片层团大小不均匀，以及异常粗大的片层团的产生主要是 S 偏析的形成造成的。铸态 Ti－46Al－5Nb－1W－1B 合金凝固偏析区域的显微组织，如图 2－8(a)所示，片层团中三个异常粗大的片层团 L_1、L_2 及 L_3 的尺寸均在 500μm 以上。与枝晶间黑色区域(凝固偏析区)有关的粗大片层团的形成的这种现象称为“枝晶粗化”。这种尺寸粗大的片层团主要分布于偏析区域，同时在合金组织中大的片层团所占体积分数高达 50%。从图 2－8(b)可以看出，这种枝晶粗化现象的出现会降低 TiAl 合金力学性能，并且粗化的晶粒尺寸比平均晶粒尺寸越大，合金的室温断裂应变就越低。

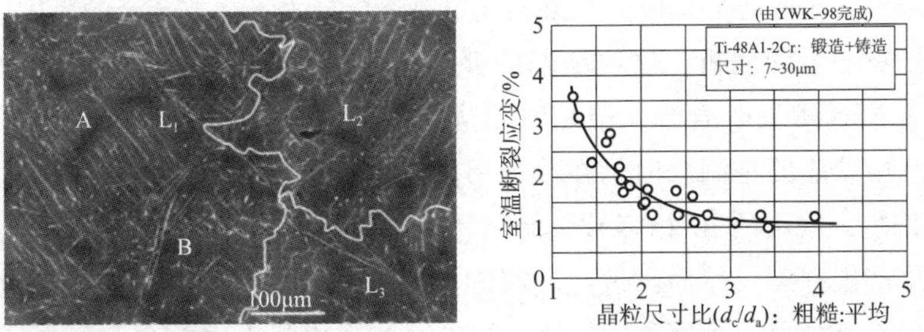

(a) 铸态Ti-46Al-5Nb-1W-1B合金显微组织中的三个粗大片层团

(b)Ti-48Al-2Cr合金拉伸塑性与晶粒尺寸分布关系，d_a—平均晶粒尺寸，d_c—粗大晶粒尺寸

图 2-8 铸态 Ti-46Al-5Nb-1W-1B 合金显微组织特点

β 偏析也会降低 TiAl 合金的断裂韧性、室温塑性、高温抗蠕变等力学性能。在不同温度下，不同 β 相体积分数的 TiAl 合金的屈服强度的变化，如图 2-9(a) 所示。可以看出，当 TiAl 合金中 β 相的体积分数为 7% 时，其屈服强度比 β 相体积分数为 1% 的 TiAl 合金约降低 300MPa。另外，β 相与 γ 相硬度之间的差异，容易造成应力集中，从而沿着 β 相界面扩展的微裂纹源很容易形成，如图 2-9(b) 所示。在显微组织中 β(B_2) 相的分布一般以类似亚晶界的网状形貌呈现，在热加工过程下，β(B_2) 相能够承受主要的变形，只传给 α_2 相和 γ 相很小的应变能，从而会造成 β 相、α_2 相和 γ 相之间应力分布的严重不均匀，进而沿着 β 相产生很大的内应力，导致微裂纹的产生及扩展。

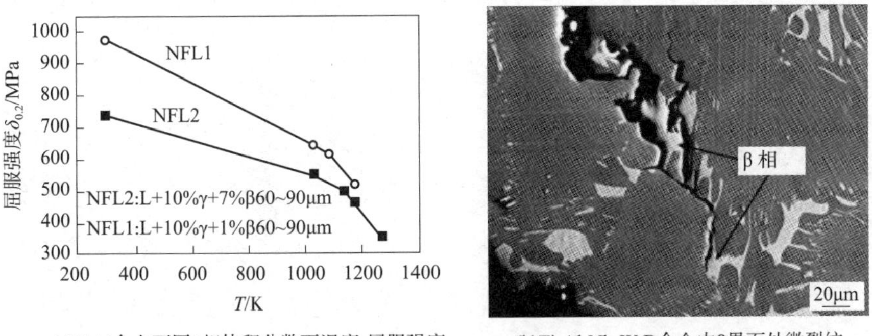

(a)TiAl合金不同β相体积分数下温度-屈服强度

(b)Ti-Al-Nb-W-B合金中β界面处微裂纹

图 2-9 TiAl 合金不同 β 相体积分数力学性能及裂纹分布

通过上述分析发现，显微偏析对性能产生严重影响，其根本原因是显微偏析使凝固路径发生很大的改变。亚包晶凝固 TiAl 合金的凝固特征为包晶反应结束后，没有残余液相，包晶反应不能充分进行，导致初生 β 相出现剩余，β 相树枝晶周围可以观察到明显的“α 包晶晕”。并且这类亚包晶凝固 TiAl 合金的结晶温

度范围较宽，其凝固特征是以糊状凝固而不是逐层凝固。这类合金的凝固组织中会观察到严重的凝固偏析，这些缺陷的存在造成铸造性能降低而且热裂趋势增加。单一β相凝固TiAl合金，结晶温度范围不高，树枝晶发育不明显，有利于对铸造组织中缺陷的控制，但是在冷却后的TiAl合金的凝固组织中却可以观察到明显β偏析，残余的B_2相容易被保留到室温，在锻造过程中，这些脆性相的界面处易于产生开裂。然而，过包晶凝固TiAl合金，熔点最低，铸造流动性易保证。由于β相的结晶温度范围较窄，初生β相在未长大之前会发生包晶反应，被包晶α相所包围，最终形成尺寸小且没有明显分化的包晶α树枝晶。另外，过包晶凝固后还会有液相的剩余，残余液相将因α相生长被消耗。这种合金的熔体流动性好，凝固组织成分分布均匀，铸锭及铸件开裂的倾向被降低。对于铸造类合金而言，在凝固过程中对显微偏析的控制尤为重要。消除显微偏析除了采用热处理的方式来进行外，合金成分的调配及凝固路径选择也是很好的选择。

3 钛铝合金固态相变行为

3.1 TiAl 合金固态相变规律

$\gamma-TiAl$ 基合金的力学性能对成分和组织具有较强的依赖性，合金化元素的添加，都要通过调整后续热处理等工艺，形成具体的合金组织从而满足不同的性能要求。

3.1.1 $\gamma-TiAl$ 合金的典型显微组织及特点

虽然 γ 相和 α_2 相都因为其自身在形变时只能开动有限的滑移系而造成各自呈现出的脆性特点。研究表明，当合金组织由单一细小等轴 γ 晶粒组成时，由于晶界的应力松弛效应和形变孪晶的产生，合金塑性在等轴 γ 晶粒尺寸为 7 ~ 8μm 时最优，可达到4% ~6.9%。另外，合金组织中存在少量 α_2 相也能显著提高合金塑性。因此，当合金组织既有单一细小等轴 γ 相又有少量 α_2 相时，可以使合金塑性最好，这种组织就是双态组织，显微组织中的 α_2 相由片层团($\gamma+\alpha_2$)提供。基于细小晶粒时晶界的应力松弛效应、形变孪晶和 α_2 相对塑性提高的原理，后来又发展出近片层组织和全片层组织，其前提条件是一定要控制好合金组织中的晶粒尺寸，过大的晶粒尺寸和过于细小的晶粒对合金塑性都是不利的。

$\gamma-TiAl$ 基合金在相图中不同温度区间均匀化热处理时，可获得四种典型的显微组织形貌，如图 3-1 所示。它们含有的片层团组织体积分数由少到多分别为：①近 γ 组织(Near Gamma，NG)；②双态组织(Duplex，D)；③近片层组织(Nearly Lamellar，NL)；④全片层组织(Fully Lamellar，FL)。近 γ 组织是合金在 $\alpha+\gamma$ 两相区内距离共析点 T_e 较近的低温度进行热处理后，经过炉冷或者空冷后所获的组织，由等轴的 γ 晶粒和分布在 γ 晶界上细小的 α_2 晶粒构成。通常热处理的温度越低，近 γ 组织就越均匀，晶粒也越小，尺寸在 30 ~ 50μm。双态组织是在α + γ两相区中间部位热处理后，经过炉冷或空冷后得到的，该温度下 α 相和 γ 相的体积比大于 1。该组织由等轴 γ 晶粒、少量的 α_2 晶粒和 α_2/γ 片层构成的片层团组织构成。等轴 γ 晶粒和 α_2/γ 片层团的尺寸取决于在两相区热处理的时间和温度。近片层组织是在 T_α 温度附近的 α + γ 两相区内热处理后冷却获得，该热处理温度下析出的 α 相和 γ 相的体积比仍旧大于 1，其组织由 α_2/γ 片层团和分布于片层间少量细小的 γ 晶粒构成，并且热处理温度越接近 T_α 温度，α_2/γ 片层团的尺寸越大，片层间分布的 γ 晶粒数量越少。全片层组织是在 α 单相区内某一温度保温后冷却至室温获得，由粗大的 α_2/γ 片层团构成。由于 α 单相区温度较高，α 晶粒在没有第二相粒子的钉扎下长大速度很快，冷却后形成粗大的全片层组织，片层团尺寸为 200 ~ 1000μm。基于此，为满足不同的服役条件及力学性能要求，可以采用不同的热处理工艺获得不同的组织。

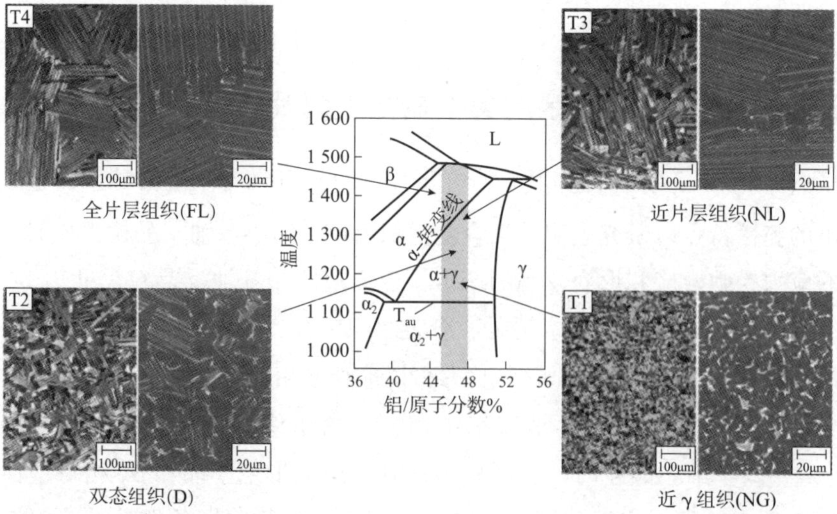

图 3-1　Ti-46.5Al-4(Cr，Nb，Ta，B)(原子分数/%)合金相图及其相对应不同温度下热处理的典型组织

在上述 γ-TiAl 基合金的四种典型组织中，由于双态组织晶粒细小从而具有最好的塑性，但是双态组织的高温抗疲劳和抗蠕变性能相对较低。而 α_2/γ 全片层组织由于晶粒粗大从而使得塑性较低，但全片层组织具有最好的抗裂纹扩展能力、抗疲劳强度和高温抗蠕变性能。对于近片层组织，其强度较高，塑性居中。而近 γ 组织的强度和塑性都较低。由此可见，γ-TiAl 基合金的力学性能决定于其组织形貌特征。可以发现，合金的强度和塑性与晶粒的尺寸呈相反的变化趋势，这与合金中裂纹的扩展阻力、晶粒或者片层团尺寸等因素有关。当合金的晶粒尺寸较小时，强度和塑性均达到较高值。此外，γ－TiAl 基合金的塑性还与合金元素 Al 的含量有关，即合金塑性随着 Al 含量的增加而增加，直至48%（原子分数），之后随着 Al 含量（原子分数/%）的增加超过 50% 时开始下降。因而通过控制 γ－TiAl 基合金的成分和组织类型可实现合金性能的综合调控，尤其是晶粒或片层团尺寸、片层间距的调控对改善和提高 γ－TiAl 合金的塑性、断裂韧性及强度等性能更为显著。Kim 等提出了综合性能最好的 γ－TiAl 基合金的显微组织参数：α_2/γ 的平均体积分数为 0.05～0.25；片层团尺寸为 50～350μm；片层间距为 0.05～1μm 并且具有锯齿状晶界的全片层组织。

3.1.2 γ－TiAl 合金中 α→γL 析出转变

由 γ 和 α_2 两相构成的 α_2/γ 片层组织是 TiAl 基合金特有的典型组织。这种片层结构是由数片 γ 片层夹带着单一的 α_2 片层平行排列构成。由于 γ 相具有 $L1_0$ 有序结构，并且从具有 $D0_{19}$ 的 α_2 晶粒内析出，其惯习面分别为 $(0001)\alpha_2$ 和 $\{111\}\gamma$。在转变过程中，从六方结构…ABABAB…的堆垛顺序转变成为面心立方的…ABCABC…的堆垛顺序，并且最终面心立方晶格有序化转变成 $L1_0$ 结构。由于面心 fcc 堆垛顺序中，…ABCABC…和…ACBACB…两种堆垛能够同时获得，进而使得 γ 相具有两个堆垛顺序，如图 3－2 中背景斜线所示：OR1、OR2 和 OR3 具有…ABCABC…的堆垛顺序；OR4、OR5 和 OR6 具有…ACBACB…的堆垛顺序。由于 $L1_0$ 结构具有四方性，其 <110] 方向和其他两个 <011] 方向不等价。因此会形成 6 个 γ 相的变体。6 个变体之间的相互关系为：OR1/OR2、OR1/OR3、OR2/OR3、OR4/OR5、OR4/OR6 和 OR5/OR6 之间相互为 120°旋转界面关系；OR1/OR4、OR2/OR5 和 OR3/OR6 呈真孪晶关系；OR1/OR5、OR1/OR6、OR2/OR4、OR2/OR6、OR3/OR4 和 OR3/OR5 呈伪孪晶关系。

根据上述 α_2 和 γ 相位向关系，片层组织具有以下晶体学特征。

（1）在片层形成过程中，α_2 和 γ 相片层之间存在确定的位向关系，称为 Blackburn 取向关系：

$$\{111\}\gamma // (0001)\alpha_2 \text{ 和 } [110]\gamma // <11\bar{2}0>\alpha_2$$

简称为 BOR。由于上述 Blackburn 取向关系的限制，使得单个 α 晶粒只能转变成具有唯一取向关系的片层团，这会增加合金凝固组织织构的倾向。

（2）由于 $\alpha \rightarrow \alpha_2$ 有序化过程不会改变晶体的结构和取向，故在一个片层团内

部所有 α_2 片层有相同的位向关系。

(3)相邻 γ 片层界面具有三种不同的类型：真孪晶、伪孪晶和 120°旋转界面。三种界面的能量比值在 1∶3∶2～1∶7∶6，其中真孪晶界面具有最低的界面能，120°旋转界面因具有最高的界面能，故真孪晶界面出现比例最高。

(4)单个 γ 片层被 120°旋转界面分隔成许多有序畴界，120°旋转界面的产生是由于有序 $L1_0$ 结构的 <110] 和 <011] 晶向在晶体中排列规律不同所引起的(图 3－2)。

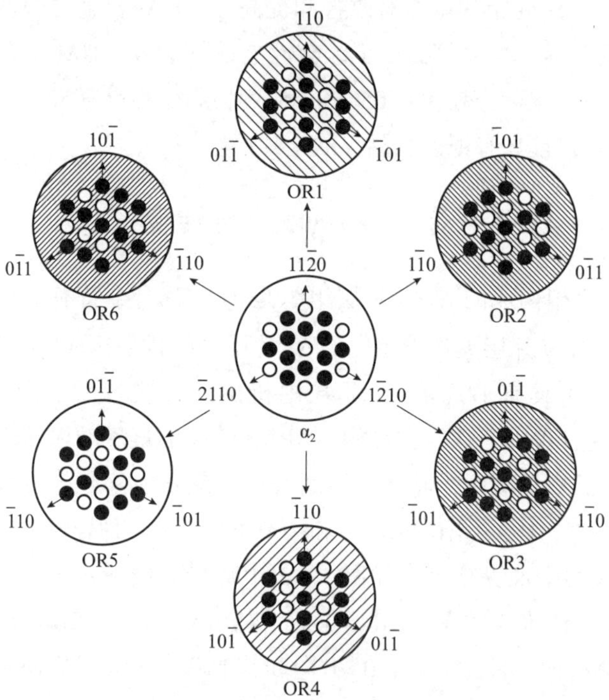

图 3－2　从单个 α_2 晶粒内形成的 6 个 γ 相变体示意

注：其中背景斜线的方向代表两个可能的堆垛顺序

现有研究发现，在冷却过程中 γ 相从无序的 α 相或有序的 α_2 相基体中析出 α_2/γ 片层组织，即发生以下两个反应：$\alpha \rightarrow \alpha_2 \rightarrow \alpha_2 + \gamma$ 以及 $\alpha \rightarrow \alpha + \gamma \rightarrow \alpha_2 + \gamma$。两个反应中无论 α 基体是否发生有序化，γ 片层具有相同的形核和生长机制。具体按哪种反应进行取决于合金的化学成分及冷却速率。α_2/γ 片层组织的形成过程具体如下：

(1)hcp 向 fcc 晶体结构的转变，相变过程遵守 BOR；

(2)相变产生原子扩散迁移，同时引起化学成分的改变；

(3)fcc 向 $L1_0$ 结构的有序化转变。

因此，γ 片层的形核长大需要界面前沿处原子迁移引起化学成分变化和 fcc 结构的有序化。由于新析出的 fcc 结构与 α 基体之间具有共格界面，这种界面能量低、稳定性高，因此用经典的原子扩散理论来解释相变过程中化学成分的改变是十分困难的。γ 片层具有“台阶 - 凸起 - 扭折”(terrace - ledge - kink)生长机制，γ 片层通过界面前沿 Shockley 不全位错的扩展而生长，从而在相界面上形成大小不同的凸起，新原子能够在凸起的扭折处附着，因此原子不断扩散迁移至扭折处，使得新相化学成分发生改变。这一生长过程具有切变和扩展两种特征，说明 γ 片层沿着纵向的生长速度远高于沿着横向的生长速度。另外，成分测试结果表明 α_2 与 γ 界面处不存在成分梯度，进一步表明 γ 片层不是由长程扩散控制其生长。同时，高分辨透射电镜已观察到了 γ 相的生长台阶、扭折及台阶处的 Shockley 不全位错，台阶高度测得为 $d(0001)\alpha_2 = 2d\{111\}\gamma$。

3.2 片层组织的相变特征

3.2.1 片层组织形成过程的组织演变

γ - TiAl 合金中片层组织是在凝固后的固 - 固转变(固态相变)过程中通过片层转变形成。首先，γ - TiAl 合金通过 β 或 α 和包晶凝固从液相(L)中形成完全的高温 β 晶粒或少量 β 晶粒和 α 晶粒组成的固相组织，然后通过固态相变转变成全部为 α 晶粒的组织，以这些 α 晶粒为基，在随后的冷却过程中形成片层组织，片层转变具有两种不同的固态相变路径。二者不同之处是前者的有序化转变 $\alpha \to \alpha_2$ 是发生在 γ 片层(γL)析出前(Ⅰ)，后者是发生在 γL 析出后(Ⅱ)。而影响有序化转变发生的主要因素是合金中 Al 含量，通常认为在二元合金中44%(原子分数)的 Al 含量是临界点，当合金中 Al 含量高于此值时按路径Ⅱ进行，否则按路径Ⅰ进行。需要指出的是，片层转变并不是共析反应，它是 γL 的析出与 $\alpha \to \alpha_2$ 有序化转变两种相变过程的产物，只是在形貌上类似于铁基合金中的共析反应所得到的珠光体片层组织。

γ - TiAl 合金的片层组织由片层团晶粒组成，片层团由片层状的 γ 和片层状的 α_2 交替分布构成，在片层团内通常的情况是若干条 γ 被一条 α_2 片层分隔开，典型的片层组织如图 3 - 3 所示。因而，片层组织形成的组织演变包括 γ 片层的析出和生长、γ 片层内部亚结构、有序化的 α_2、γ/γ 和 γ/α_2 界面的形成和片层团边界的形成等方面。

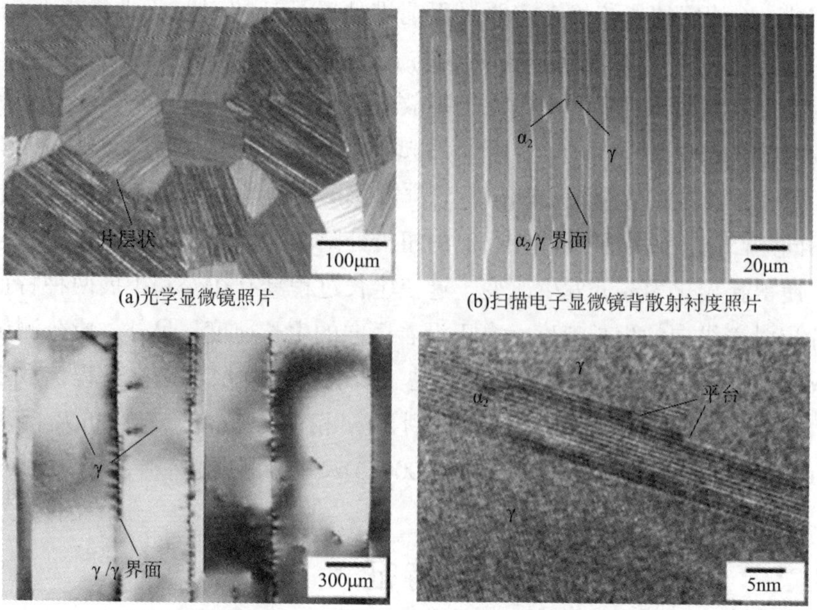

(a)光学显微镜照片 (b)扫描电子显微镜背散射衬度照片

(c)透射电镜明场像照片 (d)透射电镜高分辨照片

图 3-3 典型的 γ-TiAl 合金全片层组织

γ 片层的析出通常被认为是以 α 晶界析出的方式为主，而 Blackburn 认为基于 α 晶内的层错也可以析出片层状的 γ 相。由于 γ 片层析出和生长发生的温度很高，所以很难通过直接的观察手段对其进行观察研究。在已报道的研究工作中并未见到对其发生过程的直接观察结果，而主要是通过对高温淬火组织进行观察，从而间接地对高温组织演变过程进行分析研究。γ 片层会根据合金中 Al 含量的不同而选择是在高温无序的 α 基体中析出，或者是在有序化后的 α_2 基体中析出。其典型析出过程的组织形貌演变如图 3-4 所示。其中浅灰色区域是在淬火过程中由高温 α 相经过有序化后的 α_2 相晶粒，黑色区域是析出的片层状的 γ 相（γ 片层）。

从图 3-4(a)可以看出，γ 片层主要存在于 α_2 晶界附近，这证明 γ 片层是从高温 α 相晶界位置析出的。同时可以看出，α_2 晶界已经因为 γ 片层的析出而变得比较粗糙。由图 3-4(b)可以看到，γ 片层的长度相较于图 3-4(a)中的长度要更长些，而且 γ 片层的数量也更多。从晶界处可以看到 γ 的一端已经粗化，并且由具有很宽片层厚度的 γ 片层形成，这一过程被定义为非连续粗化(Discontinuous coarsening)。图 3-4(c)和(d)分别为 Ti-45Al 和 Ti-48Al 二元合金从 α 单相区冷却到 1175℃和 1275℃后的水淬组织的光学显微镜照片。可以看出，相对于 Ti－42Al 合金的水淬组织，Ti－48Al 合金中的 γ 片层体积分数明显增加，并且近 α_2 晶界处 γ 片层的不连续粗化也更加明显。显然 Al 含量的增加是导致这些现象产生的主要原因。

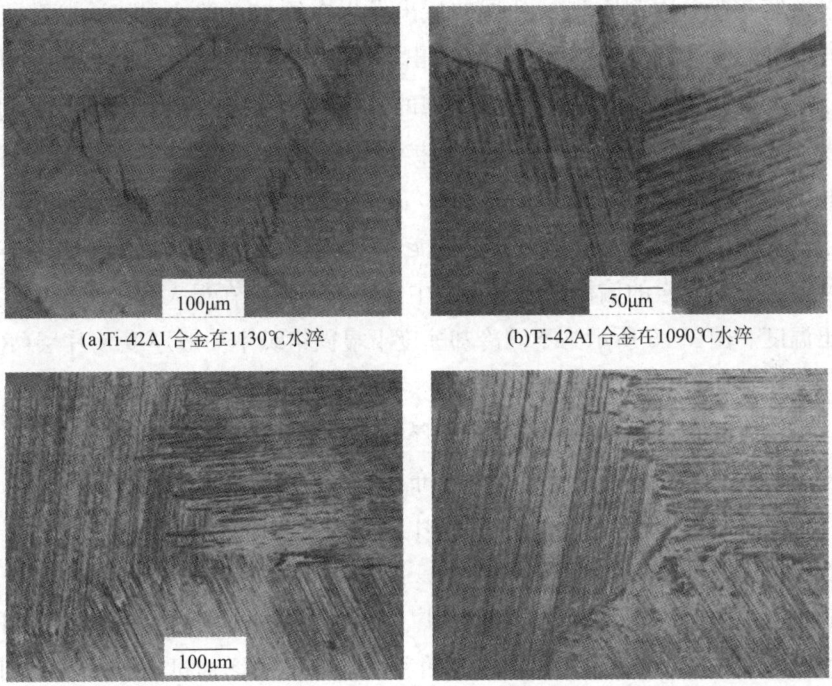

(a)Ti-42Al 合金在1130℃水淬　(b)Ti-42Al 合金在1090℃水淬

(c)Ti-45Al 合金在1175℃水淬　(d)Ti-48Al 合金在1275℃水淬

图 3－4　不同 TiAl 合金从 α 单相区以 5℃/min 冷速炉冷到不同温度后水淬组织的光学显微镜照片

除合金成分外，合金的冷却速度和 γ 片层的析出温度也对 γ 片层的析出和生长产生重要影响，其中关于冷却速度的研究工作更加侧重于冷却速度对 α→γ 相变所得显微组织产生的影响。从大量的实验结果中可以得出，当 γ－TiAl 合金从 α 单相区冷却时，随着冷却速度增加到约 200℃/min，所得到的室温组织可以从由较小等轴 γ 晶粒和片层组织构成逐渐转变为全部由片层组织构成，最后转变成由魏氏组织板条 γWid（Widmanstätten laths）和片层组织构成的混合组织。其中，随着冷却速度的增加，片层组织中片层的厚度逐渐变小。在更快的冷却速度下，如沙冷到冰水冷却条件，室温组织还会出现羽毛状组织形貌的 γFy（Feathery－like structure）和块状组织形貌的 γm（Gamma－massive structure）。由此可见，片层组织只能是在低于 200℃/min 冷却速度的情况下才能够得到，而且在这一冷却速度范围内，冷却速度的增加有细化片层厚度的作用，然而对于细化作用的具体原因和机制尚未得到充分的解释和说明。

在高温原位观察实验中 Ti－48Al－2Cr－2Nb 合金在不同冷却速度下观察到的 γ 片层开始析出时的温度如图 3－5 所示。由图可见，随着冷却速度的增加，观察到的 γ 片层开始析出温度整体呈下降的趋势，如在 3℃/min 冷却速度下，高温原位观察实验首次观察到 γ 片层的析出发生在约 1260℃。而当冷却速度增加到 120℃/min 时，首次观察到 γ 片层析出时的温度已经降低到约 1230℃。因而，相对于 T_{α} 约为 1365℃，γ 片层析出所需的过冷度至少为 100℃，如此大的过冷度的需要，很可能与 γ 相析出所需的成分扩散和晶体结构转变需要提供较大的能量和较长的准备时间有关。其中，在 30℃/min 冷却速度下 γ 片层开始析出温度明显高于其他几个样品的观察结果，这可能与在该样品中所选择的观察区域本身的个例性有关，如元素的偏析和显微组织中缺陷的存在会在很大程度上影响生成相的析出温度。图 3－6 所示为不同冷却速度下显微组织中一般厚度 γ 片层(RL)和细小厚度 γ 片层(FL)的厚度结果。其中，RL 和 FL 的典型组织形貌如图 3－6(a)所示。可以看到，一般厚度 γ 片层是指厚度在显微组织中占大多数的那些 γ 片层的厚度，而细小厚度 γ 片层是指那些分布在一般厚度 γ 片层之间的明显比大多数 γ 片层厚度细小的 γ 片层。细小厚度 γ 片层主要产生于 α→γ 相变后期，是在温度条件、扩散条件都受限情况下析出的。图 3－6(b)所示为不同冷却速度下所得到的显微组织中一般厚度 γ 片层和细小厚度 γ 片层的平均厚度统计结果。可以看到，一般厚度 γ 片层(RL)的平均厚度随着冷却速度的增加迅速减小，而细小厚度 γ 片层(FL)的平均厚度随着冷却速度增加没有发生显著变化。FL 一般主要产生于较低温度条件下的均匀形核和生长阶段，因此可以证明，冷却速度的影响主要是产生在高温阶段的 γ 片层的析出和生长过程中，而对均匀形核阶段的 γ 片层的析出和生长并不产生过多的影响。

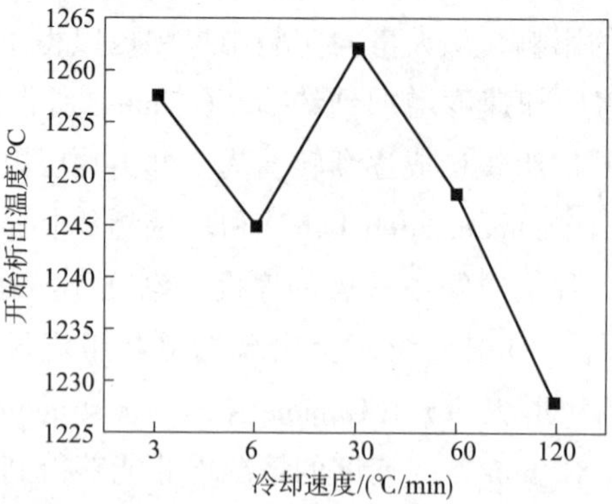

图 3－5　Ti－48Al－2Cr－2Nb 合金在不同冷却速度下观察到的 γ 片层开始析出温度

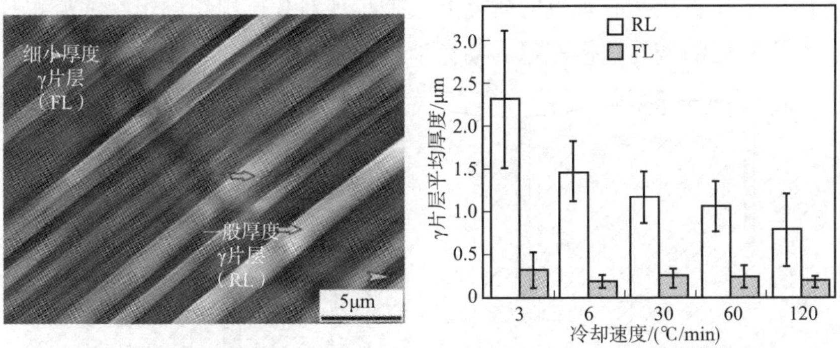

(a)显微组织形貌　(b)厚度统计结果

图3－6　显微组织中一般厚度γ片层和细小厚度γ片层的形貌和厚度统计

另外，γ片层的厚度也受γ片层析出温度的影响。通常γ片层的析出温度越高，所形成的γ片层厚度也越大。反之，当析出温度越低时，所形成的γ片层厚度也越小。Zghal等进行了非常详细而系统的研究，并归纳整理出关于析出温度对γ片层析出的影响规律，认为可将片层转变分为三个阶段，如图3－7所示。首先在高温阶段，随着合金从α单相区缓慢冷却到低于1275℃时，γ片层会以非均匀形核方式析出并能够生长得很粗大，如图3－7(a)所示；当合金降至更低温度时，高温α相首先有序化为有序的α_2相，随后γ片层将在α_2基体中均匀析出，而且在此阶段还能发现有较细小的γ片层在粗大γ片层附近析出，以降低粗大γ片层析出所产生的相变应力，如图3－7(b)所示；同时在低温阶段也会有新的γ片层能够通过界面形核方式在γ/α界面上析出，如图3－7(c)所示。在淬火组织中观察到的粗大γ片层厚度可达到数个微米，而细小的γ片层只有纳米级，这种将γ片层析出过程分为三个阶段的理论可以很好地解释实验观察中得到的淬火组织中片层厚度不均匀的现象。

类似的组织演变结果在其他很多的工作方面都报道过，显然，这些研究工作使用的这种淬火组织研究方法虽然可以观察到片层组织演变某一阶段的最终形貌结果，但是无法实现对片层组织的组织演变这个连续的过程进行更加详细的研究，只能对片层组织的高温演变过程进行有限的推测，有很多现象还不能很好地解释。例如，淬火组织中γ片层的析出显然不是均匀的，γ片层的增厚程度在γ片层与γ片层之间也不是一致的，这些组织演变中的形貌特点通过淬火组织并不能很好地解释。更重要的是，为获得调控片层间距、片层厚度的方法，需要基于片层组织演变的形貌变化特点，开展γ片层生长的动力学，尤其是对γ片层增厚的动力学的研究。这通过淬火组织无法很好地实现，因而需要一种能够对高温下片层析出、生长直接实时观察的研究方法来实现对片层组织的组织演变更详细的研究，并为片层的调控提供充足的动力学数据基础。

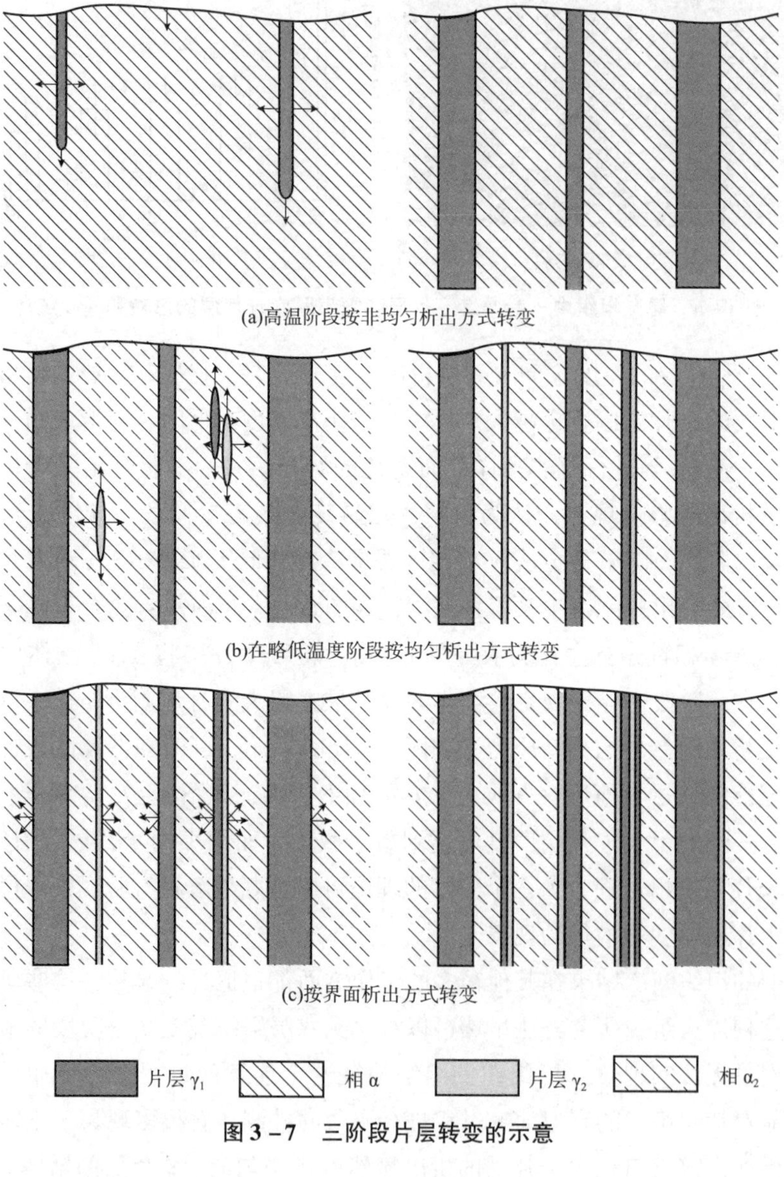

图 3－7　三阶段片层转变的示意

3.2.2　γ片层的生长的动力学研究

由于合金中的显微组织通常是通过合金的液－固和固－固相变得到的，而且人们常常通过执行制定的热处理工艺以控制合金相变过程来调整合金中的显微组织，并最终改善合金的性能，因此合金的相变动力学一直是相变研究工作的热点。研究表明，通过对相变动力学的研究，不但可以为实际生产中调控合金显微组织的热处理工艺的制定提供理论依据，还可以为合金相变机制的研究提供判据。Wang 等使用淬火的方法研究了不同冷却速度对 γ 片层厚度和形核率的影响，认为析出温度是影响片层厚度和形核率的主要因素。Qin 等同样使用淬火方法研究了在过饱和固溶的 α_2 晶粒中 γ 片层在 1000℃保温不同时间后的组织形貌，并通过生长动力数据得到 γ 片层沿长度方向的生长速度，并与实验观测结果相符，认为 γ 片层的生长机制是长程扩散的台阶机制。Charpentier 等认为片层团尺寸、片层间距、相比例等片层组织参数与保温处理温度和冷却速度的平方倒数具有一定线性关系。Li 等对高 Nb－TiAl 合金热膨胀实验结果进行了深入的分析和处理，对 γ 相和 α_2 相的相体积分数随着相变过程的变化情况进行了分析。可以看出，以往的研究工作主要是使用间接实验方法对 α 相到 γ 相变进行分析，从淬火组织中统计的实验数据来理解和解释高温相变过程。显然，如果可以采用高温原位观察的实验方法对 γ 片层的析出和生长过程进行直接研究，将会对 γ 片层生长动力学的研究起到极大的推进作用。

合金中的相变动力学研究一般是从等温(Iso－thermal)相变着手处理，以经典相变形核与生长理论为基础展开的。假设富 B 元素的固相 β 从富 A 元素的过饱和 α 固溶体中析出，那么 β 相形核速率为：

$$N_{\mathrm{Hom}}=\omega C_0\exp[\Delta G_{\mathrm{m}}/(kT)]\exp[\Delta G_{\mathrm{Hom}}^{*}/(kT)]$$

式中，ω 为一个包括原子振动频率和临界晶核面积的因子；ΔG_{m} 为每个原子的迁移激活能。假设单位体积中的非均匀形核位置的浓度为 C_1，那么非均匀形核速率为：

$$N_{\mathrm{Het}}=\omega C_1\exp[\Delta G_{\mathrm{m}}/(kT)]\exp[\Delta G_{\mathrm{Het}}^{*}/(kT)]$$

对于恒定冷却速度的连续冷却过程，即等时转变过程，引入经验形核指数 α。可将等时转变过程分为无数多个很小时间间隔的恒温转变过程进行分析，即等时转变形核速率可看作无数等温转变形核速率从温度 T_0 到温度 T_{t} 的积分，记恒定冷却速度为 $\Phi(\Phi=\mathrm{d}T/\mathrm{d}t)$，有：

$$N_{\mathrm{Het}}(T,t)=\int_{T_0}^{T_t}\left\{\omega C_1\exp[\Delta G_{\mathrm{m}}/(kT(t'))]\exp[\Delta G_{\mathrm{Het}}^{*}/(kT(t'))]\right\}\mathrm{d}\frac{T(t')}{\Phi}$$

和

$$N_{\mathrm{Het}}(T,t)=\int_{T_0}^{T_t}\left\{N_0\exp[\Delta G_{\mathrm{m}}/(kT(t'))]\right\}\mathrm{d}\frac{T(t')}{\Phi}$$

将原子量变为摩尔量：

$$N_{\text{Het}}(T,t) = \int_{T_0}^{T_t} \left\{ N_0 \exp[\Delta G_{\text{m}}/(RT(t'))] \right\} \mathrm{d} \frac{T(t')}{\Phi}$$

对温度积分函数进行积分计算，则上式可写为：

$$N_{\text{Het}}(T,\ t) \cong \frac{RN_0 T(t)^2}{\Delta G_{\text{m}} \Phi} \exp[\Delta G_{\text{m}}/(RT(t))]$$

假设富含 B 溶质的析出物 β 是从零厚度开始以瞬时速度 v 生长，β 中溶质浓度为 C_β，且高于合金整体浓度 C_0，在基体 α 中远离 α/β 生长界面处的溶质浓度是平衡值 C_e。

如果单位面积的 β 向前长大 $\mathrm{d}x$ 的距离，那么薄板 β 的长大速度 v 将取决于 α/β 生长界面处浓度梯度 $\mathrm{d}C/\mathrm{d}x$。根据溶质平衡，通过两相界面的溶质流量是 $(C_\beta - C_e)\mathrm{d}x$，在单位时间通过单位面积的溶质的流量是 $D(\mathrm{d}C/\mathrm{d}x)\mathrm{d}t$，这两式表达的流量是相等的，有 $(C_\beta - C_e)\mathrm{d}x = D(\mathrm{d}C/\mathrm{d}x)\mathrm{d}t$，从而得到：

$$v = \mathrm{d}x/\mathrm{d}t = D(\mathrm{d}C/\mathrm{d}x)/(C_\beta - C_e)$$

通过 Zener 得出的简化处理方法，可以得到：

$$\mathrm{d}C/\mathrm{d}x = (C_0 - C_e)/L$$

对于析出物宽面与基体是半共格界面的情况，假设薄板状析出物是以线性台阶为侧向界面进行生长，台阶间距为 λ、高度为 h。对于生长尖端的半径为 r，可有 $h \approx r$，此时它的扩散原子仅来源于基体 α 相的一侧，可将 $X_r \approx X_e$。在薄板状析出物的生长中，具有最大伸长速度时有 $r = 2r^*$，则有瞬时生长速率为：

$$v = D(X_0 - X_e)/4h(X_\beta - X_e)$$

对于上述析出物宽面与基体是半共格台阶状界面的情况，其厚度的增加是依靠每个小台阶的长度方向的生长而进行的，设其厚度方向生长速度为 u，则有：

$$u = vh/\lambda$$

将 $v = D(X_0 - X_e)/4h(X_\beta - X_e)$ 代入上式，得到：

$$u = D(X_0 - X_e)/4\lambda(X_\beta - X_e)$$

图 3－8 所示为 Ti－48Al－2Cr－2Nb 合金在不同冷速条件下的 γ 片层形核率 NNγγ 随着相变过程的变化情况。可以看出，总体上 γ 片层的形核率随着冷却速度的增加而增大，而且在相变进行到后期时形核率最大值也随着冷却速率的增加而增大。从图 3－8(a) 形核率与温度关系曲线可以看出，随着冷却速度的增加，γ 片层开始析出温度逐渐降低，这与图 3－1 中结果一致。同时可以看到，片层团形貌的形成基本上在 1180℃ 左右就已经完成，而这一结果与 Li 等和 Charpentier 等的结果一致。另外，γ 片层的形核率曲线整体来看呈“S”形，这说明在 α→γ

相变过程中 γ 片层形核率可分为三个阶段。在相变初期，γ 片层的形核率很低，并且随着温度的降低而缓慢增加，也说明在 α→γ 相变末期 γ 片层的形核率同样很低，并随着温度的降低而缓慢减小，只有在相变中期形核率快速增加。随着冷却速度的增加，在相变初期 γ 相形核率增加得更加缓慢。γ 片层形核率与时间的变化曲线如图 3－8(b)所示。由图 3－8(b)可知，形核率－时间曲线的斜率随着冷却速度的增加而迅速增加，这表明 γ 片层的数量随着冷却速度的增加而快速增加。在 3℃/min 冷却速度下，形核率要达到其最大值所需的时间超过 300s，而在 120℃/min 冷却速度下，形核率达到其最大值所需的时间只有不到 20s。为了分析 γ 片层形核速度随温度的变化情况，以在 120℃/min 冷却速度条件下的实验结果为例给出了曲线，见图 3－8(c)，其他冷却速度下的温度－形核速度曲线具有相似特征。该曲线表明 γ 片层的形核速度在相变初期随着温度的降低而缓慢升高；在相变中期，γ 片层的形核速度迅速增加并达到最高值，随后又随着温度的进一步降低而快速减小；在相变后期，γ 片层的形核速度持续缓慢地减小。可以发现，该曲线展现的特点与经典形核理论预测的温度－形核数量变化曲线能够很好地符合。

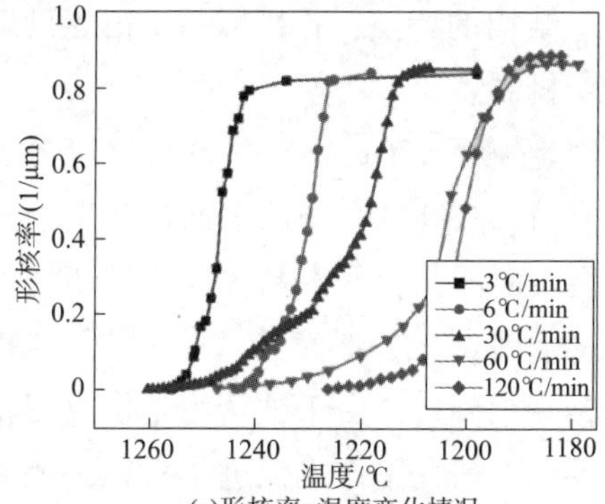

(a)形核率-温度变化情况

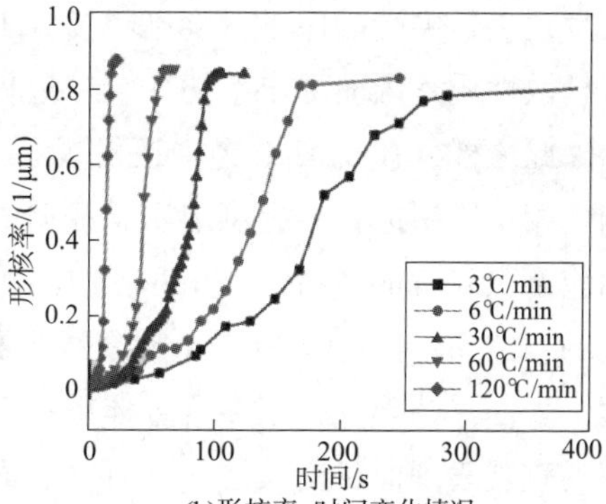

(b)形核率-时间变化情况

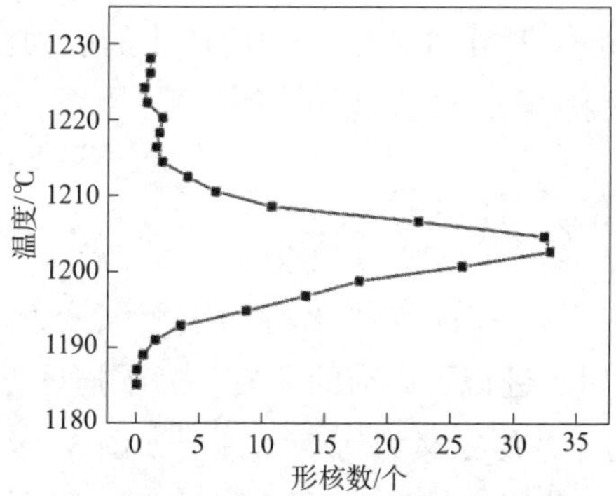

(c)120℃/min 冷却速度下γ片层的温度-形核数量曲线

图 3－8　不同冷却速度条件下 γ 片层析出相的形核率统计结果

3.2.3 γ片层析出和生长涉及的相变机制

关于γ相的形核析出，广为接受的观点是在α相基体内沿密排面通过1/3 <10－10>或1/3 <01－10>Shockley不全位错的运动，产生堆垛层错实现密排六方(hcp)结构向面心立方(fcc)结构转变的。对于Shockely不全位错的激活和运动方式，一般认为是在每隔一层(0001)晶面上产生和运动的。正是由于每次结构转变涉及原子层数只有两层，因而被解释成不同的相变机制。切变机制观点根据实验观察中经常在相界面上观察到只有2层原子层厚的界面台阶，而且成分检测结果表明相变前后元素含量没有改变，认为γ相的产生是类似马氏体转变的切变机制。而扩散机制观点认为，γ相与α相或是α_2相有较大的成分差异，元素扩散一定会伴随相变过程，并将相变过程分为结构转变、成分转变和有序化三个阶段，提出了可能存在fcc亚稳结构，指出γ相中有序化畴的存在是对该相变机制最有利的支持。然而，这些实验中并未给出γ片层形核初期的成分分布结果。随着高分辨透射电镜技术的发展，逐渐实现了γ片层生长尖端区域的晶格像的观察，发现生长尖端的原子衬度已经具有$L1_0$结构的特点，推断α→γ相变只具有短程扩散性质，因而提出了切变－扩散相变机制。

除此之外，在TiAl合金中还发现了表面浮凸(surface relief)现象，也为该合金切变相变机制进一步提供了实验证据的支持。TiAl合金中的表面浮凸属于不变平面应变(Invariant－Plane Strain，IPS)类型表面浮凸，是由基体相通过切变过程产生的。然而，由于γ相与α相之间元素含量差异大，必然涉及一定的元素扩散过程。表面浮凸现象在很多合金体系中都被观察到过，由于被认为是析出相相变机制的直观表现而备受关注，并且对表面浮凸的研究工作也促进了对很多相变机制的理解和认识。随着分析手段的进步，如原子力显微镜技术和双束系统的开发，现在非常有必要对γ－TiAl合金中γ相所产生的表面浮凸进行详细的研究，促进对其相变机制的理解。

3.2.4 γ片层的成对生长

为了详细地研究γ片层在晶界析出后的组织演变，本文选取冷却速度为6℃/min的样品对后续组织进行了详细的分析。为了描述方便，将在降温过程中能够在较高温度析出的γ片层定义为初生γ片层，图3－9所示为晶界析出初生γ片层的形貌演变高温原位观察结果。图3－9(a)所示为未发现γ片层析出的晶界形貌，其中上方αⅠ与下方αⅡ的晶界用点线标出。图3－9(b)、(c)显示有γ

相在晶界位置 A 处析出，可以发现该 γ 相首先从晶界位置向 α Ⅰ 晶粒内部生长，然后其另一端向 α Ⅱ 晶粒内部生长。该 γ 相在 α Ⅰ 晶粒中生长的部分外形有一定的弯曲，并不是片层的平直型轮廓形貌，而该 γ 相在 α Ⅱ 晶粒中的部分则呈平直型轮廓形貌。从图 3 -9(d)可以看出，γ 相在 α Ⅱ 晶粒中生长的部分很快具有很大的长宽比，形成 γ 片层 A1，而在 αI 内部生长的部分表现得更加弯曲。

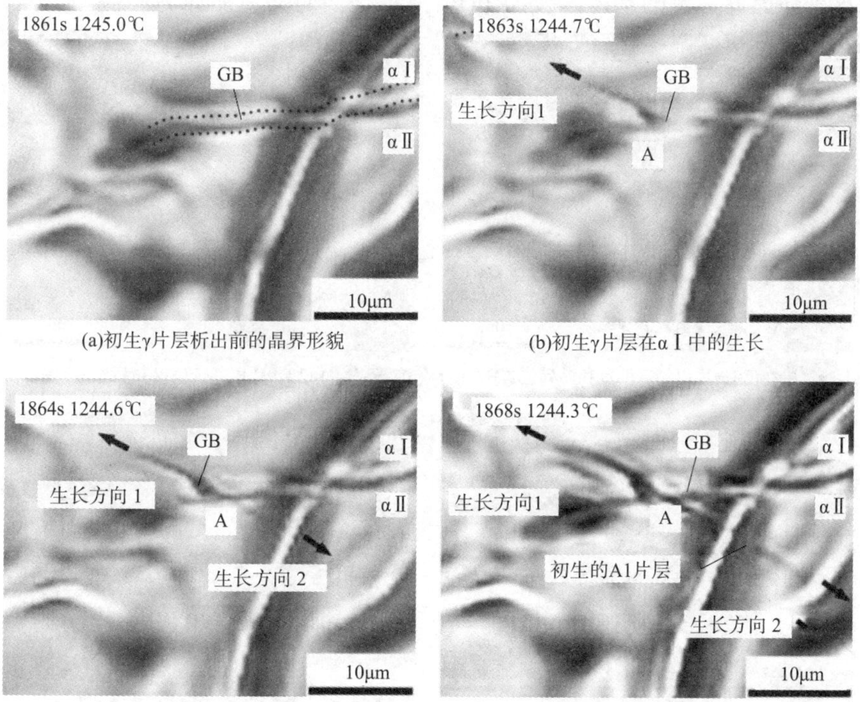

(a)初生γ片层析出前的晶界形貌　(b)初生γ片层在α Ⅰ 中的生长

(c)初生γ片层在α Ⅱ 中的生长　(d)初生γ片层A1的形成

图 3 -9　Ti -48Al -2Cr -2Nb 合金中初生 γ 片层在晶界析出的原位观察结果

图 3 -10 所示为更多初生 γ 片层在晶界析出的组织演变结果。从图 3 -10(a)中可以看到，新的 γ 片层 A2 和 A3 在晶界处距离 A1 非常近的位置析出，同样是首先在 α Ⅰ 中生长，然后另一端在 α Ⅱ 中生长[图 3 -10(b)]，并且与 A1 保持平行。同时有新的初生 γ 片层在晶界位置 B 和 C 处以同样的方式开始析出[图 3 -10(b) ~图 3 -10(d)]，这表明新的 γ 片层在先析出 γ 片层的近邻位置更容易析出和生长。这样就在各个析出位置分别形成了簇状生长(Growth groups，GGs)形貌，如图 3 -10(e)中的 GGA、GGB 等。

从图 3 -10 中可以发现，γ 片层在 α Ⅰ 中生长的部分在长度方向并不能持续生长，随着观察的进行，发现该部分在长度达到 20μm 左右时就逐渐停止生长，并且在随后的观察中发现这部分演变成了不规则形态，这种形貌被定义为晶界仿晶形貌(γ－allotriomorphs)，如图3－10(e)中箭头所示。该结果表明γ片层的析出择优选择晶界形核的方式，从αⅡ晶粒内γ片层的直线型形貌可以判断出这些γ相与αⅡ具有Blackburn取向关系(Blackburn Orientation Relationship，BOR)，这说明γ片层首先是以非BOR在αⅠ晶粒内生长，然后又以BOR在αⅡ中生长。类似这种在晶界一侧的基体内按照BOR关系形核而又在晶界另一侧基体内以非

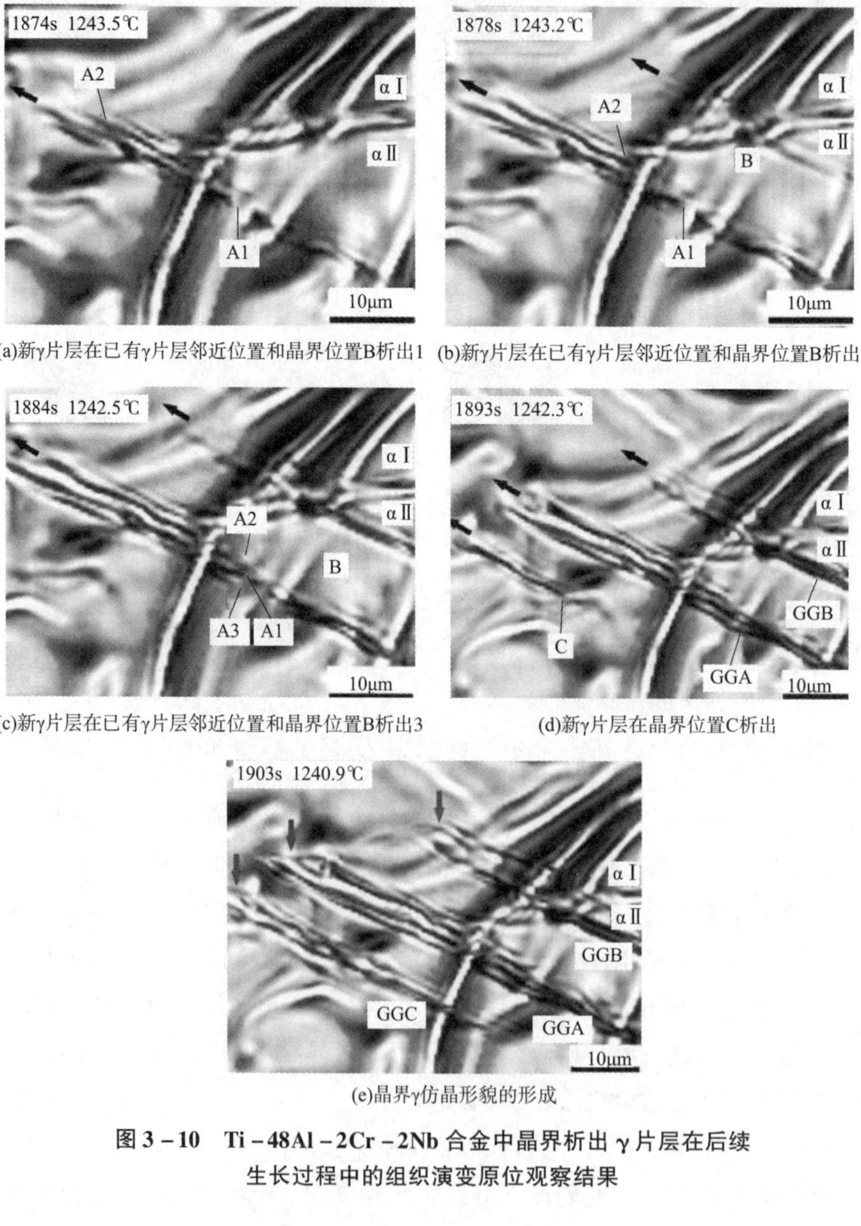

(a)新γ片层在已有γ片层邻近位置和晶界位置B析出1

(b)新γ片层在已有γ片层邻近位置和晶界位置B析出2

(c)新γ片层在已有γ片层邻近位置和晶界位置B析出3

(d)新γ片层在晶界位置C析出

(e)晶界γ仿晶形貌的形成

图3－10 Ti－48Al－2Cr－2Nb合金中晶界析出γ片层在后续生长过程中的组织演变原位观察结果

BOR 生长的结果在研究块状转变 γ_m 时曾经被发现过，在这些研究工作中，晶粒间形核的 γ_m 在晶界处形核，并且初始的生长发生在晶界一侧的具有 BOR 关系的 α 晶粒内，随后的生长便完全在晶界另一侧的 α 晶粒内以非有理化的关系(irrational relationship)按照孪晶方式生长。

为了分析 γ 片层在生长过程中总易形成簇状生长形貌的原因，对图 3 – 10 中的三个生长簇 GGA、GGB 和 GGC 的粗细结构进行了进一步的分析。图 3 – 11 所示为在后续的生长过程中三个生长簇中的精细结构。可以看到，γ 片层总是选择以一种近邻方式一起“成对生长”，表现出总是两个或三个 γ 片层一起生长，例如：图 3 – 11(a)中的 A1、A2 和 A3。显然，γ 片层两两一起生长的方式能够以更大的概率被观察到，在本节的研究中将这种两两一起、成对生长的 γ 片层定义为生长对(Growth pair，GP)。从结果中可以发现，在生长对中的两个 γ 片层既可以同时形核析出、齐头并进地生长并且片层厚度也近似相等[见图 3 – 11(a)中 GGC 中 GP]，也可以一前一后相继析出和生长，而后者会造成先析出和生长的 γ 片层厚度较大、后析出的 γ 片层厚度较小的结果[见图 3 – 11(b)中 GPA4]。类似的组织形貌在淬火组织中也能够被观察到，图 3 – 11(c)可见在淬火组织中簇状生长是 γ 片层在生长过程中普遍存在的形貌特点。为了研究生长簇中生长对(GP)产生的原因，对淬火组织进行了 EBSD 和 TEM 分析，其中典型的 EBSD 结果如图 3 – 12 所示。图 3 – 12(a)所示为淬火组织的相分布图(phase map)。可以发现，深色代表面心四方的(fct)片层状 γ 相而浅色代表密排六方的(hcp)α_2 基体相(在淬火过程中高温无序 α 相有序化为 α_2 相)，除部分片层厚度小于 0.5μm 的片层不能分辨出来外，绝大多数片层状的 γ 相是两两成对地分布在 α_2 基体相中的。这种特点可以从使用反极图信息得到的取向成像图(Inverse Pole Figure，IPF)中更清楚地观察到，如图 3 – 12(b)所示。对于右侧占绝大多数面积的 α_2 晶粒而言，由于是在同一个 α_2 基体中，所以在取向成像图中不同的区域代表 γ 相不同的变体。通过第 1 章的文献综述可知：γ 相存在 6 种变体，并可以分为两个变体组，不同变体之间存在真孪晶、伪孪晶和 120°旋转三种关系。其中来自不同变体组的 γ 变体之间只能具有真孪晶或伪孪晶关系。利用 γ 相的极图信息可以区分出 γ 变体所属的变体组，并确定相邻 γ 变体之间的晶体学关系，从而判定组成生长对(GP)的相邻 γ 片层之间的关系。

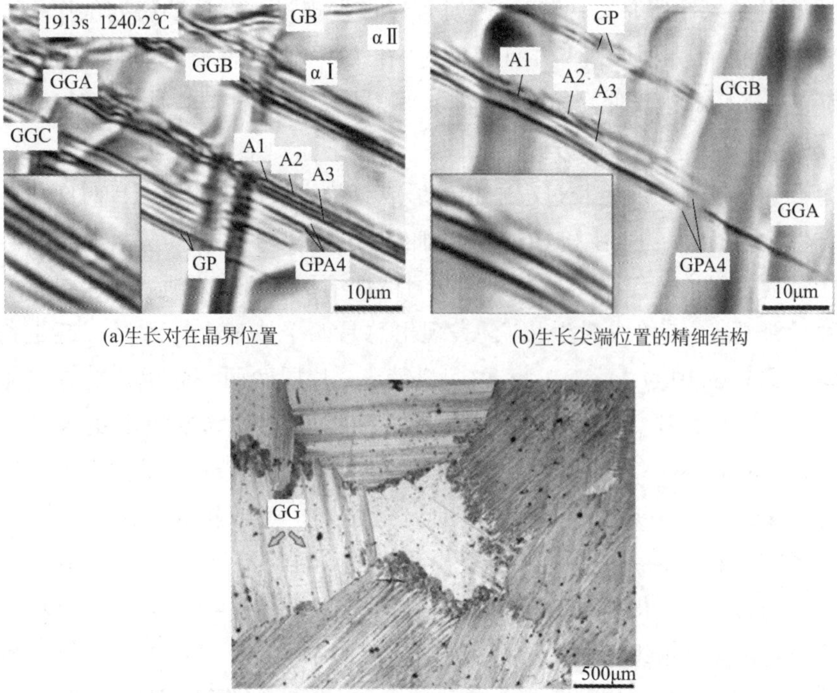

(a)生长对在晶界位置　　(b)生长尖端位置的精细结构

(c)从1390°C以6°C/min冷却至1262°C所得淬火组织中生长簇的形貌照片

图 3－11　Ti－48Al－2Cr－2Nb 合金中 γ 片层在生长过程中生长对的形成

注：(a)和(b)中的插图分别是 A1 到 A3 和 GPA4 的局部放大图

不同 γ 相变体的{110}和{111}晶面极图如图 3－12(c)所示，其中属于相同变体组的三个 γ 相变体具有一样的{111}晶面极图，从而将六种变体区分成两个变体组如图 3－12(b)所示。然而，由于受到 EBSD 结果的精确度的影响，通常情况下的 EBSD 技术不能有效地区分出同属于一个变体组的三个 γ 相变体。结果表明，绝大多数生长对都是由分别属于不同变体组的 γ 相变体构成，如变体 i1 和 ii1、i2 和 ii2 等。这说明生长对中相邻的 γ 片层在晶体学上具有相反的堆垛顺序，即成对生长的两个 γ 片层具有真孪晶或伪孪晶关系。

造成这一择优成对生长现象的主要原因可以用相变应力最小化来解释。Zghal 等提出，当 γ 片层析出并生长时，会在邻近的基体中产生一个相变应变场，从而产生相变应力。如果在基体中产生一个具有相反堆垛顺序的新的 γ 片层，其所产生的新的相变应变场与该区域原有的相变应变场呈反向关系，这样就可以抵消或是减小该区域原有相变应力。所以，在这种具有真孪晶或伪孪晶关系的生长对中，两个 γ 片层相反的堆垛顺序就是相变应变(应力)选择的结果，其目的是使 γ 片层析出和生长过程中的阻力最小化，即相变应力最小化。

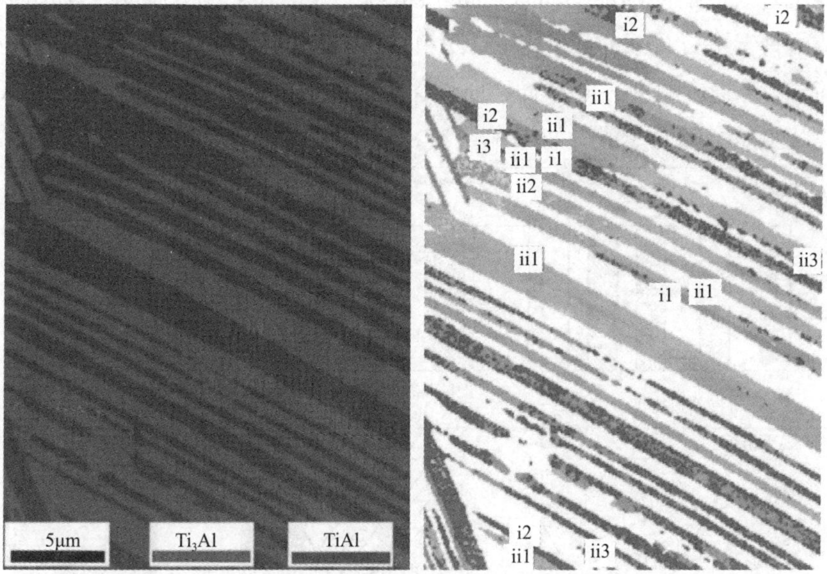

(a)相分布，深色区域为γ相，浅色区域为α_2相 (b)γ相取向成像图

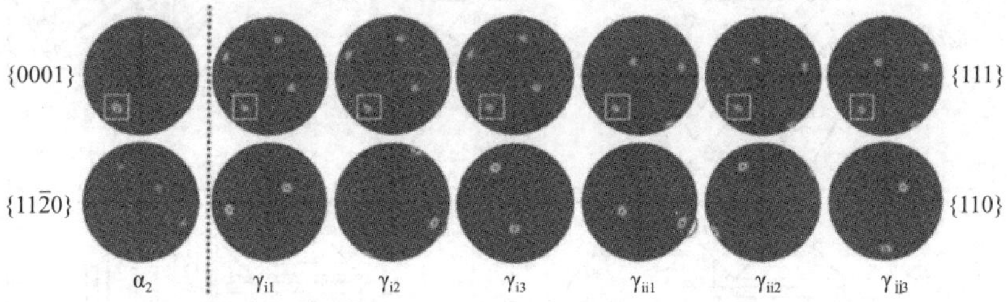

(c)根据γ相变体的{110}和{111}晶面极图区分γ相变体所属分组

图3-12 Ti-48Al-2Cr-2Nb合金中典型的由生长对构成的淬火组织的EBSD结果

3.3 亚稳组织的相变特征

合金的冷却速度和相析出温度对γ的析出和生长产生重要的影响，目前有关冷却速度的研究工作主要侧重于冷却速度对$\alpha\rightarrow\gamma$相变所得显微组织产生的影响。当γ-TiAl合金从α单相区冷却时，随着冷却速度的不断增加，能够逐渐抑制α_2/γ片层组织的析出。高温α相区以不同速度冷却后可得到各种可能的结构，如图3-13所示。当冷却速度较低时，如随炉冷却，合金会形成α_2/γ全片层组织，如图3-13(a)所示，并且随着冷却速度的增加片层的宽度会随之减小；在中等冷却速度下，如空冷、沙冷和油冷等，合金会在α_2/γ片层组织之间形成亚

稳的魏氏组织板条 γWid（Widmanstätten laths），如图 3－13（b）所示，通常魏氏组织板条由具有平行关系的 α_2/γ 片层团组成，与周围的片层团具有一定的位向关系；随着冷却速度的进一步增加，如水冷，羽毛组织 γFy（Feathery－like structure）甚至块状组织会随之形成，如图 3－13（c）和（d）所示，羽毛组织从片层团内部和

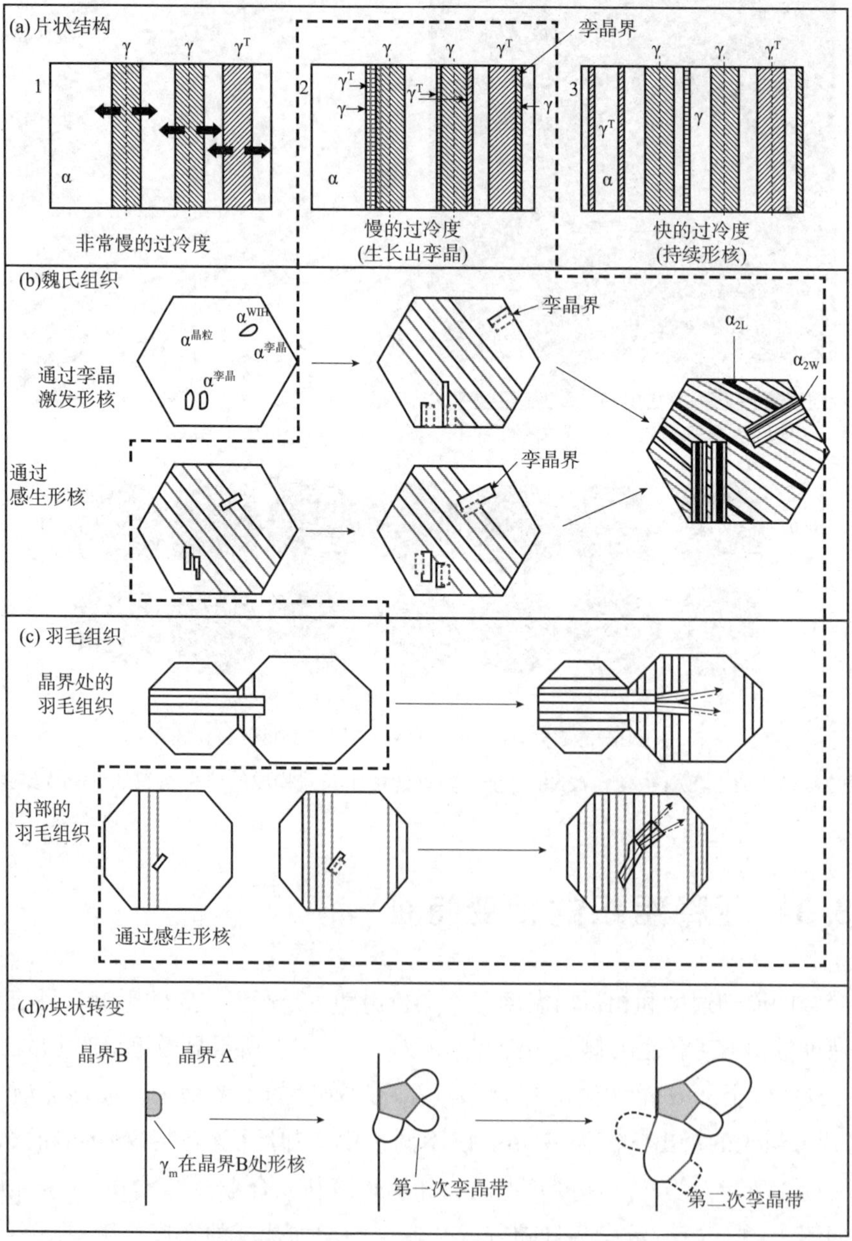

图 3－13　TiAl 基合金高温 α 单相区经不同冷却速度所得各种相结构的形成示意

片层团界面处析出，分析表明羽毛组织和片层之间具有某种位相关系，即沿着 $<100>\gamma_L$ 轴方向偏转 36° ±5°，并且羽毛组织内片层间错配度为 5° ~15°。研究发现，羽毛组织从片层团内部析出时为激发形核，而羽毛组织从片层团边界析出时是从界面失稳的片层中直接析出。

块状转变(Massive transformation)则是 γ - TiAl 基合金诸多转变中较为特殊的一种。当其成分在 Ti -(46 ~50)Al(原子分数/%)合金中从 α 单相区以快冷速冷却时，会生成形状不规则的块状组织(γ_m 相)。块状组织的主要特点首先被 Massalski 等建立，他们定义块状转变是无成分变化且界面控制的扩散型相变，它具有不规则的形貌，并在与 α 的界面处存在大量的小平面和台阶，但是与母相 α 相没有任何取向关系。自此之后，γ_m 相得到了广泛的研究，如今通常人们认为冷却速率可以控制 γ_m 相初始晶核的萌生，形核之后的 γ_m 相生长非常迅速，因而块状转变是一个具有时间效应的现象。Veeraraghavan 等将基于经典形核理论的热力学计算与试验相结合预测出 γ_m 相可能在晶界处(grain edge)和非共格晶粒角落(grain corner)形核。Caretti 等通过对不同合金体系进行连续冷却实验发现冷却速率的增加会降低块状转变的温度，增加形核率并且细化最终的组织。并且块状组织的形核主要发生在异质形核质点：晶界处或者缺陷处。Sankaran 等采用 EBSD 技术发现 TiAl 合金中块状组织 γ_m 相能够从 α 相界面处形核，即从两个 α 晶粒的界面处或三个 α 晶粒相交的界面处，如图 3 - 14 所示。γ_m 晶核与母相 α 相具有共格界面，并符合 Blackburn 位向关系，即 $\{111\}\gamma//(0001)\alpha_2$ 和 $[110]\gamma//<11\bar{2}0>\alpha_2$。此外，一些 γ_m 晶核与母相 α 相呈另外一种半共格界面关系，且该关系与 Blackburn 位向关系接近。因而在形核过程中会产生变体选择从而降低界面能。

(a)γ_m区域沿晶界的一边生长　(b)γ_m区域沿晶界的两边生长　(c)γ_m区域沿三个晶粒的界面处生长

图 3 - 14　晶粒间不同种类 γ_m 相结构 BSE 形貌

Sankaran 等通过冰水混合淬火在 Ti -48Al -2Nb -2Cr(原子分数/%)合金中获得完全的块状组织[见图 3 -15(a)]，并且通过 TEM 观察到大量的层错，如图 3 -15(b)所示。Hu 等通过末端淬火获得宽的冷却速率范围，不同合金成分显微组织与冷却速率的定量关系，Nb 和 Ta 重金属元素促进块状转变区域降至低冷却速率，抑制了与扩散相关的片层组织、魏氏组织及羽毛组织的形成。目前，大量的文献报道了采用热处理获得不同的亚稳显微组织，通常认为合适的合金成分、冷却速率、晶粒尺寸是获得这些组织的前提，而缺乏对这些组织的形成过程中热力学能量变化的定量化分析。

(a)100μm　　(b)0.2μm

图 3－15　Ti－48Al－2Nb－2Cr 合金冰水混合淬火获得完全的块状组织

图 3－16 所示为 Shuleshova 等在过包晶 Ti－50Al－5Nb 和过包晶 Ti－50Al－10Nb 合金深过冷凝固淬火试样中所获得亚稳相（L→$\gamma_{metastable}$），同时也可观察到在 $\gamma_{metastable}$周围存在块状转变（$\gamma_{transformed}$）即块状 γ_m 相，其关注于亚稳相的析出并未对块状 γ_m 相析出做出过多解释，但这足以证明非平衡凝固过程中也有可能存在块状 γ_m 相析出。

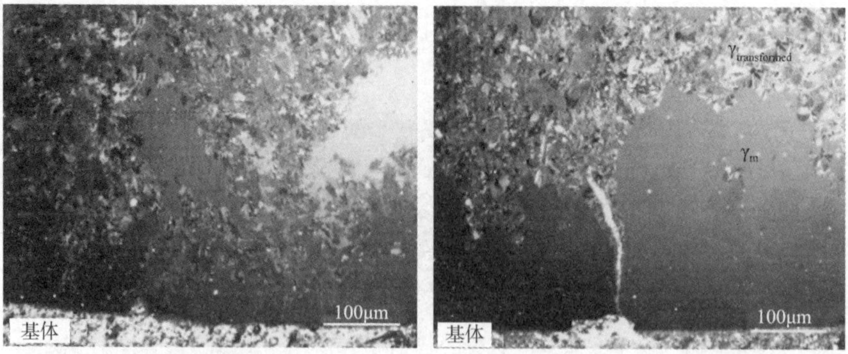

(a)$Ti_{45}Al_{50}Nb_5$，ΔT=290K　　(b)$Ti_{40}Al_{50}Nb_{10}$，ΔT=320K

图 3－16　TiAl 基合金深过冷凝固淬火试样中所获得亚稳相和块状组织

对于热处理，高 Al 的 TiAl 基合金块状 γ 组织的区域相对于低 Al 的 TiAl 基合金而言，相对较窄。对于高 Al 成分而言，块状转变可能在相对慢的冷却速率下产生，如油冷；而对于低 Al 成分而言，块状转变只有在快的冷却速率下才会产生，如水冷。因此，可以推测出高 Al 含量的过包晶 TiAl 基合金更有利于块状转变的产生。同时由图 3－16 可知，与 Ti－50Al－10Nb 合金相比，Ti－50Al－5Nb 合金的块状 γ_m 相体积分数明显较大而过冷度却相对较低。由此可以推测出过冷凝固过程中，高 Al 含量的过包晶 TiAl 基合金也更有利于块状转变的产生，但具体的转变机制和亚稳组织的演化过程，需要进一步的研究和讨论。

另外，研究发现无论块状组织 γ_m 相以什么样的方式形核，其后续生长是沿着 γ_m 相的{111}γ 密排面不断形核并生长的过程，因此每一个 γ_m 区域会被分割成具有限制大小的亚晶粒。在生长过程中，初始 γ_m 晶核会朝着与母相相邻的 α 晶粒内部生长，并且以非共格的方式生长。该孪晶生长方式会使 γ_m 相偏离 BOR 位向关系。与此同时，γ_m 晶核的孪晶生长跟初始晶核之间会形成孪晶代，从第一代孪晶开始，γ_m 相就会偏离 BOR 位向关系。

目前的研究有关 $\alpha \rightarrow \gamma_m$ 转变的相变机理存在较大争论，争论的焦点主要为相变中是否存在一个无序 fcc 结构的中间过渡相。Wang 等发现在 Ti－46.5Al 合金中 γ_m 相内所有类型的 1/2 <101> 全位错均可发生分解，产生层错的同时，在其尾部形成 1/6 <211> Shockley 不全位错，层错的宽度均大于 400nm，远远大于普通 γ 相中层错的宽度。由于这些缺陷只能在无序的 fcc 相内形成，因而他们认为 γ_m 相是由无序 fcc 结构直接经有序化转变而形成的。但是支持 α 相直接转变为 γ_m 相的研究发现，将二元 Ti－48Al 合金从 α 相区淬火，会获得大量块状转变组织，而未发生块状转变的区域析出了细小的 α_2/γ 片层（片层间距为 5～10nm）。这种片层组织极不稳定，经过高温短时时效（1050℃/1min）后会转变为取向不同的 γ 细晶组织，γ 细晶粒中也发现了大量的位错、堆垛层错、孪晶和反相畴等缺陷，这些微观特征与 γ_m 晶粒内部结构相同。基于此，Kumagai 等认为沿着 α_2/γ 细片层组织可能析出 γ_m 并长大，其中 α_2/γ 细片层是以 BOR 转变机制生成的，而并不存在一个无序的 fcc 结构的中间相。

参考文献

[1] Kim Y W. Microstructural evolution and mechanical properties of a forged gamma titanium aluminide alloy[J]. Acta Metallurgica et Materialia，1992，40(6)：1121－1134.

[2] Kim Y W. Wrought TiAl alloy design[J]. Transactions of Nonferrous Metals Society of China(English Edition)，1999，9(SUPPL.1)：307－308.

[3] BROTZU A，FELLI F，PILONE D. Effect of alloying elements on the behaviour of TiAl－based

alloys[J]. Intermetallics. 2014, 54: 176 - 180.

[4]ZGHAL S, NAKA S, COURET A. A Quantitative TEM analysis of the lamellar microstructure in TiAl based alloys[J]. Acta Materialia, 1997, 45(7): 3005 - 3015.

[5]ZHU H, WEI T, CARR D, et al. Assessment of titanium aluminide alloys for high - temperature nuclear structural applications[J]. JOM, 2012, 64(12): 1418 - 1424.

[6]ZGHAL S, THOMAS M, COURET A. Structural transformations activated during the formation of the lamellar microstructure of TiAl alloys[J]. Intermetallics, 2005, 13(9): 1008 - 1013.

[7]ZHANG W J, FRANCESCONI L, EVANGELISTA E. Precipitation kinetics of lamellar(gamma) laths in a TiAl - base alloy[J]. Scr. Mater., 1997, 36(9): 981 - 987.

[8]QIN G W, HAO S M, SUN X D. Ledge mechanism of primary α_2/γ lamellae growing in the supersaturated α_2 matrix for γ - TiAl - based ($\gamma + \alpha_2$) alloy[J]. Scr. Mater., 1998, 39(3): 289 - 293.

[9]CHARPENTIER M, HAZOTTE A, DALOZ D. Lamellar transformation in near - gamma TiAl alloys - Quantitative analysis of kinetics and microstructure[J]. Mat. Sci. Eng. A, 2008, 491(1 - 2): 321 - 330.

[10]LI Y, ZHOU L, LIN J, et al. Phase transformation behavior and kinetics of high Nb - TiAl alloy during continuous cooling[J]. J. Alloy. Compd., 2016, 668: 22 - 26.

[11]李晓磊. TiAl 合金片层形成及生长行为研究[D]. 西安：西北工业大学材料学院, 2018.

[12]ZGHAL S, THOMAS M, COURET A. Structural transformations activated during the formation of the lamellar microstructure of TiAl alloys[J]. Intermetallics, 2005, 13(9): 1008 - 1013.

[13]ZGHAL S, THOMAS M, NAKA S, et al. Phase transformations in TiAl based alloys[J]. Acta Mater, 2005, 53(9): 2653 - 2664.

[14]DEY S R, HAZOTTE A, BOUZY E. Crystallography and phase transformation mechanisms in TiAl - based alloys - A synthesis[J]. Intermetallics, 2009, 17(12): 1052 - 1064.

[15]MASSALSKI T B. Massive transformations revisited[J]. Metallurgical and Materials Transaction A, 2002, 33: 2277 - 2283.

[16]VEERARAGHAVAN D, WANG P, VASUDEVAN V K. Nucleation kinetics of the $\alpha \rightarrow \gamma_m$ massive transformation in a Ti - 47.5 at. % Al alloy[J]. Acta Materialia, 2003, 51: 1721 - 1741.

[17]CARETTI J C, BERTORELLO H R. Nucleation in massive transformations: An interpretation of the correlation between transformation temperature and cooling rate[J]. Acta Metallurgica, 1983, 31(2): 325 - 333.

[18]SANKARAN A, BOUZY E, HUMBERT M, et al. Variant selection during nucleation and growth of γ - massive phase in TiAl - based intermetallic alloys[J]. Acta Materialia, 2009, 57(4): 1230 - 1242.

[19]SANKARAN A, BOUZY E, FUNDENBERGER J J, et al. Texture and microstructure evolution

during tempering of gamma – massive phase in a TiAl – based alloy[J]. Intermetallics, 2009, 17(12): 1007 – 1016.

[20] SHULESHOVA O, WOODCOCK T G, LINDENKREUZ H G, et al. Metastable phase formation in Ti – Al – Nb undercooled melts[J]. Acta Materialia, 2007, 55(2): 681 – 689.

[21] WANG P, KUMAR M, VEERARAGHAVAN D, et al. Observations and analyses of dislocations and stacking faults in the massive γ_m phase in a quenched Ti – 46.6 at. % Al alloy[J]. Acta Metallurgica, 1997, 46(1): 13 – 30.

[22] KUMAGAI T, High – temperature Ordered – Intermetallics Alloys[M]. Ⅵ. edited by J. A Horton et al., MRS, Pittsburgh, PA: 1995: 181 – 186.

[23] KUMAGAI T, ABE E, NAKAMURA M. Microstructure evolution through the $\alpha \rightarrow \gamma$ phase transformation in a Ti – 48 At. pct Al alloy[J]. Metallurgical and Materials Transaction A, 1998, 29A(1): 19 – 26.

4 钛铝合金的制备及研究方法

虽然 TiAl 基合金有许多优点，并在技术上取得了许多重要突破，但仍有许多性能方面的问题需要解决，如 TiAl 基合金低的室温塑性及伴随而来的成形性差，对于100℃以上使用的高温部件具有相对较低的高温强度，800℃以上的抗氧化性能不足，拉伸强度、塑性与断裂/蠕变抗力具有相反关系等。近年来，各国研究者通过合金化、组织控制及改善加工工艺等方法，使 γ－TiAl 基合金的使用温度、拉伸性能、断裂韧性、蠕变性能、成形能力及抗氧化性能等都得到普遍提高。本成形是将某种形式的坯料制作成部件或其毛坯的过程。对于变形合金而言，成形可视为三次加工，包括模锻、轧制＋超塑成形等工艺。对于铸造合金而言，成形是除母合金熔炼的二次加工。粉末冶金过程比较复杂，近净成形、热等静压成形和 3D 打印可视为二次加工，但也可采用这种二次加工方法先制备粉末冶金坯料，再采用等温锻、挤压或轧制等进行三次加工。显然，结构件制造成本随着加工链的长度和复杂程度成比例上升，这也是变形的 γ－TiAl 合金尚未获得大量应用的主要障碍。成形采用的变形工艺与热加工在原理上没有本质区别，只简要讨论不需进一步变形、成本相对较低的两类近净成形工艺：精密铸造和粉末冶金＋热等静压。

4.1 钛铝合金的制备工艺

4.1.1 钛铝合金的熔炼工艺

由原料和中间合金经熔炼得到合金锭是一切后续加工和成形的基础。它直接影响铸态合金的显微组织、织构和合金元素的分布，对等温锻造和热挤压等热加工和粉末冶金过程也有重要影响。

从 TiAl 合金二元相图可以看出，γ－TiAl 合金的高温区在相对较窄的 Al 含量范围内存在2个包晶反应，这使显微组织对Al含量变化很敏感，进而导致性能对成分特别是Al含量很敏感。宏观成分偏析主要与熔炼方法和熔炼参数的控制有关，微观偏析和织构则主要与凝固反应有关。熔炼方法，特别是工业规模的熔炼方法是建立材料供应链的一个关键环节，对于γ-TiAl合金的研发与应用具有重要意义。一个著名的实例是通用电气公司在20世纪90年代前期采用4822合金试制CF6-80C低压涡轮叶片时遇到的困难。为保证4822合金的性能一致性，要求将Al含量控制在±0.75%(质量分数)范围内，但当时Howmet公司和Timet公司的真空自耗熔炼(VAR)技术只能实现±3% Al(质量分数)的均匀性。由于成分均匀性不满足要求，通用电气公司不得不研发了一种特殊的热处理工艺使铸造叶片的性能满足要求。后来Allvac公司通过研发改进VAR工艺，才使Al含量波动范围达到通用电气公司的要求，从而建立了4822合金的工业规模熔炼技术。

目前，适用于γ-TiAl合金的熔炼方法主要有3种：VAR、等离子电弧熔炼(PAM)和感应凝壳熔炼(ISM)。这3种方法各有优缺点：①VAR可熔炼大锭型，但若存在高、低密度夹杂则不易消除；②PAM可以消除高、低密度夹杂，但可能卷入气泡，不宜作为末次熔炼方法；③ISM成分均匀，但锭型小，过热度低，一般仅约为20℃。因此，对于变形合金所需的大锭型，末次熔炼宜采用VAR；对于部件铸造，只能采用ISM方法。这样熔炼变形合金的可能组合为：VAR+VAR(+VAR)，或PAM+VAR，或ISM+VAR。精密铸造的可能组合为：VAR(+VAR)+ISM，或PAM+ISM。视具体用途对合金锭质量的要求，括号内的熔炼步骤可有可无。

TiAl基合金同钛合金一样，在高温时具有高化学活性，因此一般沿用熔炼钛合金的方法。但相对于熔炼钛合金来说，熔炼TiAl基合金又具有自身特点，如合金元素溶解过程反应热高，对间隙元素敏感性高，合金元素含量高，合金成分容错度小，合金中各元素物性差别大，性能对组织敏感性高等，这使得TiAl基合金的熔炼和浇铸更加困难。

从合金质量和经济性来衡量，无论对于形变合金(末次熔炼为VAR)还是铸造所用母合金的制备(末次熔炼为ISM)，首次熔炼采用PAM均是最佳选择。PAM铸锭从心部到外缘的成分变化问题不大，因为在末次熔炼过程中均可以进一步均匀化，但从锭头到锭尾的宏观成分偏析则无法消除(VAR的熔池小，只是局部熔化；ISM需将一个母合金锭切成数段浇成不同的零件)。易挥发的Al的含量最难控制，且作为轻元素对其进行准确的定量分析也非常困难。Howmet公司对PAM锭的研究表明，Al含量分析误差对45XD和47WSi合金而言，分别占技术指标许可范围的32%和47%，显然难以达到控制指标(特别是对47WSi合金)。成分偏析等熔炼质量也与熔池深度、熔液驻留时间、中间合金质量、进料方式和速度等熔炼参数有关。例如，对于47WSi合金，当所用W－Al中间合金为细颗粒时，PAM锭沿锭长的Al含量变化量达到2.5%[质量分数，约3.1%(原子分数)]，而当采用粗颗粒中间合金时，沿2.5m锭长的Al含量变化量仅为0.6%(原子分数)。

除了控制成分偏析，研究凝固反应的重要意义是寻求细化铸造合金晶粒的途径。凝固路径及随后的固态转变决定显微组织，而晶粒和片层晶团的大小和形状则取决于初生相和包晶相的竞争生长、凝固条件及固态转变的成核方式与动力学。对于二元Ti－Al合金，Al含量对枝晶尺寸有影响，但并不显著。在含47%Al时枝晶尺寸具有最小值，而成核与成分过冷模型在假设2K过冷度条件下得到β初生相和α包晶相共存生长的成分区为46.1%～48.6%Al，二者一致。相场模拟结果表明，对于包晶合金，若成核过冷度减小可细化晶粒。对于铸造过程而言，唯一可控的凝固条件是冷速，通常通过调节模壳预热温度实现。

4.1.2 铸锭变形合金冶金工艺

目前生产TiAl基合金的典型工艺是铸锭冶金工艺，其包括以下几步：①熔炼和铸造；②开坯：粗大铸造组织的破碎；③后续加工及处理工艺。

现已有三种冶金熔炼方法被成功地应用于TiAl基合金的生产：凝壳感应熔炼(Induction Skull Melting)、真空电弧熔炼(Vacuum Arc Melting)(图4－1)和等离子束熔炼(Plasma Melting)。凝壳感应熔炼主要是用来生产实验室用小直径(75～125mm)铸锭。而较大铸锭(可达ϕ350mm)则多用后两种方法。电弧及等离子束熔炼及凝固过程会在大直径铸锭中造成很高的热应力，甚至铸锭开裂。含46%～48%Al(原子分数)的铸态TiAl合金半条晶粒通产为100～300μm。而Al＜46%

(a)电弧熔炼不同成分的纽扣锭　　(b)真空冷坩埚熔炼的中铌TiAl合金铸锭照片

图4－1　不同方法制备的合金锭照片

(原子分数)的合金，因不存在枝晶间 γ 相钉扎 α 晶粒的生长，其铸态板条晶粒较粗大，且明显受冷却速度的影响；如在 ϕ70mm 的 Ti－45.5Al－2Cr－2ab 合金铸锭中板条晶粒约为 150μm，而 ϕ200mm 的铸锭中则为 700μm。

成功用于碎花铸造 TiAl 组织的工程化热加工工艺主要有三种：等温锻造、普通(包套)锻造和普通(包套)挤压。无论哪种方法，加工前都要将铸锭预等静压或均匀化热处理，对 Al＞46%（原子分数）的合金热等静压多选在 1260℃/175MPa 进行。

等温锻造多在 1065～1175℃进行，名义应变速率为 10^{-3}～10^{-2}/s，变形比为 4：1～6：1；该工艺条件可保证铸锭有足够的塑性而不开裂，同时又有 50% 的板条组织球化。对 Ti－45.5Al－2Cr－2Nb 合金等温压缩试验发现：动态球化及再结晶多沿原 α 晶界(板条界)发生并向晶内扩散，而片层团内依其片层位向形成不同程度的扭折带，但扭折一般不会导致动态球化发生。当晶粒尺寸一定时，球化程度随着应变速率降低而提高；当应变速率一定时，细化晶粒会增加球化体积百分数。为提高球化速率及细化铸态组织，可在锻造过程中将锻件在锻模内短暂停留(≈15min)促进静态球化，或采用两步锻造方法，即中间进行热处理以促进球化。尽管两步锻造增加了生产成本，但可获得更高变形量和更为均匀细化的形变组织。

普通(包套)锻造也是一种加工 TiAl 基合金的行之有效的方法。该工艺一般用冷模(约 20℃)或温模(约 200℃)锻造。为降低锻模对锻件的过冷度以防开裂，一般应变速率较高(约 1/s)。即便如此，仍需用包套保护以减缓坯料冷却。由于摩擦阻力影响及热量的散失，要保证坯料和包套(多用 304 不锈钢)均匀变形，需要严格设计包套及隔热材料的厚度及其他相应工艺参数。由于包套锻造较等温锻造的应变速率明显要高，在相同的形变温度及形变比下，包套锻造组织要更均匀细化，而且残余板条组织很少。

普通(包套)挤压也被成功地用于热加工 TiAl 基合金，但和包套锻造相似，合理地选择包套材料和尺寸、绝缘材料及加工参数对获得致密均匀的锻件是至关重要的。典型的包套挤压参数为：挤压速度 15～50mm/s、挤压比 4：1～12：1、预热温度 1050～1450℃，预热温度＜1250℃时，包套材料可选用 304 不锈钢，温度较高时选用 Ti－6Al－4V 或工业纯钛。在毛坯与包套之间使用绝热膜，可以减少包套挤压过程中固有的径向温度的不均匀性，但并不能消除。最好的保温材料是网织状 SiO_2 纤维，其他各种合金箔也是有效的。

经过热加工可获得均匀细晶及 TiAl 合金组织，相应提高了其加工能力，使最终成形如板材轧制、超塑成形、等温精模锻造等得以实施。包套热轧已被成功地用于生产面积为400mm×700mm、厚度为0.2~2mm的板材，轧制温度在$\alpha+\gamma$两相区（T_{α}以下为40~150℃），轧制速度约为1/s，每道的轧下量为10%~15%。等温轧制是另一种有效的工艺方法，已用于轧制150mm宽、0.75mm厚的二元TiAl合金板材，轧制温度为1000~1100℃，轧制速度为2~6mm/min，每道的轧下量为5%~15%。热加工后具有细晶组织的TiAl基合金可进一步超塑成形，如热轧Ti-45.5Al-2Cr-2Nb合金，在$T=1200$℃、应变速率10^{-3}/s条件下，可获得接近于1000%的延伸率。细化晶粒使TiAl合金在高温下具有很高的模具填充能力，从而可采用等温精模锻造来生产形状较为复杂的TiAl部件，如发动机整体叶片等，目前甚至在尝试用常规锻造工艺来生产汽车发动机气门阀等部件。

和普通Ti合金类似，TiAl基合金热加工过程中的失效方式主要有两种类型：断裂控制类型和局部流变集中型，可分别导致楔形裂纹和轧洞的形成。据此可将热变形失效分为两类：一是较低温度较高应变速率下失效，此时，楔形裂纹在很低的应变水平下即已萌生并导致最终的沿晶脆性断裂，该失效方式在常规高应变速率加工方法如锻造、轧制、挤压等中较为常见；二是高温低应变速率条件下孔洞的形成、长大及聚合，理解这种失效机制对如等温锻造及超塑成形具有重要意义。

4.1.3 铸造合金生产工艺

铸造合金相较于热变形合金，具有成本低、可直接成形等优点，所以是对生产性能要求不高的制造TiAl基部件的非常有效的工艺方法，并可望在近期内得到应用。目前多采用的工艺路线是真空电弧重熔后的熔模浇铸工艺，即将熔融金属浇铸于特殊设计的陶瓷铸模中。铸模材料多选用CaO并涂以表面涂层以减少金属与铸模的反应及杂质的熔入。铸造后，部件一般要进行热等静压以消除铸造气孔，热处理后进行化学精磨及校正。通用电气公司发展了一系列获得近等轴γ及双态组织的热处理工艺；化学精磨主要是去除0.5~1.5mm厚的表面反应层或富Al层。目前已成功生产的铸造部件有飞机发动机低压叶片、支撑架、增压箱，以及汽车发动机气门芯等。此外，已尝试应用真空感应熔炼和永久铸模压力铸造等方式来生产汽车发动机增压齿轮等。

铸模材料的选择及浇铸时的冷却速度是获得均匀细晶铸态组织的决定性因素之一，如采用钢模铸造可获得与雾化沉积材料相当的晶粒尺寸，约为100μm。此外，调整化学成分也是控制铸造合金组织的重要方法之一，尤其是添加如 TiB_2 等晶粒细化剂对提高合金的综合性能具有非常重要的作用。如 XD 合金 Ti - 47Al - 2Mn - 2Nb + 0.8%（体积分数）TiB_2，其晶粒尺寸可细化至 50 ~ 150μm。

适用于 γ - TiAl 合金的精密铸造方法，取决于熔炼方法、浇铸方式和模壳材料的组合，有很多变种。熔炼方法包括感应熔炼（陶瓷或水冷金属坩埚，陶瓷可获得高过热度，但夹杂和间隙污染使它并不适于航空部件等关键应用，金属坩埚若采用高功率熔炼，则可使熔液悬浮，又称悬浮熔炼）、凝壳熔炼；浇铸方式包括静态重力、反重力、吸铸、离心（离心包括水平和垂直两种方式，均可再细分为泼注和旋溢）；模壳材料包括重复使用的金属模和一次使用的陶瓷模。使用陶瓷模的又称失蜡铸造（investment casting），是精密铸造（precision casting）中应用最广泛的一种。这里仅简要讨论文献报道的适用于航空发动机涡轮叶片的铸造方法。

目前 PCC 公司为 GEnx 发动机铸造的 4822 合金低压涡轮叶片采用的是重力铸造，叶片采用超尺寸设计，需要进行机械加工。同时通用电气公司也在开发净尺寸叶片成形工艺，文献报道了一种水平旋溢离心精密铸造的模拟结果，欧洲的 IMPRESS 项目支持开发了一种垂直旋溢离心铸造工艺。这些新工艺技术特色鲜明，但在成品率、缺陷统计表征、批量生产成本分析与控制等方面尚未见报道。中国科学院金属研究所和德国 ACCESS 公司相继开发了 γ - TiAl 合金涡轮叶片的泼注式水平旋转离心铸造工艺，这是一种常规材料使用最多的精密铸造工艺，具有降低成本的最大潜力。应该指出，上述这些铸造技术尽管工艺细节不同，但均为失蜡铸造，对 γ - TiAl 合金涡轮叶片的制造而言，其工艺十分复杂，均包括 4 个部分：母合金制备、模壳制备、铸造和质量检验控制。图 4 - 2 所示为这些工艺环节的主要步骤。

由于 Ti 的化学活性高，对 γ - TiAl 合金的铸造，必须采用比 Ti 的氧化物更稳定的氧化物制作模壳面层，才能最大限度地降低间隙元素污染和夹杂。在 γ - TiAl 熔点温度附近，只有 3 种元素的氧化物满足上述要求：Ca、Th 和 Y。Ca 的氧化物吸潮，Th 有放射性，事实上仅 Y_2O_3 可供采用。制备具有高的化学稳定性、力学稳定性和热稳定性的 Y_2O_3 面层是 γ - TiAl 合金精密铸造的关键技术之一。由于大推力大涵道比发动机的低压涡轮叶片较长，弦展宽，排气边很薄，截面弯度大，对冶金质量、力学性能和尺寸精度要求高，是难度最大的精密铸件之一。对于净尺寸铸造而言，最常见的缺陷包括：排气边难以完好充型、夹杂、气孔和表面疏松。铸造工艺涉及多达十几种参数的权衡与优化。只有采用高稳定性

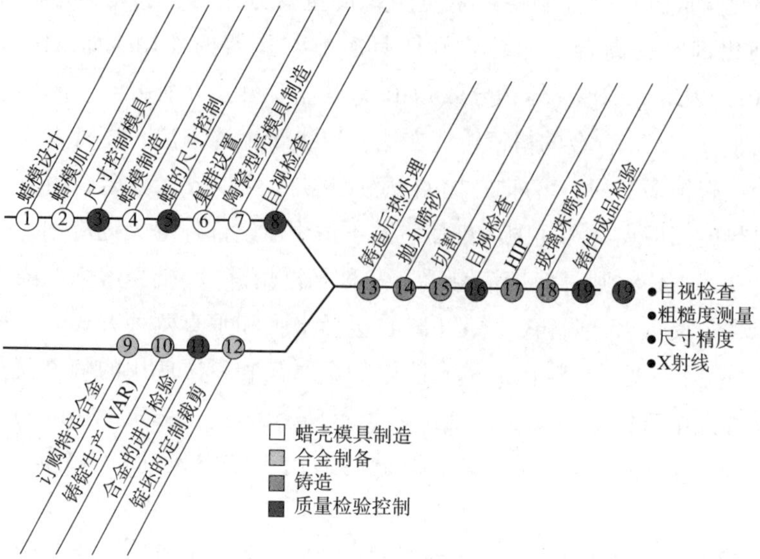

图 4 – 2　失蜡精密铸造技术的工艺环节

的模壳面层，才有可能消除上述 4 类缺陷。图 4 – 3 所示为中国科学院金属研究所采用离心精密铸造方法制造的 γ – TiAl 合金低压涡轮叶片。已在英国罗罗公司 Trent XWB 发动机上完成了覆盖一个大修周期的 1750 次模拟飞行循环考核试验。图 4 – 4 所示为采用中国科学院金属研究所离心精密铸造方法制造的美国通用汽车公司新概念汽车发动机活塞。

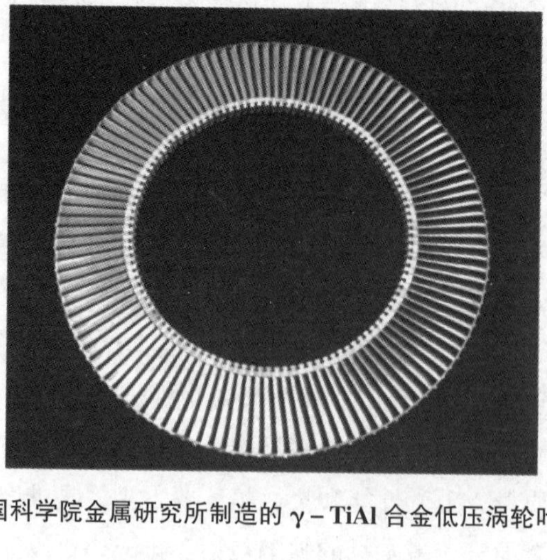

图 4 – 3　中国科学院金属研究所制造的 γ – TiAl 合金低压涡轮叶片精密铸件

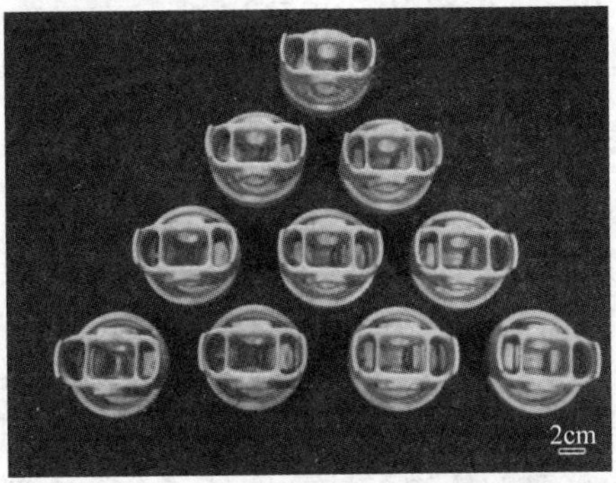

图 4-4 中国科学院金属研究所制造的 γ-TiAl 合金汽车发动机活塞精密铸件

如前所述，合金设计和母合金制备是获得高质量精密铸件的先决条件之一。适于精密铸造的 γ-TiAl 合金应具有以下特点：晶粒细小且对冷速不太敏感，无织构，显微组织对成分微小波动不敏感，不需要复杂热处理。从这些要求来看，在力学性能满足要求的前提下，β 凝固合金比包晶反应合金更适于铸造。

Appel 等给出了一个显微组织敏感地依赖于成分的实例。在采用 Ti-45Al-5Nb-0.2B-0.2C 合金铸造汽车增压器叶轮时，同一批次得到了截然不同的 2 种显微组织，经分析，这种差异起源于成分的微小波动(仅 0.3%)，导致 2 个叶轮分别经历了 β 凝固和包晶反应凝固 2 条路线。这说明，该合金并不特别适于铸造应用。

4.1.4 粉末冶金工艺

粉末冶金是一种少、无切削加工成形金属材料的方法，可以降低成本，特别是克服金属材料由于铸造性能差所带来的成形困难。获得的 TiAl 基粉末可以采用成形工艺得到高密度的块体。可以热等静压成坯后直接轧制或者直接轧制成板材，无须均匀化热处理和锻造，成为生产轧制板材一种具有吸引力的选择，因而 TiAl 金属间化合物的粉末冶金成形已成为当今各国开发该类材料的一个重点方向。

粉末冶金制粉方法基本上有两种：一种是预合金化粉末制备；另一种是元素反应制备粉末。制备预合金化粉末的方法有：旋转转盘方法(把合金熔体流向快速旋转的转盘，得到具有快速凝固特点的预合金化粉末)、等离子旋转电极方法(PREP)和气体雾化方法等。元素反应制备粉末是把纯度 99.8%、颗粒小于 150μm 的元素粉末混合，冷等静压(CIP)到 80% 理论密度，用铝管密封(直径 160mm、长 300mm)，并在 400℃脱气，在 350℃第一次挤压得 20mm 直径棒，室温第二次挤压得致密 10mm 直径棒，还可以进行第三次挤压或锻造，然后再 1300～1400℃真空烧结。粉末冶金 TiAl 合金通常要进行热等静压(HIP)，再进行热挤压及热处理。

4.2 钛铝合金的成形工艺

由于 TiAl 基合金的微观组织对性能有很大的影响，因此，在优化性能方面，合金的成形方法起相当重要的作用。目前 TiAl 基合金大部分采用铸锭冶金技术(如挤压、锻造、轧制、板材成形)、粉末冶金技术(包括模压和挤压烧结)和精密铸造技术等成形方法。

铸态 TiAl 基合金组织粗大，常采用热加工方法来碎化铸态 TiAl 基合金粗大的铸态组织，并且热加工前都要将铸锭热等静压或均匀化热处理。目前常用的工程化热加工工艺主要包括等温锻造、普通(包套)锻造、热挤压或热轧制等，破碎后的合金组织在不同温度下进行热处理，以获得不同的显微组织。

图 4－5 TiAl 基合金板材

由于 TiAl 基合金具有良好的超塑成形性能，这使它可以克服室温塑性低、加工成形难的问题，从而为解决 TiAl 基合金成形难问题开辟一条重要途径。目前，利用 TiAl 基合金的超塑性，已经成功轧制出 TiAl 基合金板材并制造出大型复杂的薄板构件，如图 4－5 所示。

粉末冶金方法虽然可以显著降低晶粒尺寸，获得组织细小、均匀的毛坯，但合金在制备过程中极易受间隙元素的污染，而且含氧等杂质较多，许多工艺尚需要完善。快速凝固技术的应用是提高 TiAl 基合金性能的一个有效途径，快速凝固 TiAl 基合金可以打破金属间化合物的有序度，提高合金的均匀性，从而改善合金的性能，但缺点是制备工艺复杂，很难形成规模生产。

TiAl 基合金精密铸造工艺相对来说比较成熟，目前精密铸造 TiAl 基合金铸件已成功应用于飞机及汽车的发动机叶片、排气阀、涡轮增压器、过渡导管梁、高压涡轮叶片防护板等构件上，如图 4－6 所示。TiAl 基合金铸造工艺可分为永久铸型工艺和一次铸型工艺。目前常用于铸造 TiAl 基合金铸件的型壳主要是金属型壳和氧化物陶瓷型壳。金属型铸件结构相对比较简单、尺寸精度较低，而氧化物陶瓷型壳具有与 TiAl 基合金活性金属反应较小、导热率低、尺寸精度高、收缩率低及制备工艺相对简单等特点，因而有较好的应用前景。

采用熔模精密铸造工艺制备 TiAl 基合金构件可缩短制造周期，降低材料消耗，并可采用蜡模组装工艺整体精铸出多个构件的组合体，常用于复杂航空、航天、汽车工业耐热构件的成形，该方法可得到无余量或近无余量的精密复杂构件，制造成本与机械加工相比大幅度下降。虽然熔模精密铸造方法生产 TiAl 基合金件具有上述特点，但铸件仍存在晶粒组织粗大、强度较低、合金凝固收缩较大及凝固组织疏松等缺点。随着可以控制片层方位的定向凝固技术的应用及细化铸造组织的成功，精密铸造方法已得到快速发展。

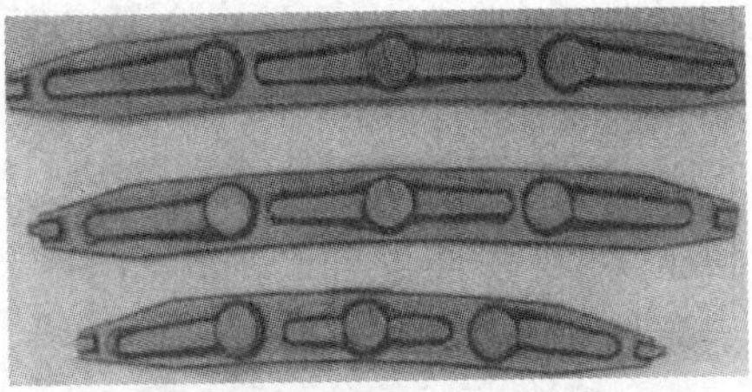

(a)GE90发动机过渡导管梁铸件

(b) Howmet公司涡轮转子铸件

图 4－6　TiAl 基合金铸件

热加工是利用变形、再结晶和相变等原理使熔铸或粉末冶金获得的坯料实现破碎凝固组织、弥合凝固缺陷、控制织构、优化性能乃至制备部件毛坯的过程。其中，适用于 γ－TiAl 合金的开坯工艺主要是等温或近等温锻造和热挤压，坯料需要热等静压，多数合金需要包套。二次热加工或成形工艺主要有模锻和轧制，铸造及粗晶合金的变形受位错攀移和动态再结晶控制，而经过变形和再结晶或由粉末冶金得到的细晶坯料在变形过程中还可发生晶界滑移。

将粗大凝固组织破碎的热加工过程称为开坯。绝大多数 γ－TiAl 合金凝固后均为 $\gamma+\alpha_2$ 粗大片层组织。多数合金的两相区变形温度均在 1100～1300℃，远高于钛合金(800～1000℃)，且片层组织的变形难度远高于等轴晶组织，以上特点决定了 γ－TiAl 合金的开坯过程很难在常规工业设备上进行。一般开坯失败分为 3 种情况：断裂、晶界孔洞所致破坏和流变局域化所致失效。在低温高应变速率区域变形，材料发生晶间脆断；而在低温低应变速率区域变形则易在片层界面等处出现楔形裂纹；在高温低应变速率区域变形，材料发生韧性孔洞失效。决定材料由脆性向韧性失效转变的主要因素是动态再结晶。由于成分不均匀和片层组织不均匀再结晶等，γ-TiAl 合金易出现流变局域化，发生剪切带等变形失稳破坏。

在 α 单相区(一般在 1300℃以上)热加工可细化晶粒，冷却后形成细小全片层组织，但有两个不利因素：一是要求热加工后在 α 单相区停留时间尽量短，以避免晶粒长大，这要求较高冷速，对于尺寸大的构件难以实现；二是这种组织只适于最终组织，对于还需继续变形或成形的中间坯料则不合适，因为全片层组织远较等轴或双态组织难变形。

基于以上考虑，已报道的多数合金的热加工选在 $\gamma+\alpha_2$ 两相区。γ 的动态再结晶伴随着 α_2 相的球化，这个过程不可避免地涉及两相间的相变。有序相的晶界迁移速率可比无序合金低 2 个数量级，因此，再结晶过程要比无序合金慢得多。Semiatin 等的研究表明，对于给定的变形应变，发生再结晶和球化的体积分数随着应变速率降低而增大，且再结晶的体积分数随着温度升高而增大，换言之，除对前述避免锻造开裂的考虑之外，通过再结晶充分破碎、转化粗大铸态组织也要求高温和低应变速率的变形条件。Imayev 等和 Fröbel 等观察到动态再结晶首先发生于片层晶团界面处，形成珍珠链状形貌。对于铸态粗大片层组织，变形极不均匀，出现了高度局域化的形变带，这些形变带甚至贯穿整个工件，带内形成细小 α 相等轴晶粒或细小两相混合晶粒。带外变形储存能很小，再结晶缓慢。对于片层面平行于加载方向的硬取向晶粒，片层发生弯曲扭折失稳。这些不均匀的局域变形和动态再结晶均是应力-应变曲线呈动态软化的原因。孙伟采用热压缩实验模拟两种合金的等温锻造过程，通过改变温度、应变速率、道次变形量和道次间停留时间等参数，系统地研究了原始粗大片层结构的破碎过程。图 4-7 所示为 Ti-47Al 合金在 1200℃单道压缩至 70% 的显微组织，图中压缩方向为垂直方向。底部垂直于压缩方向的片层已发生碎化分段；顶部倾斜片层基本完好，但片层界面出现微裂纹(箭头所示)；中间 2 个晶团界面区域已发生再结晶。研究表明，α_2 相的球化过程滞后于 γ 相的再结晶，而再结晶与应变量和片层位向有关。片层垂直于加载方向的晶粒最易发生再结晶；倾斜位向的片层比较稳定，可能因平行于片层界面的位错滑移使应变得以释放，但最终这些晶粒通过晶界滑移均会转动到近似垂直于加载方向；平行于加载方向的片层发生扭折弯

图 4-7 Ti-47Al 合金在 1200℃单道压缩至 70% 的扫描电镜照片

曲和断裂，实现碎化和球化。图 4 – 8 所示为实验观察到的再结晶和球化过程示意。

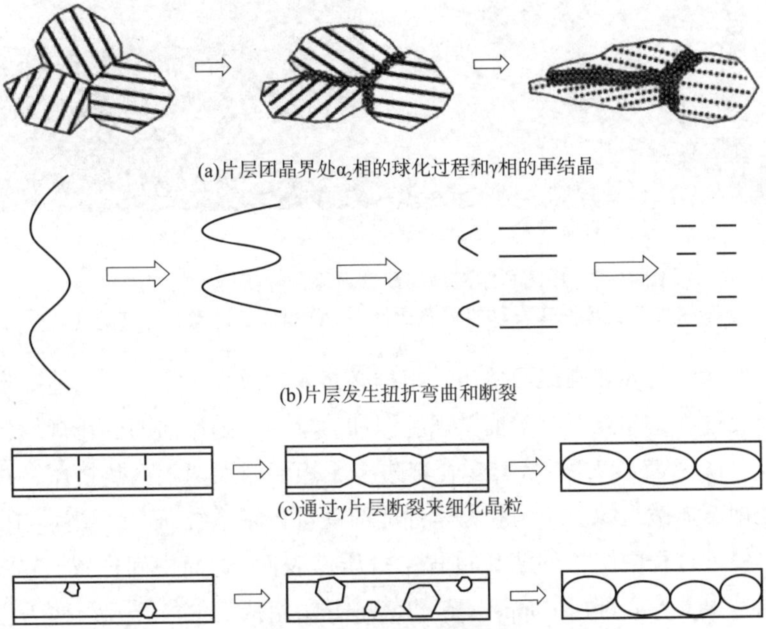

(a)片层团晶界处α_2相的球化过程和γ相的再结晶

(b)片层发生扭折弯曲和断裂

(c)通过γ片层断裂来细化晶粒

(d)通过γ再结晶来细化晶粒

图 4 – 8　γ – TiAl 合金片层碎化过程

热挤压是另一种常见的开坯方式。由于模具不加热，必须采用包套和隔热层以保证坯料温度的一致性。热挤压需要考虑的主要问题包括：包套与坯料在挤压温度下强度的匹配；变形热导致的坯料心部温度升高；成分不均匀性导致的沿挤压方向的带状组织；变形织构，总的来说，热挤压工艺的可控性要好于等温锻造，因此性能的一致性较好。与单方向等温锻造一样，力学性能具有各向异性，这可能源于微观组织的各向异性，如变形带方向和拉长的晶粒形状，也可能源于变形织构。对于圆形对称截面坯料而言(如圆柱坯料锻造成圆鼓形状或挤压成圆杆状)，织构不明显，显微组织呈各向异性，主要是片层面垂直于锻造方向，平行于挤压方向，导致力学性能的各向异性。可以利用这种各向异性制造某些杆状部件，如可对挤压圆棒直接加工获得高性能汽车发动机排气阀。图 4 – 9 所示为中国科学院金属研究所采用这种工艺为英国 Ilmore 汽车发动机公司制造的 γ – TiAl 合金排气阀及挤压坯料。

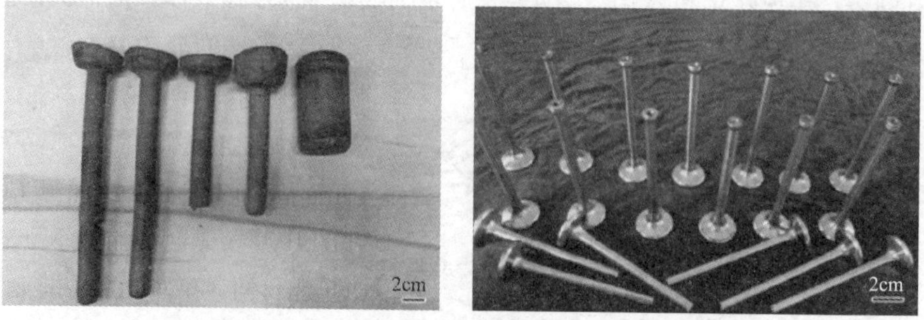

(a)坯料　(b)排气阀

图 4-9　中国科学院金属研究所采用热挤压工艺制造的 γ-TiAl 合金汽车发动机排气阀坯料(a)和加工得到的排气阀(b)

对于换向锻造或非圆截面挤压，织构必然发生改变，只有详细追踪形变步骤和织构演变过程，才能完全掌握微观组织和力学性能随位向的变化规律，但研究报道极少。Liu 等对 4722-0.15B 合金进行了矩形截面两相区热挤压，并对挤压态和热处理态显微组织、织构和力学性能演变进行了系统研究。图 4-10 所示为挤压与热处理过程中织构的演化过程。挤压件表面(宽面中间位置)与心部 γ 相的织构相差很大：心部以 Copper、S、Brass 分量组成的 β-纤维织构为主，而表面以 Brass 和 B/G auxiliary 分量组成的 α-纤维织构为主，心部与表面在挤压过程中均发生了再结晶，但表面再结晶体积分数更高，γ 相中形成的丰富织构是其经历的非均匀形变、相变和再结晶过程的反映。在表面区域存在的 C-twin、Y、Z 等织构分量表明挤压件表面发生了机械孪晶和切变带。而 B/G auxiliary 分量则是由变形向立方再结晶织构的过渡分量。fcc 金属再结晶尚未弄清楚的一个问题是立方织构分量到底源于定向成核还是定向生长。B/G auxiliary 分量的存在则为定向成核理论提供了直接证据，心部 Brass 织构分量则是因变形过热造成的 α 相变所致。挤压件表面和心部 α_2 相的织构类似，以{11-20}为主，α 相固溶处理后经由定向生长再结晶形成{10-10}分量。这种定向生长再结晶织构为细化晶粒提供了一种新方法：由于再结晶后多数 α 相晶粒间具有小角晶界，在初始再结晶时长大缓慢，只有在二次再结晶时才加速长大。这样只要热处理时间控制在两次再结晶之间，既可实现 α 固溶，又避免了晶粒快速长大，冷却后可获得较理想的细晶全片层组织。以上结果表明，对于非圆截面挤压，除微观组织各向异性外，织构导致的各向异性也是力学性能各向异性的重要原因。

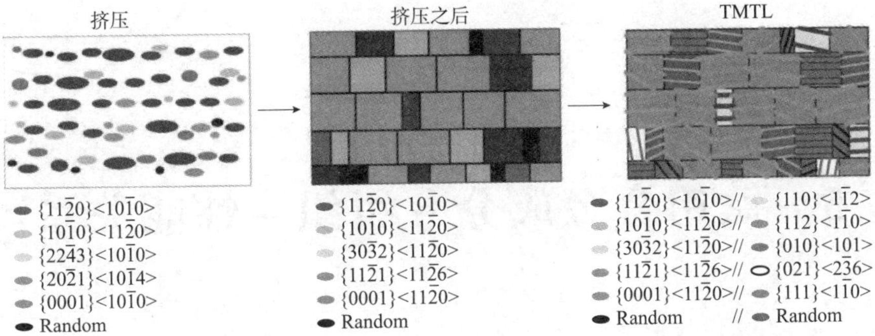

图4-10 挤压态组织在 α 固溶处理和冷却时织构演化示意

参考文献

[1] AGUILAR J, SCHIEVENBUSCH A, KÄTTLITZ O. Investment casting technology for production of TiAl low pressure turbine blades - Process engineering and parameter analysis[J]. Intermetallics, 2011, 19: 757.

[2] APPEL F, PAUL D H, OEHRING M. Gamma Titanium Aluminide Alloys: Science and Technology[J]. Weinheim, Germany: Wiley, 2011: 1.

[3] SEMIATIN S L, CHESNUTT J C, AUSTIN C, et al. In: Nathal M V, Darolia R, Liu C T, Martin P L, Miracle D B, Wagner R, Yamaguchi M eds., Structural Intermetallics, Warrendale, PA: TMS, 1997: 263.

[4] IMAYEV R M, SALISHEV G A, IMAYEV V M, et al. In: Kim Y W, Dimiduk D M, Loretto M H eds., Gamma Titanium Aluminides, Warrendale, PA: TMS, 1999: 565.

[5] IMAYEV R M, IMAYEV V M, OEHRING M, et al. Microstructural evolution during hot working of Ti aluminide alloys: Influence of phase constitution and initial casting texture[J]. Metallurgical & Materials Transactions A, 2005, 36(3): 859-867.

[6] FRÖBEL U, APPEL F. Hot-workability of gamma-based TiAl alloys during severe torsional deformation[J]. Metallurgical & Materials Transactions A, 2007.

[7] 孙伟. γ-TiAl高温流变行为及板材轧制工艺. 沈阳: 中国科学院金属研究所博士学位论文, 2009.

[8] LIU R, LIU D, TAN J, et al. Textures of rectangular extrusions and their effects on the mechanical properties of thermo-mechanically treated, lamellar microstructure, Ti-47Al-2Cr-2Nb-0.5B[J]. Intermetallics, 2014, 52: 110-123.

5　钛铝合金成分－组织－性能关系

5.1　微合金化元素的作用规律

到目前为止，由于 TiAl 合金的金属间化合物性质、复杂的构成和显微组织及本征脆性，因此亟须研究 TiAl 合金的金属学特性。近年来，人们对 TiAl 合金的研究已经取得了重大进展，多种不同成分的 TiAl 基合金已经成功制造并且测试。对于将要应用的材料来说，整个生产链和供应地，从此材料的加工和热处理必须有理可依。这需要详细、系统地研究 TiAl 合金的成分、组织形貌与性能之间的关系。另外，TiAl 合金的成分设计需要不断发现并且给出可靠的预测。

针对 γ－TiAl 合金的成分设计，首先是选择 2 个主元素之一 Al 的含量，根据需要，Al 含量可以在 42%～48% 变化。随着 Al 含量提高，合金抗氧化性能提高、强度降低、室温塑性总体呈提高趋势。但对于不同的合金体系和加工工艺，情况较复杂，塑性数据没有明显规律。这主要是因为显微组织类别和织构对室温塑性也有很大影响。总的来看，Al 含量最明显的作用是影响合金的凝固类别，只有低 Al 含量的合金才可能实现 β 凝固，具体的 Al 含量界限则取决于添加的其他元素及其含量。

一般可将 γ－TiAl 中的合金元素分为 3 类，它们在周期表中具有确定的位置。第一类合金元素位于 Ti 的右方（V、Cr、Mn），它们可提高合金塑性，但机理各异且至今无定论。例如，V 被认为会提高中温塑性，但对室温塑性作用不明显。而 Cr 则降低 γ 相晶胞 c/a 值，减弱共价键方向性，减小 α_2 相体积分数，细化晶粒。其中 Cr 元素是 β 稳定元素，主要用来改善室温塑性，可以有效地降低 β 单相区下限的温度，同时文献表明，Cr 元素的添加还可以使 $\alpha \rightarrow \gamma_L$ 转变温度下移，即降低了 T_α 转变温度。类似 Cr 元素的还有 Mn 和 V 元素，这类元素都具有可以使 α 相区下移的特点，并通过替代 Al 原子而降低 Ti－Al 共价键的极性。其提高室温塑性的机制可能与这些元素能够降低合金的层错能从而增加机械孪生倾向有关。Mn 元素可以有效抑制块状转变 Mγ(γ_m)的发生，当 Mn 含量由 0.4% 增加到 2%(原子分数)时，只有提高冷却速度才发生块状转变。添加合金元素可以降低 α/γ 界面能，Mn 被认为利于孪晶变形。向 Ti-45Al-1Si(原子分数/%)合金中添加 Cr 元素能有效降低片层间距，但这类元素会恶化合金抗氧化性能。

第二类合金元素是位于 Ti 的右下方的难熔金属(Nb、Mo、Ta、W)。这些均属于慢扩散元素，少量添加这类元素可改善 γ-TiAl 合金的高温性能，如强度、抗氧化能力和蠕变抗力。这些难熔金属均具有 bcc 结构，均具有 β 稳定作用，若大量添加则易形成 β/β_0 相(β_0 相具有 B_2 结构)，对合金高温性能的影响比较复杂，因为其中析出了 ω 相或类 ω 相。这些元素又可分为两种：Mo、Ta、W 主要溶于 α_2 相，而 Nb 则在 γ 和 α_2 两相中近乎均等地配分；Mo、Ta、W 等对高温蠕变性能的影响与它们在 α_2 相中的选择配分有关。由于 γ-TiAl 合金中存在 $\alpha \rightarrow \gamma + \alpha_2$ 包析反应，对于除包析点之外的合金成分，在冷至包析反应温度以下时 γ 的体积分数会突然增大。但实际过程中冷速较快，无法达到相平衡，造成合金中 α/α_2 相的实际体积分数高于平衡体积分数，在使用温度长期热暴露时 α_2 相会逐渐分解。蠕变时因 α_2 相溶解 W 偏聚在 α_2/γ 界面上，从而减缓 α_2 相的溶解。尤其当 α_2 相主要以台阶的界面扫动方式溶解时，台阶附近 W 的偏聚更为明显，甚至诱导 B_2 相的析出，这些因素均阻碍 α_2 相的溶解，提高片层组织的稳定性。

Nb 的情形不一样，也更复杂。Nb 元素的强化作用，特别是高铌含量合金中 Nb 的强化机制一直存在争议。已提出的机制包括：低 Al 含量强化、Nb 的固溶强化和反结构桥(Anti-Structural Bridges，ASBs)强化。但 Al 的反位原子强化作用显著，Ti 的反位原子作用则很弱。Nb 的固溶强化作用同样较弱。这样低 Al 含量强化和 Nb 的固溶强化作用均难以解释高铌合金的高强度。ASBs 的强化作用类似于 Snoek 气团，由一个反位原子和一个空位结合构成，它们吸引并阻碍位错运动。但富 Ti 侧的两类 ASBs 均导致系统能量升高，ASBs 在富 Al 侧反而容易形成，因此 ASBs 机制也难以解释高铌合金的高强度。当 Nb 含量较低时，Nb 在 TiAl 中占据 Ti 亚点阵位置。当 Nb 含量较高时，Nb 会转而占据 Al 亚点阵位置，并且会在该亚点阵上形成短程有序。这种短程有序对合金具有显著强化作用，且可保持到高温，因此这个强化机制可以较好地解释高铌合金的高强度。Nb 元素还能用来提高高温抗氧化性能。类似 Nb 元素作用的还有 W、Mo 和 Ta 等难熔元素，除增强高温抗氧化性能外，高温抗蠕变和高温抗疲劳性能均有提高。这类元素含量增加时可以使β相区下边界下移，在室温组织中获得更多的B2相，是有效的β相稳定元素，从而有利于使用常规锻造方法对合金进行处理。这类元素的加入必然会导致合金室温塑性的降低。但对高温性能，如高温蠕变、高温强度的影响机制还不明确，可能与涉及的合金加工工艺、Al元素和合金化元素含量等因素都有关系。Ta元素一般用于块状转变的γ－TiAl合金。需要特别说明的是，大部分合金化元素在α_2和γ相中的固溶度不到2%（原子分数），当合金化元素超过这一值时就会以第三相形式析出，而Nb元素并不随着相变的发生而在γ和α（α_2）相之中发生含量的变化，即使Nb含量高达8%（原子分数）时，也不会改变合金的相组成。

第三类合金元素位于周期表的右上方，包括B、C、Si，在某种意义上O、N也可视为合金化元素。B是一个重要的元素，B元素对γ－TiAl合金而言是一种典型的晶粒细化元素，尤其是对铸造γ－TiAl合金的片层团尺寸有细化作用，其含量一般在0.1%～1%（原子分数），且一般以TiB_2的形式加入。但晶粒细化的机理复杂，其效果不仅与Al含量有关，也与其他合金元素有关。根据合金体系和反应动力学等因素的不同，硼化物也具有复杂多变的结构和不同的形貌。研究发现在β凝固合金中，只要B含量超出其在β相中的溶解度，形成的硼化物便可向α相提供异质形核核心，从而使α相晶粒显著细化。但一旦出现包晶α相，则细化效果将大打折扣。结果显示，随着Al含量减少，达到细化组织目的所需的B含量也随之减少，在低Al含量的β凝固γ－TiAl合金中其含量一般不超过0.2%（原子分数）。

C可大幅度提高γ－TiAl合金的蠕变抗力，如添加0.2%的C可使Ti－48Al－1V的蠕变抗力提高6倍，在TNM合金中添加0.2%的C具有类似效果。但C显著降低合金的室温塑性，特别是对铸造合金。C的强化作用主要来源于MAX相析出物，经过热机械处理，MAX相碳化物尺寸可细化至几十纳米，它们甚至可以成为纳米孪晶的异质形核核心，从而释放应力集中，改善塑性变形。C对铸态合金的脆化作用可能主要源于碳化物的粗大尺寸和分布形态。

少量Si（1%以下）在γ－TiAl合金中主要形成Ti_5Si_3相，从而提高蠕变抗力，通过阻碍动态再结晶增强显微组织稳定性。虽然Ti_5Si_3与γ－TiAl的晶体结构差别较大，但几何分析和电镜观察表明，两者具有几乎完全共格的界面。低的界面能使Ti_5Si_3具有较高的稳定性，不易发生Ostwald熟化，即便长大也不会轻易失去与γ－TiAl的共格关系。

O和N对γ－TiAl合金性能的作用与C类似，如O被用于增强蠕变抗力。O

在 γ 相中的溶解度仅约为 0.03%(原子分数),因此,不同含量的 O 对 γ-TiAl 合金具有不同的固溶强化和析出强化(Al_2O_3)作用,但会使室温塑性恶化。例如,加入 0.3% 的 O 会使 Ti-50Al 合金的室温和高温屈服强度提高 1.5 倍,而当 O 含量从 0.03% 增至 0.08% 时,延伸率降低 1/2~2/3。

其他元素(如 Zr、Re、Fe 等)在 γ-TiAl 合金中不常见,但也有相关研究。Zr 在周期表中与 Ti 同族,加入 γ-TiAl 合金中会使 γ 相 c/a 值减小,从而增进各向同性变形。同时,Zr 的原子体积小于 Ti,具有固溶强化效应,且 Zr 使 γ 相中成键的方向性略有增大,提高位错滑移的点阵阻力,也具有强化作用。从电子结构角度看,Fe 具有较强烈的效应,因为 Fe-Ti 键和 Fe-Al 键具有相似的键强,因此,添加 Fe 有可能降低 γ-TiAl 合金性能对 Al 含量的敏感性。日本 IHI 公司研发的 Ti-45Al-1.3Fe-1.1V-0.25B 合金中就添加了 Fe。Re 在单晶高温合金中是极为关键的贵重元素,由于价格和比重,其作为 γ-TiAl 的合金化元素则极罕见,只有法国国家航天航空研究中心研制的 G4 合金(Ti-47Al-1Re-1W-0.2Si)采用。值得一提的是,Re 和 W 同为难熔元素,但晶体结构不同(Re 具有 hcp 结构),对 γ-TiAl 合金的强化机理也大相径庭。具有最低蠕变速率的 G4 合金其蠕变抗力并不取决于片层组织,而取决于变形亚结构;富集 Re 的枝晶间 γ 相决定了该合金具有高的蠕变抗力。

Si 元素也主要依靠析出强化来提高 γ-TiAl 合金的高温蠕变抗力和抗氧化性能,同时并不对合金塑性产生损害。Si 含量一般不超过 1%(原子分数),过多的 Si 反而会造成组织稳定性的减退。

综上可知,微合金化元素的添加主要通过三种方式来改善 γTiAl 合金性能:①改变凝固路径或相区边界;②减小 γ 相的四方性并增强其滑移系的可动性;③通过第三相的析出细化晶粒强化组织。

5.2 钛铝合金组织与力学性能关系

5.2.1 片层团晶粒尺寸与合金力学性能的关系

从上述研究中可知:γ-TiAl 基合金具有不同的组织形貌,其力学性能与片层团晶粒尺寸之间具有强烈的依赖关系,当合金片层团尺寸发生细化(由 2600μm 细化到 50μm)时,可显著提高合金室温塑性,由 0.2% 上升到 3.3%,如图 5-1 所示。一般认为,γ-TiAl 基合金的断裂韧性和强度跟片层团晶粒尺寸、片层取向、片层间距之间密切相关。其中，抗拉强度随着片层团晶粒尺寸的变化规律符合 Hall – Petch 关系。

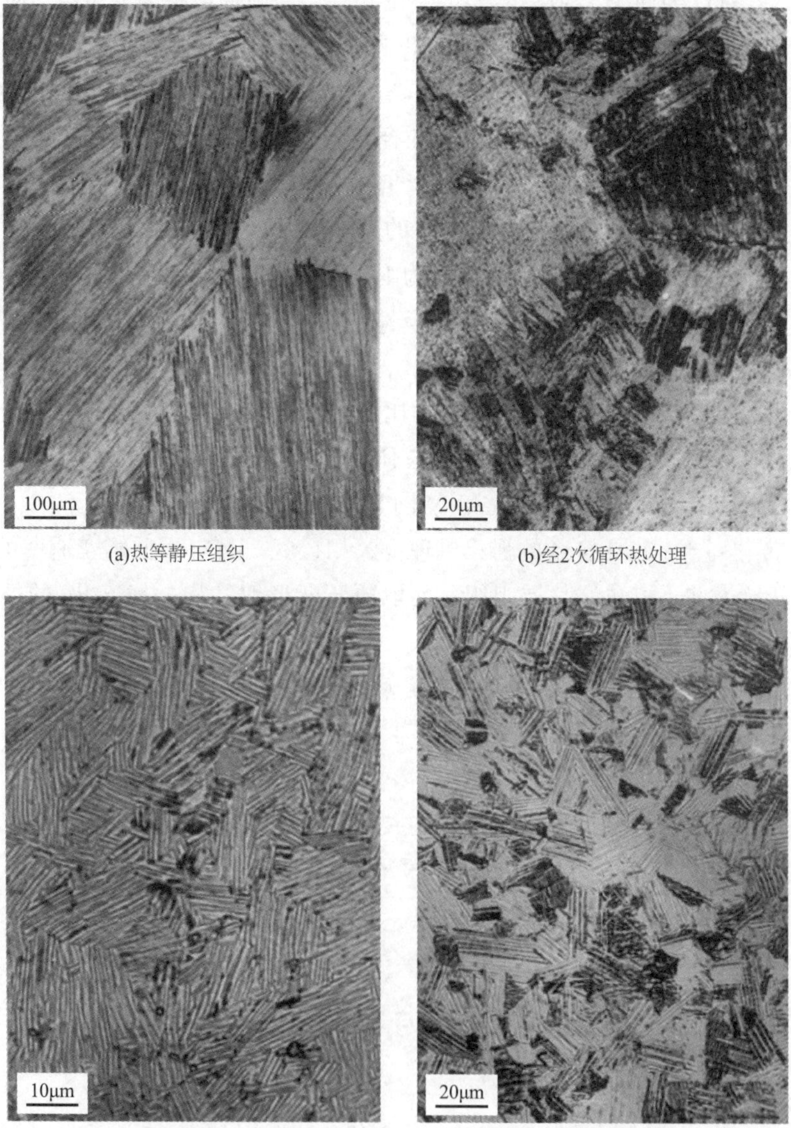

(a)热等静压组织　(b)经2次循环热处理

(c)经8次循环热处理　(d)经α单相区退火

图 5 – 1　全片层组织经循环热处理后晶粒组织发生显著细化

$$\sigma_y = \sigma_0 + k_y d^{-1/2} \tag{5-1}$$

式中，σ_y 代表多晶体屈服强度；k_y 为材料位错开动有关常数；d 为平均晶粒面积；σ_0 为晶格恒定应力值。σ_0 的大小与显微组织尺寸无关，与其滑移障碍的类型有关。

研究表明 Hall - Petch 公式适用于 γ - TiAl 基合金全片层和双态组织的屈服强度、断裂韧性及塑性的分析。在片层团晶粒尺寸小于 200μm 时，片层团晶粒中断裂主要受控于裂纹的扩展。微观裂纹的长度和片层团晶粒尺寸息息相关，合金最终断裂由这些微观裂纹控制，因而晶粒尺寸越小，这些微观裂纹越稳定，从而合金的强度越高。然而，现有的铸造工业技术使得片层团晶粒尺寸很难控制在 200μm 以下。

5.2.2 片层间距与合金力学性能的关系

大量研究表明，γ - TiAl 基合金的屈服强度、硬度等力学性能与片层间距之间的关系都符合 Hall - Petch 关系。表明 γ - TiAl 基合金与其他金属合金类似，位错运动穿越界面时所需的应力是非热激活型，故位错的滑移距离与相界面间距密切相关。同时，通过研究多孪晶合成晶体(Polysynthetically Twinned Crystals - PST 晶体)的屈服行为，发现结构长度参数由片层间距决定。Appel 等研究了 γ - TiAl 合金的剪切过程，观察缺陷在不同片层界面中的传播和分布，结果表明：位错、不全位错甚至孪晶会在片层间界面处塞积，并引发应力集中现象，进而在邻近的片层中激活新的剪切滑移系统，新滑移系取决于两个相邻片层间取向关系。Edwards 等进一步研究发现，在受力过程中片层间产生的应力集中将会以滑移或者横向孪晶的形式释放，从而在相邻的片层之间通过剪切过程形成很多分散的横向纳米孪晶，其中，屈服强度随着片层间距减小而增强。因而 γ - TiAl 基合金的强度主要是由显微组织决定，尤其是晶粒细化和片层细化是提高合金强度和塑性的关键。

5.2.3 片层方向与合金力学性能的关系

近年来，通过控制 α_2/γ 片层的生长方向和生长速率可获得 PST - TiAl 多孪晶合成晶体，如图 5 - 2 所示，生长速率的不同可使片层方向平行于生长方向或者与生长方向成 45°。研究发现：PST - TiAl 合金的力学性能与其中片层方向和加载轴方向有显著的相关性，呈各向异性。当加载轴平行于片层方向，剪切变形穿过片层之间，此时合金具有较高的屈服强度。当加载轴与片层方向成 45°夹角时，剪切变形开始平行于片层方向，此时合金的屈服强度相对较低，易于变形，如图 5 - 3 所示。

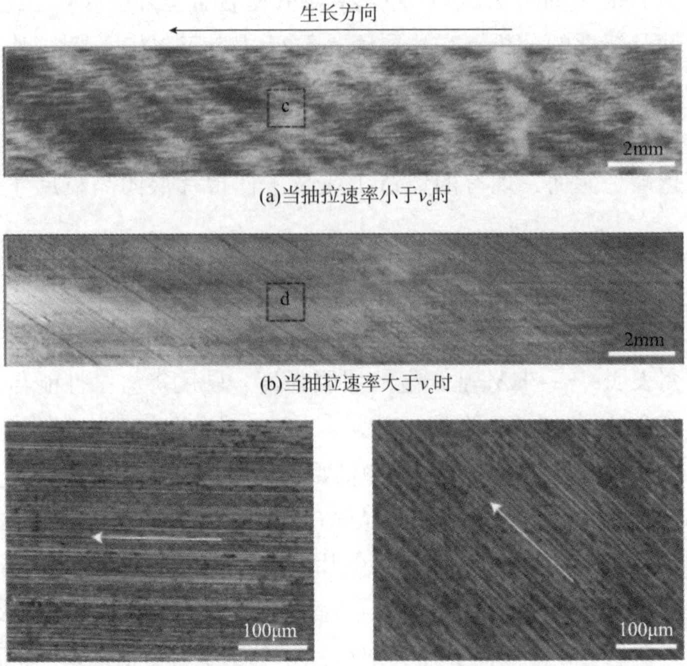

(a)当抽拉速率小于v_c时

(b)当抽拉速率大于v_c时

(c)当抽拉速率小于v_c时

(d)当抽拉速率大于v_c时

图 5-2 定向凝固 Ti-45Al-8Nb PST 单晶合金不同抽拉速率下光镜组织

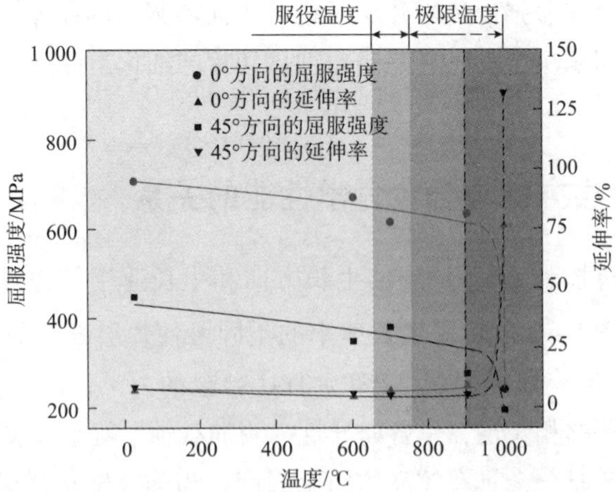

图 5-3 Ti-45Al-8Nb PST 单晶合金 0°和 45°片层方向的拉伸力学性能随着温度变化曲线

5.3 显微组织与蠕变性能、环境脆性及抗氧化性能

5.3.1 显微组织与蠕变性能

对作为轻质高温结构材料的γ-TiAl合金而言，其抗蠕变性能极其重要，是评价其高温应用的主要指标。其蠕变特征曲线包含第一区域、稳态区域和第三区域，而且与应力和温度密切相关。其中稳态最小蠕变速率ε可用Dorn方程来表示：

$$\varepsilon = A\sigma_a^n \exp\left(-\frac{Q_c}{RT}\right) \tag{5-2}$$

式中，Q_c为激活能；σ_a为施加的应力；A为无量纲的材料常数；R为气体常数。

一般认为，根据应力和温度条件不同，蠕变会有多种机制。γ-TiAl合金的蠕变性能对片层组织的片层间距非常敏感，在各种显微组织中，全片层组织具有最佳的蠕变抗力，这被归因于位错运动和界面处位错的发射被片层相界面阻碍了。具有全片层组织的合金有最低的最小蠕变速率和很高的最大蠕变速率，这些与片层界面处的位错增殖有紧密关系。而片层组织的片层间距也直接影响合金的蠕变性能，很多文献都证明片层间距细小对合金蠕变性能的提高是有利的，当片层间距细化至0.1~0.3μm时将大大降低合金的最小蠕变速率。片层间距被发现是决定γ-TiAl合金最小蠕变速率的最重要因素之一。长期的蠕变过程会使片层中的γ/γ片层界面产生台阶化、粗化趋势，使α片层发生溶解，有球化趋势。晶界形貌对合金的蠕变性能也有影响，互锁型的片层团边界相较于平直型的片层团边界对裂纹在片层团边界上的形成和扩展有很好的阻碍作用，从而推迟蠕变第三阶段的到来并延长蠕变第三阶段的持续时间。为了增强抗蠕变性能，γ-TiAl合金通常加入C、B、Si、Mo等元素，以沉淀强化作用来有效阻碍位错运动和片层组织的结构变化，从而可以有效地提高抗蠕变性能。然而，过多的沉淀相也会导致位错钉扎和材料脆化，这对γ-TiAl合金的损伤容限性是非常不利的。

γ-TiAl合金的蠕变与一般金属有诸多不同：在第一阶段应变量较大；几乎没有第二阶段(稳态蠕变阶段)；而第三阶段可以很长，如图5-4所示。这样尽管蠕变寿命很长，但蠕变变形量过大，对制作尺寸精度要求高的部件不利。在第一、三阶段之间通常只能测量一个最小蠕变速率。金属的稳态蠕变是加工硬化和动态回复达到并维持平衡的结果，位错亚结构在这一阶段得到充分发展，但在γ-TiAl合

金中没有形成位错亚结构，只观察到均匀分布的普通位错和形变孪晶。在 γ - TiAl 合金复杂的显微组织中多种机制共同作用，使蠕变速率控制机制难以确定。随着应力增大，应力指数因子连续增大，导致模型分析不具有预测和指导意义。

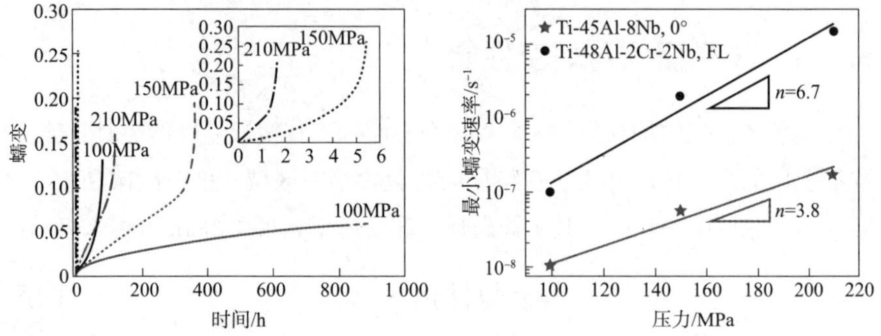

(a)蠕变曲线　(b)最小蠕变速率对比[22]

图 5-4　Ti-45Al-8Nb PST 单晶合金和商业用多晶 Ti-48Al-2Cr-2Nb 在 900℃下的蠕变性能

微观组织是决定片层 γ - TiAl 合金蠕变特性的主要因素。首先，蠕变速率随着晶粒尺寸的变化并不明显(特别是当晶粒尺寸较大时)，但晶界形貌作用明显，交错的锯齿状晶界可明显降低蠕变速率。其次，蠕变速率对 α_2 相的体积分数不敏感，但对片层厚度很敏感，特别是在高应力条件下，细片层明显降低蠕变速率，但片层过薄则不稳定，易发生相变。在低应力下，因发生动态再结晶和片层界面滑移，片层厚度的作用不明显。最后，蠕变速率对片层位向很敏感，硬位向的蠕变抗力明显高于软位向。

γ - TiAl 合金在蠕变第三阶段的应变通常高达 15% ~25%，其机制不限于一般金属中的孔洞和缩颈(在 γ - TiAl 合金中这些机制仅在断裂前起作用)，还有动态再结晶、形变带、晶界滑移和 $\alpha_2\rightarrow\gamma$ 相变。在这些过程中，似乎动态再结晶和相变起到主导作用。

由于 γ - TiAl 合金第一阶段蠕变抗力较小，甚至在某些应用条件下蠕变应变可以超出设计许可值，因此，降低该阶段蠕变速率是过去 20 年的重要研究内容。研究表明，片层界面位错源和已存在的大量位错是全片层组织第一阶段蠕变速率较高的主要原因。随着界面源增殖位错的逐渐枯竭，第一阶段蠕变速率逐渐减小。第一阶段蠕变应变与应力有关，只有当高于某临界应力时，第一阶段蠕变才会快速增大。通过添加 C、O、N 等元素在片层界面形成析出相阻碍位错源开动和通过难熔金属合金化提高临界应力是提高 γ - TiAl 合金第一阶段蠕变抗力的有效手段。

5.3.2 显微组织与疲劳性能、环境脆性

由于 γ - TiAl 合金主要是在受到载荷波动或者循环载荷条件下工作的，再加上 γ - TiAl 合金本身容易发生解理断裂，因而合金的疲劳性能和疲劳裂纹的扩展特点是必须考察的重点。对于具有本征脆性的金属间化合物，其断裂和裂纹扩展行为从根本上受以下几个方面因素的影响：合金化决定的原子尺度的键合强度；裂纹与位错、孪晶、晶界和相界等缺陷的交互作用；温度、加载速率、气氛等环境参数。γ - TiAl 合金的疲劳强度或者持久极限一般定义为特定循环次数是 107 次时的应力幅值，一般为抗拉强度的 70% ~80%。疲劳实验断口分析结果表明，疲劳裂纹的扩展很复杂，与片层团的取向有紧密关系。

γ 单相合金极脆，其韧性要比两相合金低得多。这主要是因为 γ 相中 d 电子与各向异性分布的 p 电子杂化，导致极强的方向键。两相合金中全片层组织的断裂韧性($25 \sim 30MPa/m^{1/2}$)则明显高于双态组织($9 \sim 17MPa/m^{1/2}$)；而对全片层组织而言，粗晶的韧性要好于细晶；但对片层厚度的影响不明显。这些微观组织参数及片层位向对断裂韧性的影响源于裂纹与片层界面的交互作用。Yoo 等研究表明，(100)γ、(111)γ 和(0001)α_2 的解理强度最低，而(111)γ//(0001)α_2 正是片层界面，因此，当裂纹面平行于片层界面时断裂韧性很低，仅为 $3.3 \sim 4.3MPa/m^{1/2}$。这表明，全片层显微组织若因热加工或铸造产生织构将对断裂韧性产生重要影响。

一般认为变形产生的晶体缺陷，如孪晶和位错或多或少会对裂纹有一些阻碍作用，但在很大程度上取决于局部的晶体学位向，所以在宏观上很难试验验证。通过预变形引入大量位错，观察到断裂韧性的提高，提供了位错阻碍裂纹扩展的间接证据。随着温度升高，裂尖的塑性变形钝化作用愈加显著，断裂韧性提高。一般材料随着加载速率提高，裂尖区位错运动速度会逐渐跟不上裂纹扩展速度，导致韧性下降。但在 γ - TiAl 合金室温测试时观察到相反的规律，这种现象被解释为环境因素的影响，在低加载速率时发生氢脆降低韧性，高加载速率时裂纹面为新鲜表面，反而具有较高韧性。在早期研究中，Sastry 等已发现 γ - TiAl 合金的疲劳强度在室温到 700℃ 范围内对温度不敏感。疲劳极限与循环周次的曲线形状和显微组织类别有关，但均高于极限拉伸强度的 75%，这个结论与材料强度无关，因此在高强度合金中也成立。在多数情况下，疲劳裂纹起源于表面，因此，表面加工状况、应力分布和缺陷性质对疲劳抗力的影响比较明显。总的来看，非尖锐裂纹对 γ - TiAl 合金而言不是大问题。对于长裂纹而言，基于门槛值的

损伤容限方法也适用，但对于尺寸小于显微组织单元的短裂纹，门槛值方法失效。

低周疲劳性能主要与合金成分有关，Umakoshi 等对 PST 晶体（Polysynthetically Twinned Crystals）的研究表明，随着 Al 含量下降，片层厚度下降，材料强度和低周疲劳抗力上升。对于 3 个第二代合金，在同为近全片层组织状态下，45XD 合金的低周疲劳性能最好，4822 合金居中，48WSi 合金最低。由于双态组织的室温塑性较全片层组织好，其低周疲劳性能也优于全片层组织。由于 γ－TiAl 合金室温塑性低，低周疲劳研究报道很少。Gloanec 等对铸态 4822 合金的研究表明，在低应变幅循环变形时，变形结构主要由普通位错构成，初始硬化微乎其微；中等应变幅循环时，形成脉管状亚结构；而在高应变幅时，变形结构由孪晶主导，循环应变强化效果显著。而在 750℃循环时，变形结构由弯曲位错组成，表明交滑移机制和攀移机制被激活。高温同时导致变形结构的回复，位错缠结和位错环的湮灭与位错环的扩大相互竞争，致使应变硬化消失，甚至出现应变软化现象。在高温循环条件下应力诱导相变和再结晶更易发生，α_2 相溶解，析出 γ 相或其他亚稳相。

由于 γ－TiAl 合金中的缺陷不可避免，叶片等部件在应用过程中也会遭到外物冲击造成损伤，因此，掌握裂纹扩展规律以期预测剩余寿命十分重要。显微组织对裂纹扩展有显著影响，片层组织对长裂纹扩展的阻力最大，粗晶合金好于细晶合金（粗晶闭合效应更显著）。总的来看，在低扩展速率区，对显微组织的影响相对较小，但当疲劳裂纹扩展速率 $da/dN > 10-8$m/cyc 时差别明显增大。

真空环境实验结果表明，经弹性模量修正的有效裂纹扩展门槛值随着温度变化保持不变。环境的影响主要是改变了 da/dN 曲线的形状，使门槛值降低、斜率增大。环境中最主要的影响因素是水蒸气，它吸附在裂纹尖端，分解后导致氢脆。

尽管粗大片层组织的裂纹扩展门槛值最高，但裂纹扩展门槛值是适用于长裂纹扩展的概念，难以用于短裂纹。短裂纹会在低于门槛值时扩展，且速度较快。对于双态组织，可以得到一个低于长裂纹扩展门槛值的有效裂纹扩展门槛值，对设计有指导作用。对于片层组织则无法建立这样一个有效裂纹扩展门槛值，因为裂纹沿片层界面扩展的阻力很低。因此，尽管粗大片层组织的裂纹扩展门槛值最高，综合考虑短裂纹的萌生和扩展，细小片层组织的疲劳寿命更佳。

另外，环境脆性也是影响 γ－TiAl 合金疲劳性能的重要因素。γ－TiAl 合金在真空条件下塑性相较于在空气或水汽环境条件下的塑性要略好，但差别不大，对 PST 而言则要明显得多。尤其是环境脆性能改变 γ－TiAl 合金的断裂方式。在低应变速率条件下，具有环境脆性的试样组织以解理断裂方式进行，且解理面平行于片层界面，在真空条件下，变为以穿过片层的方式断裂。

5.3.3 显微组织与抗氧化性能

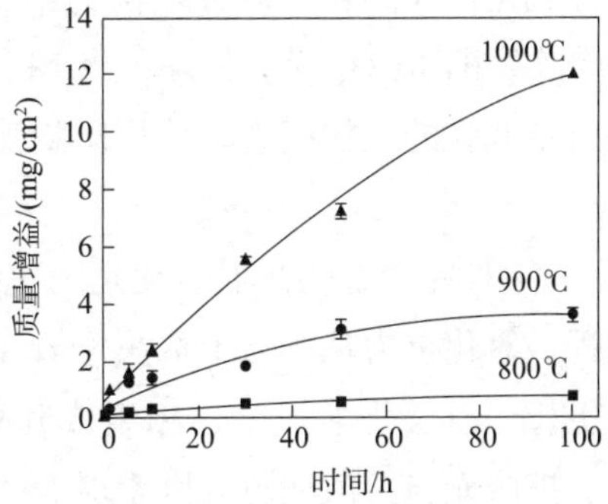

图 5-5 TNM 合金等温氧化曲线

γ-TiAl 合金在 750~800℃有很好的抗氧化性能（图 5-5），通过对合金氧化增重曲线的分析，一般认为传统第二代γ-TiAl 合金在 500h 后合金组织有明显的退化，而且全片层组织要比双态组织的抗氧化性能好。γ-TiAl 合金的抗氧化性能与其形成的氧化膜结构有关，在片层组织中，α_2 相形成 TiO，γ 相形成 Al_2O_3，由于动力学的原因，片层组织中的氧化膜主要由 TiO_2 和 Al_2O_3 混合构成，如图 5-6 所示。因此 Al_2O_3 膜不是连续的，这是 γ-TiAl 合金抗氧化性能不足的根本原因。另外，氮对 γ-TiAl 合金的氧化起到加速作用，可能与形成 TiN 从而进一步破坏 Al_2O_3 膜的连续性有关。提高 TiAl 合金抗氧化性的要素是获得连续的 Al_2O_3 膜，加入少量的合金元素，如 Cr、Mn 和 Y 都可以提高抗氧化性，但不能生成连续的 Al_2O_3 膜。Nb 能提高合金抗氧化性能，具有最

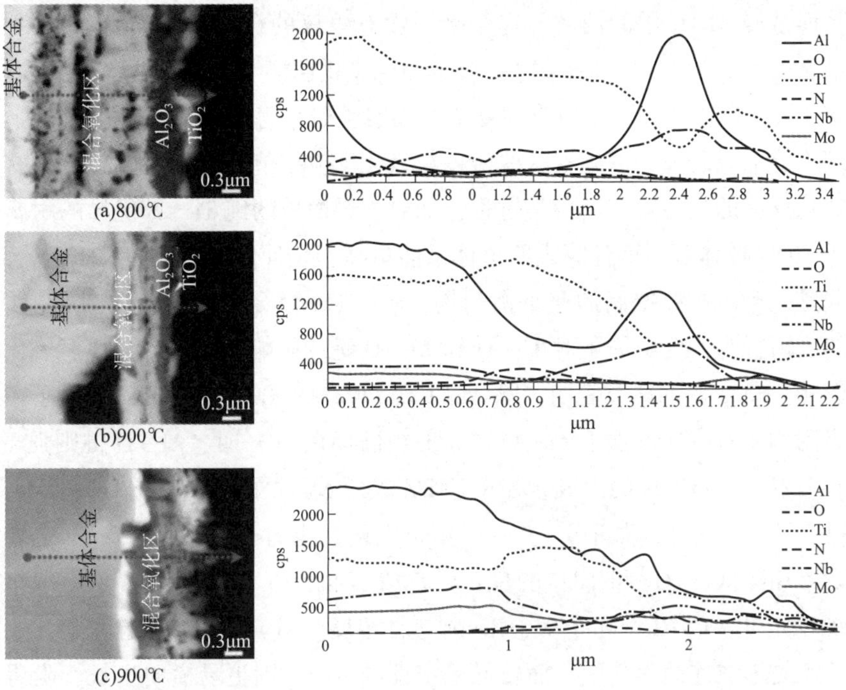

图 5-6 TNM 合金在不同温度下氧化膜横截面形貌及成分

佳抗氧化性能的合金成分范围为：Al = 55% ~ 64%，Ti/Nb = 2 ~ 5，此时氧化膜含有连续的 Al_2O_3 膜。另外，当 Nb 含量过多时，出现 $AlNbO_4$ 和 Nb_2O_5，使膜疏松而降低膜的保护能力。使用防护涂层也是提高 γ - TiAl 合金抗氧化性能的重要途径。

γ - TiAl 合金的高温氧化是一个看似相对简单、实则非常复杂的物理与化学过程。氧化抗力从本质上取决于 α - Al_2O_3 与 TiO_2 等 Ti 的多种氧化物的形成与竞争生长，以及化学成分、相组成和微观组织、气氛、温度、表面力学与化学状态、扩散元与扩散通道等因素对竞争反应的影响。这个十分复杂的体系中多种机制同时或先后发挥作用，导致氧化反应随着时间和样品深度发生阶段性变化，并可能伴随多种过渡状态和亚稳相的产生和消失。例如，Taniguchi 等发现水蒸气显著加快 Ti - 50Al 的氧化速率，而 Brady 等则发现水蒸气对形成 Al_2O_3 层的合金的氧化性能影响不大，Zeller 等则认为水蒸气的作用取决于氧化层中的 TiO_2 和 Al_2O_3 的相对含量。对于同一元素，其对氧化性能的影响也与反应的阶段性相关，如 Cr 在氧化第一阶段促进 Al_2O_3 形成，对抗氧化有益；但在第二阶段加快 Al_2O_3 分解从而加速氧化过程。N 则相反，在第一阶段因形成 TiN 干扰 Al_2O_3 形成从而对抗氧化不利，但在后期若能形成相对连续的氮化物层则可减缓亚表层的内氧化，从而减慢 Al_2O_3 层的消解。迄今唯一没有争议的合金元素只有 Nb，所有报道的结果一致认为 Nb 提高 γ - TiAl 合金的抗氧化性能。

鉴于 γ - TiAl 合金氧化环节的复杂性和实验研究每一环节机理的难度，有必要从理论上加以研究，以理解这些机理与氧化反应细节。第一性原理计算有助于理解氧化反应的热力学与动力学过程，如对于最简单的纯 Ti，其优异的耐腐蚀性能源于 TiO_2/Ti 体系，而计算表明该体系能量高于几种低价氧化物 TiO_2 - x，这样氧化膜是一个由扩散控制的非平衡结构。γ - TiAl 合金氧化的基本问题包括：O 原子的吸附行为，合金原子对 Ti—O 和 Al—O 键的影响，以及合金化对氧化膜生长的影响。Song 等的研究表明，除 Al 原子层覆盖的(001)表面外，O 原子在其他位置吸附均使 O—Ti 键强于 Al—O 键，但当已存在 TiO_2 时，Al—O 键则强于 O—Ti 键，有利于 Al_2O_3 层的形成，在 γ - TiAl 表面 Nb 原子使 O 离开 TiO_2 而与 Al 结合成键，这应该是 Nb 改善 γ - TiAl 合金抗氧化性能的本质原因。除 Sc 之外的大多数元素均降低 Al_2O_3 和 TiO_2 的稳定性。Co、Ni、Cu、Zn 等提高 Al_2O_3 相对于 TiO_2 的稳定性，而 Nb、Mo、W、Re 则与之相反。Al_2O_3 过于稳定可能导致柱晶生长，不易形成连续氧化膜；而较低稳定性的 Al_2O_3 则更易横向生长，阻碍内氧化，从而提高抗氧化性能。绝大部分氧化研究采用空气、O_2 或氧化气氛，只有一项研究采用了模拟燃烧气氛。只要表面形成了连续 Al_2O_3 膜，在模拟燃烧气氛中的抗氧化性能优于空气。Kumagai 等发现，在 γ-TiAl 合金表面卤族元素可以促进连续 Al_2O_3 膜的形成，F 的作用要好于 Cl。与氧化相关的一个重要问题是在使用温度(如650～700℃)暴露后的热稳定性，即室温脆化问题，不同的研究者提出了多种解释。法国国家航天航空研究中心对此进行了较系统的研究，结果表明，长期热暴露后的脆化为表面脆性层所致(包括氧化层、贫 Al 层、富 Nb 析出相)，而短期热暴露后的脆化则与以下因素的综合作用有关：富氧表面，机械孪晶在表面扩展受阻，冷却造成的残余应力梯度。卤族元素尽管可改善抗氧化性能，但对解决表面脆化问题似乎不起作用。

由此可见，片层组织对 γ-TiAl 合金的塑性、断裂韧性、蠕变、疲劳、环境脆性和抗氧化性能都有重要的影响，片层组织的片层团晶粒尺寸、相比例、片层取向、片层间距、片层界面对裂纹扩展有最直接的影响，片层中各相的含量对合金的塑性的影响和氧化膜的形成息息相关，因而，为了获得满足各项服役条件的合格 γ-TiAl 合金性能，必须从对片层组织的调控着手。通过深入理解片层组织形成过程、片层组织相变机制，将为片层组织的调控提供可靠的理论基础。

参考文献

[1] MCQUAY P A, DIMIDUK K M, LIPSITT H A, et al. The effect of chromium on the kinetics of alpha decomposition in gamma TiAl alloys. Edited by F. H. Froes, I. Caplan. Titanium'92: Science and technology [C]//Warrendale, Pennsylvania: Metallurgical Society of AIME, 1993: 1041-1048.

[2] PRASAD U, XU Q, CHATURVEDI M C. Effect of cooling rate and manganese concentration on phase transformation in Ti-45 at. % Al based alloys[J]. Mat. Sci. Eng. A, 2002, 329: 906-913.

[3] LEE C Y, PARK J K. Effect of Cr and Si additions on the continuous-coolingtransformation kinetics of gamma-based Ti-45 at. % Al alloy[J]. Philos. Mag. A, 2001, 81(10): 2415-2426.

[4] SUN F S, CAO C X, KIM S E, et al. Alloying mechanism of beta stabilizers in a TiAl alloy[J]. Metall. Mater. Trans. A, 2001, 32(7): 1573-1589.

[5] BEDDOES J, SEO D Y, CHEN W R, et al. Relationship between tensile and primary creep properties of near γ-TiAl intermetallics[J]. Intermetallics, 2001, 9(10): 915-922.

[6] HODGE A M, HSIUNG L M, NIEH T G. Creep of nearly lamellar TiAl alloy containing W[J]. Scr. Mater., 2004, 51(5): 411-415.

[7] MUNROE P R, BAKER I. Solute partitioning in TiAl/Ti3Al alloys[J]. Scr. Mater., 1999, 41(12): 1295-1299.

[8] BRYANT J D, CHRISTODOULOU L, MAISANO J R. Effect of TiB_2 additions on the colony size of near gamma titanium aluminides[J]. Scripta Metal. Mater. , 1990, 24(1): 33 -38.

[9] HU D. Effect of composition on grain refinement in TiAl - based alloys[J]. Intermetallics, 2001, 9(12): 1037 -1043.

[10]IMAYEV R M, IMAYEV V M, OEHRING M, et al. Alloy design concepts for refined gamma titanium aluminide based alloys[J]. Intermetallics, 2007, 15(4): 451 -460.

[11]CHEN S, BEAVEN P A, WAGNER R. Carbide precipitation in γ - TiAl alloys[J]. Scripta Met- al. Mater. , 1992, 26(8): 1205 - 1210.

[12]TIAN W H, HORITA Z, SANO T, et al. An application of the differential X - ray absorption method to thickness measurement in precipitate - containing Ni_3(Al, Ti) and TiAl compounds [J]. Philos. Mag. B, 1993, 67(6): 811 -822.

[13]CHRISTOPH U, APPEL F, WAGNER R. Dislocation dynamics in carbon - doped titanium aluminide alloys[J]. Mat. Sci. Eng. A, 1997, 239 -240: 39 -45.

[14]YUN J H, WEE D M, OH M H, et al. Nitrogen - doped TiAl alloys Part I Microstructure control[J]. J. Mater. Sci. , 2000, 35(18): 4527 -4532.

[15]TIAN W H, NEMOTO M. Precipitation behavior of nitrides in L10 - ordered TiAl[J]. Intermetallics, 2005, 13(10): 1030 - 1037.

[16]WANG J N, XIE K. Grain Size Refinement of a TiAl alloy by rapid heat treatment[J]. Scripta Mater, 2000, 43: 441 -446.

[17]APPEL F, WAGNER R. Microstructure and deformation of two - phase γ - titanium aluminides [J]. Materials Science and Engineering R, 1998, 22(5): 187 - 268.

[18]UMAKOSHI Y, NAKANO T. The role of ordered domains and slip mode of α_2 phase in the plas- tic behaviour of TiAl crystals containing oriented lamellae [J]. Acta Metallurgica et Materialia, 1993, 41(4): 1155 - 1161.

[19]LORETTO M H, WU Z, CHU M Q, et al. The ductility of cast TiAl - based alloys. Edited by 2010 MRS Fall Meeting[C]. Boston, MA, 2011: 85 -94.

[20]APPEL F, BEAVEN P A, WAGNER R. Deformation processes related to interfacial boundaries in two - phase γ - titanium aluminides [J]. Acta Metallurgica et Materialia, 1993, 41 (6): 1721 - 1732.

[21]EDWARDS T E J, GIOACCHINO F D, GOODFELLOW A J, et al. Transverse deformation of a lamellar TiAl alloy at high temperature by in situ microcompression[J]. Acta Materialia, 2019, 166: 85 -99.

[22]CHEN G, PENG Y B, ZHENG G, et al. Polysynthetic twinned TiAl single crystals for high - temperature applications[J]. Nature Materials, 2016, 15: 876 -881.

[23]YOO M H, FU C L. Cleavage fracture of ordered intermetallic alloys[J]. Mater Sci Eng.,

1992, 153(1 -2): 470 -478.

[24]YOO M H, ZOU J, FU C L. Mechanistic modeling of deformation and fracture behavior in TiAl and Ti3Al[J]. Mater Sci Eng., 1995, 192 -193(part - P1): 14 -23.

[25]SASTRY S M L, LIPSITT H A. Ordering transformations and mechanical properties of Ti3Ai and Ti3Al - Nb alloys[J]. Metall Mater Trans, 1977, 8(10): 1543 -1552.

[26]UMAKOSHI Y, YASUDA H Y, NAKANO T. Plastic anisotropy and fatigue of TiAl PST crystals: a review[J]. Intermetallics, 1996, 4(supp - S1): 65 -75.

[27]GLOANEC A L, BERTHEAU JOUIAD D M, et al. Fatigue properties of a TI -48AL -2CR - 2NB alloy produced by casting and powder metallurgy [J]. The Minerals, Metals & Materials Society, 2003: 85.

[28]HÉNAFF G, TONNEAU A. Environmental Embrittlement of a FeAl Alloy Prepared by Mechanical Alloying Under Monotonic And Cyclic Loading [C]//Structural Intermetallics 2001 Edited by K. J. Hemker, D. M. Dimiduk, H. Clemens, R. Darolia, H. Inui, J. M. Earsen, V. K. Sikka, M. Thomas and J. D. Whittenberger TMS (The Minerals, Metals & Materials Society). 2001.

[29]NARAYANA P L, JAE H KIM, DAE WON YUN, et al. High temperature isothermal oxidation behavior of electron beam melted multi - phase γ - TiAl alloy [J]. Intermetallics, 2022, 141: 107424.

[30]TANIGUCHI S, HONGAWARA N, SHIBATA T. Influence of water vapour on the isothermal oxidation behaviour of TiAl at high temperatures[J]Materials Science and Engineering A, 2001, 307 (1 -2):107 -112.

[31]BRADY M P, SMIALEK J L, HUMPHREY D L, et al. The role of Cr in promoting protective alumina scale formation by γ - based TiAlCr alloys—Ⅱ. Oxidation behavior in air[J]. Acta Materialia, 1997, 45(6): 2371 -2382.

[32]ZELLER A, DETTENWANGER F, SCHÜTZE M. Influence of water vapour on the oxidation behaviour of titanium aluminides[J]. Intermetallics, 2002, 10(1): 59 -72.

[33]SONG Y, DAI J H, YANG R. Mechanism of oxygen adsorption on surfaces of γ - TiAl[J]. Surface Science, 2012, 606(9): 852 -857.

[34]KUMAGAI M, SHIBUE K, KIM M S, et al. Product of a halogen containing Ti - Al system intermetallic compound having a superior oxidation and wear resistance: US19930091601 [P]. US5451366A.

6 钛铝合金的第一性原理计算

长期以来，对材料性能的研究探索仅仅局限于实验手段。一直以来要想了解材料的某种性能就必须采取特定的实验手段，部分地甚至是全程地进行具体的实验观测或测量。然而，传统材料科学面临着以下两个非常重要因素的制约：

(1)技术因素制约。随着现代科学技术的飞速发展，人们面临的材料的复杂性也越来越明显。然而，材料性能往往受到多种因素的制约，不仅仅依赖于材料的化学组分，同时很大程度上还受到微结构、微观组织及工艺手段的影响，而对于微观结构组织的观察与测量又是极其困难的。传统的实验手段和实验仪器已经不能满足目前复杂结构材料的需要。此外，很多材料的应用环境极其苛刻，如高温、高压、强磁场、强电场、强辐射等条件。要想研究在这些极端环境下材料的性能采用具体的实验观测是极其困难的。面对这些巨大的挑战，迫使人们去寻求一种全新的研究材料性能的手段。

(2)资金因素制约。由于现代研究对象的复杂性及对要求程度的不断提高，需要不断地开发和设计新型实验仪器以满足实际需要。新的实验手段、仪器、设备不断涌现，虽然在一定程度上满足了人们的需求，为实验带来了很多的便利，但是这些实验器材大都比较昂贵，不可能在所有人中普及应用，使得材料的研究受到极大的限制。当传统实验条件受到限制，不能满足人们的需求时，就迫使人们寻求一种能够取代或者部分取代实验的辅助手段。

自20世纪中叶以来，随着系统论、控制论和信息论的诞生与发展，高性能计算机的广泛应用，并行算法和相关软件的开发和应用以及科学研究对定量预测需求的不断增加，使得材料科学与计算机科学的日益融合促进了一门新兴交叉学科——计算材料学的诞生。发展至今计算机模拟几乎涵盖所有材料科学与工程领域。例如，可以借用第一性原理和蒙特卡罗方法对材料以原子尺度预测微结构的一些物理现象，机械工程中可以利用有限元方法模拟解决大尺度的结构问题等。科学发展至今，计算机模拟已经与理论和实验并列，成为当下三种基本材料的科学研究手段之一。

6.1 第一性原理计算简介

随着科学技术的发展，各种新技术及新工艺不断创新，导致产品技术性能迅速提升，应用领域更加广泛，使各行业对所采用的原材料要求也越来越高。由于物理学、材料学和量子化学等相关基础学科的发展，尤其是计算机技术的不断进步，更加推动了设计过程中的理论计算过程。材料设计是指运用分子动力学理论，通过理论分析和计算仿真，设计具有预期组成成分、功能结构和化学性质的新材料。随着研究的不断深入，人们逐渐揭开了材料的微观结构与宏观性能之间的关系，人们可以根据自己的实际需要，利用计算机进行理论计算，预测所期望材料的结构和功能，并利用已有的生产条件制造出性能指标符合应用要求的新型材料。从 20 世纪 60 年代起，计算机模拟技术开始在材料科学领域应用，人们利用计算机模拟技术对材料的微观结构和各种性能进行定性定量的表征。计算机模拟技术综合运用了量子力学、材料力学及分子动力学等方法，应用分子动力学对材料的分子、原子的组成结构和粒子间变化规律进行表征，应用量子力学对材料微观电子结构排列、能量进行描述。

量子力学是反映了微观粒子运动规律的理论，人们可以从原子、电子的角度解释许多困扰人们多年经典物理学无法解决的问题。第一性原理计算(First Principle Calculation)也称为从头算(Ab – Initio Calculation)，其本质上是量子力学的理论在凝聚态物理领域的应用。在量子力学理论中，薛定谔方程是其最基本的方程，一个三维薛定谔方程可用于描述一个微观粒子运动系统，然而对于多电子系统来说，得到薛定谔方程的精确解几乎无法实现。为了使运算简化且不丧失量子力学基本理论的基础，人们通过加入某些经验参数，进而增加计算速度，根据量子力学原理、原子核和电子互相作用原理及基本运动规律，再通过一些近似处理来求解薛定谔方程。这种近似求解薛定谔方程的方法习惯上称为第一性原理计算。

第一性原理的基本原理是：将多原子体系看作电子和原子核组成的多粒子体系，近似成求解多电子体系薛定谔方程的问题，然后通过单电子近似并应用密度泛函理论再近似成求解单电子体系薛定谔方程的问题，并用量子力学进行最大化的非经验处理。从材料本质上讲，第一性原理可以从原子的层面，即原子的种类及原子排布方式等，更深入地了解材料从宏观到微观各个层次上的各种现象与特征，并对材料的结构及物性进行预测，从而发现具备特定性能的新材料。运用第一性原理的方法进行计算，可以从原子和分子尺度计算体系的多种特性，如电子态密度、波函数、总能量、能带和键长等，这些计算不需要任何实验参数，这也是第一性原理计算的最大优势。这种计算方法的一般性和准确性也使得它快速应用到凝聚态物理、材料科学、化学及生物等许多领域。但是第一性原理计算方法并不是完美的，其缺点是计算周期长，耗费计算资源多，因为要模拟一个实际问题通常需要较大的原子系统。例如，平面波方法由于平面波基矢需要大量的计算资源和内存准确结果，因此所需的计算周期和计算资源巨大。最简单的缩短计算时间的方法就是用小一些的基矢，如原子轨道，但这样会减小准确性。这一问题在计算机技术发展迅速的基础上也渐渐地得到了一定的解决，进而提高了第一性原理计算的效率。在所有的第一性原理计算方法中，基于密度泛函理论(Density Functional Theory，DFT)的计算得到最为成功的应用，以至于在凝聚态物理领域，人们习惯将基于DFT的从头算法等同为第一性原理计算。

6.2　材料科学的第一性原理计算应用

材料科学的研究方法多种多样，可以通过结构分析、材料模拟、理论分析和实验验证等多种方式进行。目前，利用计算机模拟，可以从原子尺度上对材料的结构和性能进行模拟。由于金属间化合物的物理性质独特，具有长程有序的晶体结构，传统的研究方法具有很大的局限性，利用计算机技术则可以很好地揭露其机理，展现其微观结构。

近30年来对金属间化合物的研究有了长足的进展，随着一些新概念、新理论的提出，一些新的测试表征技术的开发和应用，积累了大量第一手关于金属间化合物性能的知识；另外，由于金属间化合物具有长程有序的晶体结构，使其具有独特的物理性质，而采用经典宏观动力学的方法进行研究难以弄清楚其内在本质，表现为很强的经验性和偶然性。这样利用计算机技术对已有工作进行分析和总结，将金属间化合物的摸索开发适时地转向金属间化合物的设计，同时将计算机模拟合理地引入合金元素改善金属间化合物室温塑性的机理研究中成为当务之急。

计算机模拟技术(尤其是微观水平上的模拟)不仅可以利用已有的表面科学和物理化学研究的积累知识，如直接观测原子、分子之间的电子结构和成键特性，计算得到其能带结构、态密度、重叠布居数、差分电荷密度分布等，而且可以不受具体研究设备条件的限制，在原子或分子水平上对合金元素改善金属间化合物的室温塑性的结果进行模拟，从而为金属间化合物的开发奠定科学基础，为合金元素改善其室温塑性提供理论解释和指导。因此，现代材料科学的研究方法除了传统的晶相分析、X 光衍射、电子探针、摩擦拉伸实验等，还应在以下两个方面进行创新：在微观水平上进行机理方面的计算机模拟；在金属间化合物设计思想指导下进行其开发和制备。随着分子模拟技术的不断进步与发展，越来越多、更为成熟的计算方法被广泛应用，通过模拟得到的计算结果也越来越完美。同时，许多性能和功能更为优越的分子模拟软件也为广大用户提供了更为快捷和准确的计算工具，用分子模拟技术来替代以往的化学合成、结构分析、物性检测等实验而进行材料的设计，一方面可以用来模拟研究现代实验方法上难以研究的现象和过程；另一方面又可以缩短新材料研制周期，降低开发成本，创造巨大的经济效益和社会效益。在发展全新的技术和进一步改进现有技术方面，人们能看到许多激动人心的挑战和机遇。因此，无论从经济效益、社会效益还是环境效益上考虑，计算机模拟在金属间化合物的研究方面都有广阔的应用前景。

6.3 TiAl 合金的热力性能计算

6.3.1 平衡晶格常数

采用广义梯度近似方法中的 PBE 计算方法对 Ti - Al 合金中的 TiAl、$TiAl_2$、$TiAl_3$ 和 Ti_3Al 金属间化合物进行了几何结构优化，而当计算弹性常数时，则利用广义梯度近似方法中的 PW91 计算方法进行优化，计算结果如表 6 - 1 所示。

表 6 - 1　TiAl 合金中金属间化合物的晶格常数

金属间化合物	晶格角度/(°)	晶格常数(经验值)/nm	晶格常数(优化值)/nm
TiAl	$\alpha=90$	$a=0.28671$	$a=0.28256$
	$\beta=90$	$b=0.28671$	$b=0.28256$
	$\gamma=90$	$c=0.41107$	$c=0.40827$
$TiAl_2$	$\alpha=90$	$a=1.20944$	$a=1.21932$
	$\beta=90$	$b=0.39591$	$b=0.39401$
	$\gamma=90$	$c=0.40315$	$c=0.40189$

续表

金属间化合物	晶格角度/(°)	晶格常数(经验值)/nm	晶格常数(优化值)/nm
$TiAl_3$	$\alpha=90$	$a=0.38542$	$a=0.38484$
	$\beta=90$	$b=0.38542$	$b=0.38484$
	$\gamma=90$	$c=0.85839$	$c=0.86385$
Ti_3Al	$\alpha=90$	$a=0.57800$	$a=0.57865$
	$\beta=90$	$b=0.57800$	$b=0.57865$
	$\gamma=120$	$c=0.46470$	$c=0.46470$

6.3.2 生成热与结合能

晶体的生成热是指常态下纯元素形成化合物时释放的能量。生成热越低，则该晶体的生成能力越强。生成热计算公式为：

$$\Delta H=E_{toi}-(N_A E_{solid}^A+N_B E_{solid}^B)/(N_A+N_B) \qquad (6-1)$$

式中，E_{toi}为 TiAl 系合金中金属间化合物在平衡晶格常数下平均单个原子的总能量；N 和 E_{solid}分别为某种元素的原子个数及固态下某种元素单个原子的基态能量；A、B 分别为两种原子代号。

晶体的结合能是将晶体分解成单个原子需要的能量。结合能绝对值越大，则形成的中间相稳定性就越高。结合能计算公式为：

$$E_{coh}=E_{toi}-(N_A E_{atom}^A+N_B E_{atom}^B)/(N_A+N_B) \qquad (6-2)$$

式中，E_{atom}为自由状态下某种元素单个原子的能量。在几何结构优化的基础上，利用 CASTEP 软件包计算得到不同金属间化合物的基态能量，并利用上述公式计算出各个金属间化合物中单个原子的生成热和结合能，具体结果如表 6－2 所示。

表 6－2　TiAl 合金单个原子的生成热与结合能　　eV

金属间化合物	基态能量	生成热	结合能
TiAl	−1660.38303	−28.25615	−835.85087
$TiAl_2$	−3434.67651	−2327.68208	−2867.31864
$TiAl_3$	−1774.10659	−929.82913	−1335.48661
Ti_3Al	−19444.19454	−17024.21824	−18233.75020

金属间化合物 TiAl、$TiAl_2$、$TiAl_3$ 和 Ti_3Al 的生成热均为负值，表明 4 种金属间化合物均能形成。通过对 4 种金属间化合物的生成热数值进行比较可知，Ti_3Al

相的生成热数值最低，由生成热定义可知，生成热越低，其合金化能力越强。因此，Ti_3Al 相是在 Ti－Al 合金形成过程中最容易形成的相。相对 Ti_3Al 相而言，TiAl 与 $TiAl_3$ 都是不容易生成的相。由表 6－2 可知，Ti_3Al 相的结合能绝对值最大，因而其晶格稳定性最高，而 TiAl 相的结合能绝对值最小，因而其晶格稳定性最低。结合生成热和结合能的计算结果可知，Ti_3Al 相不仅容易形成，且其晶格稳定性也是最高的。

6.3.3 弹性性质

在几何结构优化的基础上，分别对 Ti－Al 合金中的 4 种金属间化合物的弹性常数进行计算，同时计算了 4 种金属间化合物的体模量 B、压缩系数 C、杨氏弹性模量 E、剪切模量 G 和泊松比 ν，具体计算结果如表 6－3 所示。体模量表征材料在外加应力作用下抵抗变形的能力。由表 6－3 可知，Ti_3Al 相的体模量最大，因而其抗变形能力最强，而 $TiAl_2$ 相的体模量数值最小，故其抗变形能力相对最小。压缩系数是描述物体压缩性大小的物理量。由表 6－3 可以发现，$TiAl_2$ 相的压缩系数最大，进而得出其压缩性能最好，而 Ti_3Al 相的压缩系数相对较小，因而其压缩性能相对差一些。剪切模量体现了材料的抗剪切能力，剪切模量越大，则材料的抗剪切能力越强。表 6－3 中 $TiAl_3$ 相的剪切模量最大，因而 $TiAl_3$ 相的抗剪切能力最强。剪切模量与体模量的比值 G/B 可以作为金属韧脆性的经验判据。当 $G/B<0.57$ 时，材料表现为韧性，且 G/B 值越小，材料的韧性与延展性越好；当 $G/B>0.57$ 时，材料则表现为脆性，且 G/B 值越大，脆性越显著。由表 6－3 可见，TiAl 相和 Ti_3Al 相均表现为韧性，而 $TiAl_3$ 相和 $TiAl_2$ 相均表现为脆性。杨氏弹性模量表征了材料的刚度，且杨氏弹性模量越大，材料的刚度越大。由表 6－3 可以看到，Ti_3Al 相的弹性模量最大，表明其刚度最大，与之相比 TiAl 相的刚度最差。泊松比表征了材料塑性的强弱。观察表 6－3 可知，Ti_3Al 相与 $TiAl_3$ 相的泊松比相对较小，因而其塑性相对较差。

表 6－3　TiAl 合金中金属间化合物的弹性系数

金属间化合物	B/GPa	C/GPa^{-1}	G/GPa	G/B	E/GPa	ν
TiAl	111.14645	0.00900	53.48824	0.48124	108.14585	0.24060
$TiAl_2$	93.14655	0.01074	74.34443	0.79814	172.13619	0.23910
$TiAl_3$	100.86435	0.00991	83.47446	0.82759	156.20503	0.13070
Ti_3Al	168.46500	0.00314	46.30124	0.45292	227.94760	0.14800

6.4 TiAl 合金的模拟计算研究

采用第一性原理计算的方法，人们对 TiAl 合金结构与性能之间的关系进行了一系列的理论计算和讨论。例如，利用 F－S 模型分别计算 TiAl 相的晶格常数、结合能、弹性常数和点缺陷形成能；利用第一性原理对 TiAl 相的基本物理性能及 Ti－Al 合金的结构稳定性、电子和弹性性质进行研究；采用 Materials Studio 软件与第一性原理对 Ti－Al 合金的力热性能、电子结构及 Ti－Al 合金中多个合金相的力学性能进行了相关研究；采用 EAM 模型分析了 TiAl 金属间化合物的相关力学性能；基于密度泛函理论对 $TiAl_3$ 相的结构、电子性质、动力学性质和生成热进行研究等。

通过第一性原理计算不同原子间电子结构和键合作用，能够将合金原子结构和宏观性能进行比对，并给出合理解释。美国空军实验室 Woodward 和加利福尼亚大学劳伦斯－利弗莫尔国家实验室研究了 Si、Nb、Mo、Ta 和 W 在 TiAl 相中的占位分布，如图 6－1 所示。他们用第一性原理计算了合金中点缺陷的密度和缺陷形成能，采用赝势平面波方法计算空位、反位并替代缺陷的弛豫结构和能量，结果表明 Si 会占据 A1 位，Nb 将占据 Ti 位，而 Ta、Mo、W 的原子占位与 A1 含量有关，可能占据 Ti 位也可能占据 A1 位。当温度为 1273K 时，Si 倾向于占据 Al 位，Nb 倾向于占据 Ti 位，而 Ta、Mo 和 W 占据 Ti 位还是 Al 位对 TiAl 合金基本的化学计量学比较敏感。

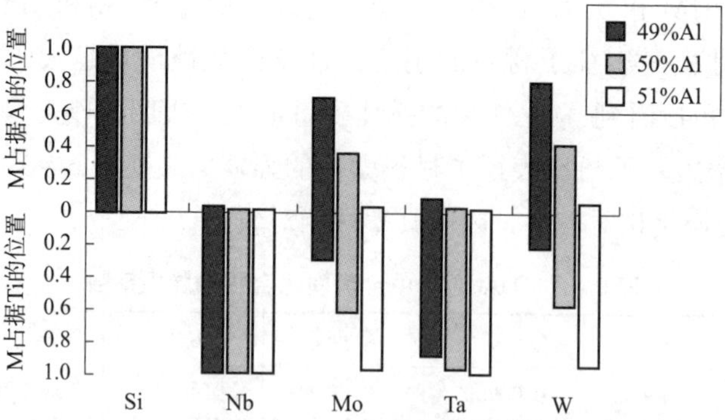

图 6－1　合金元素 Si、Nb、Mo、Ta 和 W 在 TiAl 合金中可能的占位情况

研究了处于元素周期表 3d(Ti－Cu)、4d(Zr－Ag)、5d(Hf－Au)过渡金属元素在 TiAl 合金 γ 相中的占位。对含有 32 个原子的超晶胞进行第一性原理计算，计算中采用 Wagner - Schottky 模型，预测了不同金属元素在晶胞中的占位。计算结果表明，元素的晶格占位是成分和温度的函数，在合金成分和温度条件一定下，Hf 和 Zr 元素始终倾向于占据 Ti 位，Ru、Co、Ag、Rh、Pd、Pt、Re、Os、Ir 和 Au 元素始终倾向于占据 Al 位。相反，Nb、Fe、V、Cr、Mn、Ni、Cu、Tc、Mo、Ta 和 W 的占位取决于合金的成分和温度。而对于 Mn 和 Fe，磁化的作用促进它们倾向于占据 Ti 位。对于富 Al 的 $Ti_{0.48}Al_{0.5}X_{0.02}$ 合金，从图 6 - 2(a) 中可以看到低温下 Cr、Fe、Mn、Ni、Cu 和 W 合金元素倾向于占据 Ti 位，而随着温度的升高逐渐上升倾向于占据 Al 位。对于 Ti 富集的 $Ti_{0.5}Al_{0.48}X_{0.02}$ 合金从图 6 - 2(b) 中可以看到在低温下 V、Nb 和 Ta 合金元素倾向于占据 Al 位，而随着温度的升高逐渐下降倾向于占据 Ti 位。

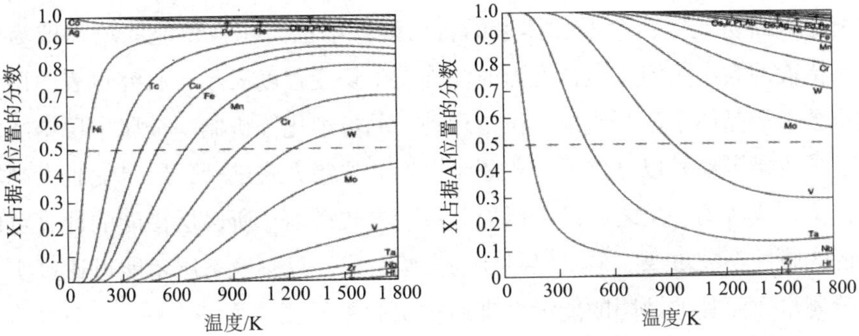

(a)富Al的$Ti_{0.48}Al_{0.5}X_{0.02}$合金 (b)富Ti的$Ti_{0.5}Al_{0.48}X_{0.02}$合金

图 6 - 2　合金元素 X 的占位随着温度变化的曲线

运用第一性原理计算 TiAl 合金的相稳定性和力学性能，发现体心立方比六方相更加稳定。对比 Ti_3Al、TiAl、$TiAl_2$ 和 $TiAl_3$，发现 Ti_3Al 具有最强的金属键，而 $TiAl_3$ 具有最强的共价键。并且随着 Al 含量的增加，TiAl 合金的体积模量(B)和泊松比(ν)将会逐渐降低，而剪切模量(G)、杨氏弹性模量(E)和维氏硬度(H_V)将会逐渐增加，如图 6 - 3 所示。并且体积模量与剪切模量的比值 B/G 随着 Al 含量的增加而降低，说明当 Al 含量从 25%(原子分数)增加到 75%(原子分数)时，合金塑性将会逐渐降低。

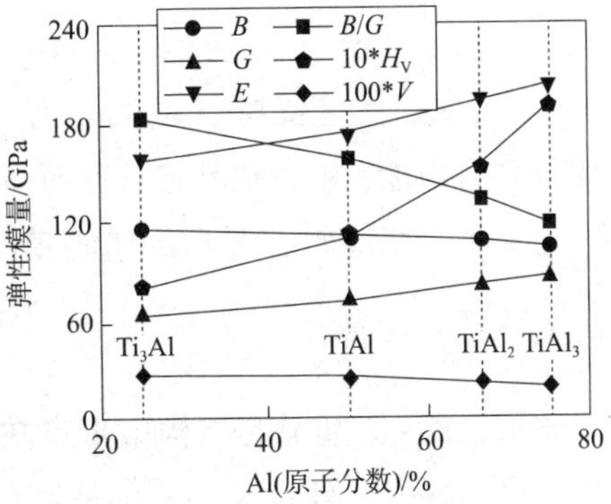

图 6 - 3　Ti - Al 二元金属间化合物不同的弹性参数(其中维氏硬度和泊松比分别放大了 10 倍和 100 倍)

另外，一些计算关注了电子云结构和 TiAl 合金塑性之间的关系，发现合金元素的替代会在很大程度上改变 TiAl 合金电子云的分布，从而改变合金塑性。其中 p-d 键的键强能够直接影响合金的塑性，且 d-dTi 键会影响合金的脆性。固溶原子的加入会增加 Ti 原子周围的电子分布从而增加键强，导致显著地增加 d-d 杂化，而 p-d 杂化只有少量的增加。

6.5 晶体缺陷的第一性原理研究

实际金属晶体内部存在不同类型的缺陷，如位错、层错、晶界、反相畴等，这些缺陷破坏了晶体的规则性排列，同时增加了晶体体系总能量。另外，当晶体沿着特定晶面切变时，会增加体系的自由能，单位面积自由能的增加即为层错能。层错能的大小决定了塑性变形时晶体发生切变程度大小，研究也表明层错能的大小会影响晶体中孪晶析出、位错运动、晶粒细化等机制。金属中层错能的大小决定了位错滑动是以全位错方式还是以部分位错方式进行，层错能越大越容易以全位错方式滑动。反之则易于以部分位错方式滑动，所以层错能的计算对研究材料的热脆性至关重要。但是以目前的实验手段，只有稳态层错能可通过实验手段进行测量，而其他缺陷的能量很难通过实验手段测量而得。在 γ-TiAl 合金 γ 相中常见的层错有内禀层错（SISF）、外禀层错（SESF），可采用第一性原理计算层错能，计算公式为：

$$\gamma = \frac{1}{A}(E_{\text{fault}} - E_{\text{perfect}}) \tag{6-3}$$

式中，E_{fault}为超晶胞引入缺陷后的体系自由能；E_{perfect}为超晶胞内无缺陷完美晶体体系自由能；A 为超晶胞基准面面积。

定义加入固溶原子 X 后层错能变化的计算公式为：

$$\Delta\gamma = \frac{E_{\text{fault}}^{\text{X}} - E_{\text{perfect}}^{\text{X}}}{2A} - \gamma \tag{6-4}$$

式中，$E_{\text{fault}}^{\text{X}}$为超晶胞结构中带有缺陷和 X 原子的体系自由能；$E_{\text{perfect}}^{\text{X}}$为超晶胞结构内无缺陷并且含 X 原子的体系自由能。当 $\Delta\gamma$ 的值为负值时，表明固溶原子会在缺陷处富集，反之 $\Delta\gamma$ 的值为正值时，表明固溶原子会远离缺陷处。

采用上述公式对 TiAl 合金中 Ti_3Al 和 TiAl 两相的界面能进行了第一性原理计算，并且计算 Cr、Mn、Fe、Co、Ni、Nb、Mo、Ta、W 和 Re 元素在界面处的原子占位。研究发现，这些元素的添加会增加合金的解理能（Cleavage energy），从而增加界面的结合强度，不同元素的增加程度总结为：W > V > Ta > Mo > Re > Cr > Nb > Mn。除此之外，这些元素的添加还会降低合金中层错的能量，从而有助于位错的萌生，其层错能降低程度总结为：Re < Mn < Cr < V < Mo < W < Nb < Ta。并且研究认为 V、Cr、Nb、Mo、Ta、W 和 Re 倾向聚集于界面处，而 Mn、Fe、Co 和 Ni 质点倾向于占据 TiAl 相内部。同时，Nb 和 Ta 倾向于占据 TiAl 相内 Ti 的位置，而其他元素倾向于占据 TiAl 相内 Al 的位置。

6.6 层错能的第一性原理计算

从第 4 章的研究结果可知，0.5%(原子分数)Ta 的加入会促进 γ_m 相的析出，细化亚晶粒，而 Ta 原子对 γ_m 相内部缺陷的影响仍需进一步研究。采用 3D - STM 获得了 γ_m 相层错处原子排布，如图 6 - 4(a)所示。可以观察到$(10\bar{1})$晶面 fcc 结构有序的原子排列，其中原子越亮代表原子半径越大或原子位置越高；反之，原子越暗代表原子半径越小或原子位置越低。原子的规则排列被一个半径较大的原子打破，从该原子处沿着$[\bar{1}2\bar{1}]$方向新引入了一个原子层，从而使得规则的原子排列方式从 … ABCABC … 转变成 … ABCABAC …，相当于引入一个外禀层错(SESF)。为了进一步证明该处大半径原子是 Ta 原子，采用第一性原理计算的方法，建立了 SESF 的原子模型，如图 6 - 4(b)所示。其中 L6 层为在完整晶体中插入的原子层，L5 和 L7 分别为层错两侧原子层。

第一性原理对 SESF 形成能的计算公式为：

$$\gamma = \frac{1}{A}(E_{\text{SESF}} - E_{\text{perfect}}) \tag{6-5}$$

式中，E_{SESF}为超晶胞结构中引入 SESF 后的体系自由能；E_{perfect}为超晶胞完美晶体体系自由能；A 为超晶胞基准面面积。采用第一性原理和式(6 - 5)计算可得 SESF 的形成能为 86.6mJ/m²，这与之前的计算和实验结果相一致。可以发现，内禀层错的形成能大于真孪晶的形成能，而小于伪孪晶、反相畴和 120°旋转界面。

在合金中元素加入产生的层错能变化值 Δγ 计算公式为：

$$\Delta\gamma = \frac{E_{\text{SESF}}^{\text{X}} - E_{\text{perfect}}^{\text{X}}}{A} - \gamma \tag{6-6}$$

式中，$E_{\text{SESF}}^{\text{X}}$为超晶胞结构中引入 SESF 和固溶原子后的体系自由能；$E_{\text{perfect}}^{\text{X}}$为超晶胞完美晶体体系中加入固溶原子的自由能。

图6－4(c)所示为当Ta原子替代γ－TiAl中Al原子位置时界面能的改变值Δγ随着原子层变化的趋势。结果表明，当Ta占据SESF处原子层A1位时，Δγ为负值，值为－25.3mJ/m²，说明在界面处加入Ta原子后系统能量降低，根据能量最低原理，Δγ负值说明Ta占据界面处的A1位能够降低SESF系统能量，并且随着Ta原子不断远离层错处，Δγ值逐渐趋向于0，表明Ta元素只能在层错处降低系统能量。

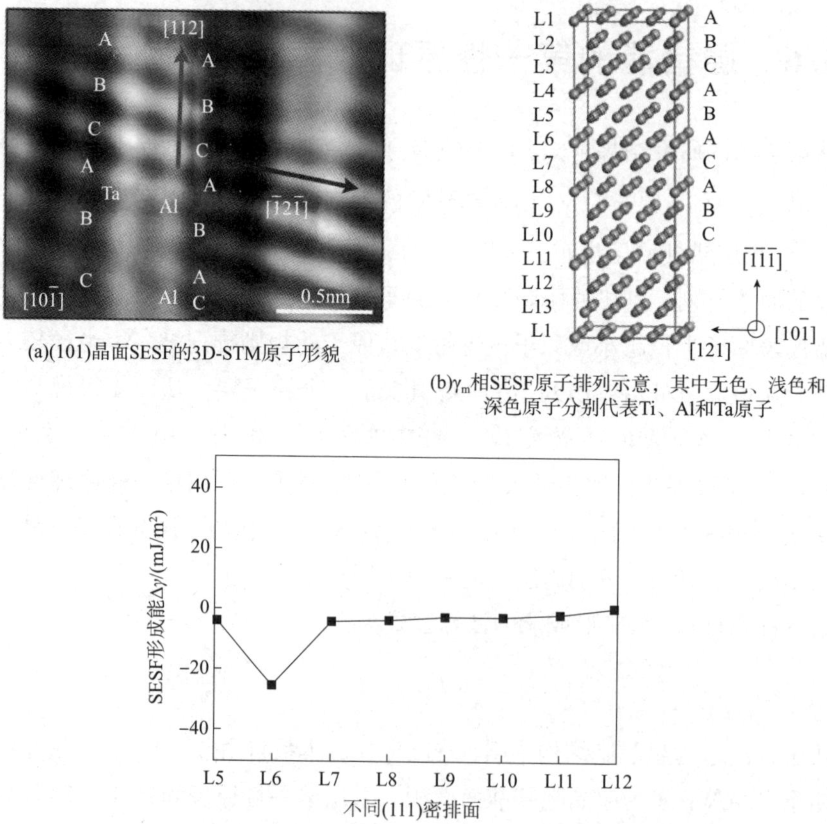

(a)($10\bar{1}$)晶面SESF的3D-STM原子形貌

(b)γ_m相SESF原子排列示意，其中无色、浅色和深色原子分别代表Ti、Al和Ta原子

(c)随着Ta原子占据(111)不同密排面的Δγ值变化

图6－4　γ_m相SESF的原子形貌和SESF能的第一性原理计算

可以发现γ－TiAl晶格中加入Ta原子后，改变了体系的化学成分和几何构型。图6－5所示为含有Ta元素和SESF的γ－TiAl的二次差分电荷密度图。它直观地表现出体系变化后的电荷重新分布情况，Ti原子周围电荷分布为花瓣形，即Ti的成键轨道为d轨道。Ti和Al原子中心区域为失电子区域，Ti原子与Al原子成键属于极性键，Ti和Al周围的电子分布具有强烈的方向性，说明Ti与Al

原子通过公用电子形成共价键，具有较强的方向性，同时 Ti - Ti 和 Al - Al 较强导致 γ - TiAl 体系电荷分布不均匀。

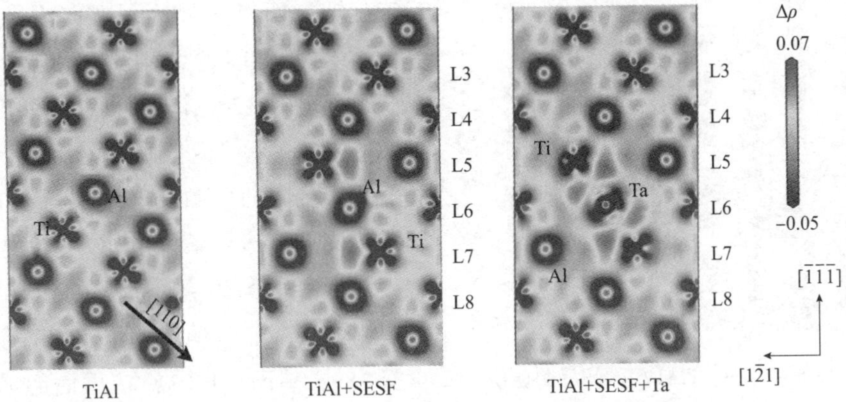

(a)γ-TiAl完美结构的超晶胞　(b)含有SESF的超晶胞　(c)含有SESF和Ta的超晶胞

图 6 - 5　(10$\bar{1}$)截面上的二次差分电荷密度图

取代 Al 原子位置的合金原子主要通过与 Ti 原子的作用来影响体系的电荷分布。当 Al 原子被 Ta 原子取代后，电荷重新分布，电子密度在 Ta 原子附近聚集，电荷来自距离金属基质最近的原子。而 Ta 周围的基体 Ti 原子失去电子，在 Ta 原子与周围 Ti 原子之间有电荷聚集现象。除此之外，加入 Ta 原子后，会夺走次紧邻 Al 原子中由于 SESF 产生的多余的电荷，表明 Ta 原子在 SESF 处与周围基体原子之间的成键要强于 Al 原子，从而加强了 Ta 原子与基体原子之间的成键及结合强度。Ta 原子降低了 SESF 处 Ti 与 Al 原子间的电子数量，降低了 Ti 原子与 Al 原子之间的极性键强度，以及降低 Al - Al 键合强度。

6.7　Ta 原子占位的第一性原理计算

为了进一步获得 Ta 对 TiAl 合金中 γ_m 相的作用机制，采用第一性原理计算和实验观察相结合的方法，获得 Ta 原子在 γ_m 相的原子占位。首先根据 γ - TiAl 相的 $L1_0$ 空间结构特征，建立了用于计算的 γ - TiAl 相超晶胞，如图 6 - 6 所示。其空间群为：P4/mmm，空间群序号为 123。图中浅色球代表 Ti 原子，深色球代表 Al 原子。这些原子排布在具有…ABCABC…排列方式的(111)密排面。其中深色层数代表不同排列结构的界面处。单个晶胞中两个 Ti 原子分别占据(0, 0, 0)和(1/2, 1/2, 0)位置，两个 Al 原子分别占据(1/2, 0, 1/2)和(0, 1/2, 1/2)位置。

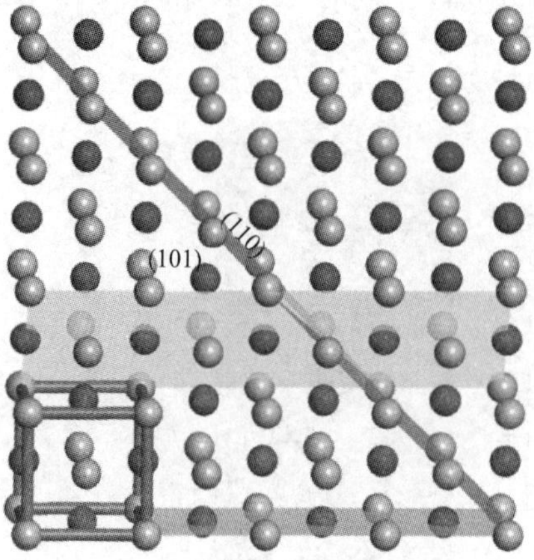

图 6-6　γ-TiAl 相的超晶胞建模

考虑 γ-TiAl 相超晶胞的密排面为(111)，并且真孪晶、伪孪晶、反相畴和120°旋转界面界面处原子方向为$[\bar{1}2\bar{1}]$，建立了四种可能的结构：真孪晶、伪孪晶、反相畴和120°旋转界面，超晶胞模型如图 6-6 所示。这四种超晶胞沿着三个相互垂直的方向($[111]$、$[\bar{1}2\bar{1}]$、$[101]$)皆采用周期性边界条件(PBC)。为了最大限度降低界面与边界处原子的相互影响，所建立的真孪晶、伪孪晶、反相畴超晶胞含有 18 层基面，120°旋转界面超晶胞含有 20 层基面，界面两侧原子基面标记为 L1 和 L2，在图 6-7 中用深色标出。每层基面含有 16 个原子，其中 8 个 Ti 原子和 8 个 Al 原子。由于 γ_m 相具有面心立方的堆垛顺序，真孪晶和伪孪晶的堆垛顺序发生改变，界面附近堆垛顺序为…ABCACB…，具体结构如图 6-7(a)、(b)所示。而反相畴和 120°旋转界面的堆垛顺序不发生改变，界面附近堆垛顺序为…ABCABC…，但是在界面两边原子的类型不同，具体结构如图 6-7(c)、(d)所示。

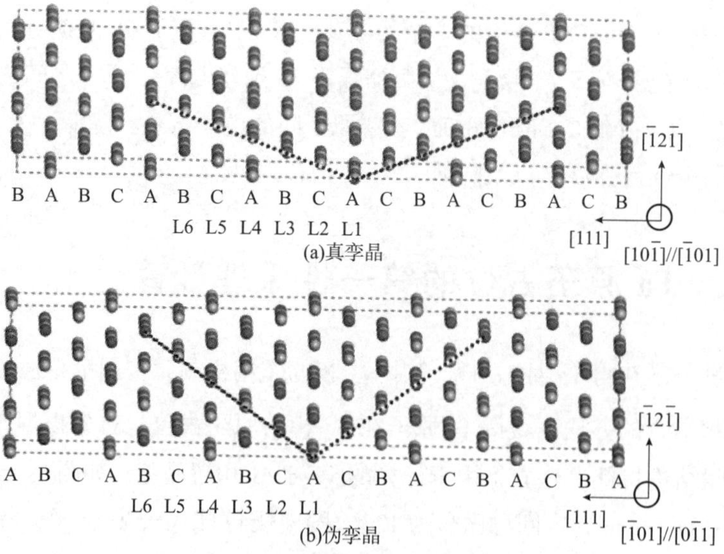

图 6-7　γ_m 相原子排列示意

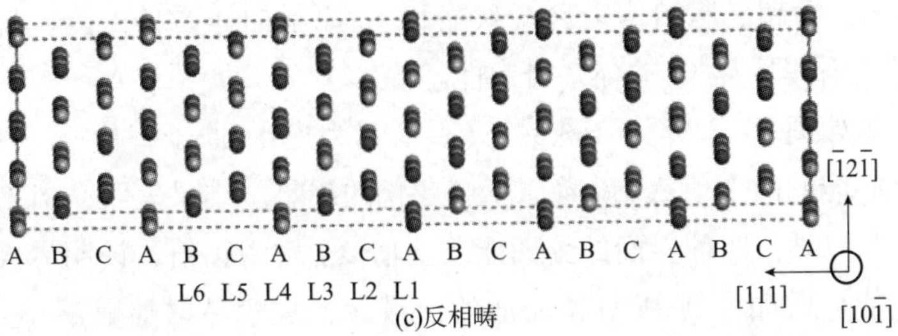

(c)反相畴

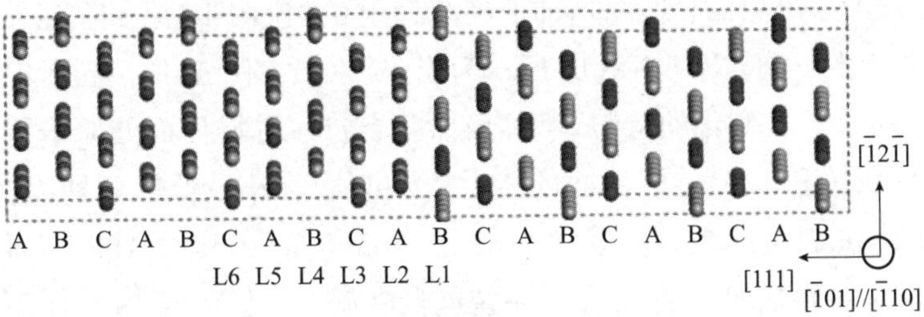

(d)120°旋转界面

图 6-7 γ_m 相原子排列示意(续)

首先计算超晶胞中不含 Ta 时，四种超晶胞结构的界面能。第一性原理中对界面能的计算可采用公式：

$$\gamma = \frac{1}{A}(E_{\text{fault}} - E_{\text{perfect}}) \tag{6-7}$$

式中，E_{fault} 为超晶胞结构引入缺陷后的体系自由能；E_{perfect} 为超晶胞结构内无缺陷完美晶体体系自由能；A 为超晶胞基准面面积。采用式(6-7)，计算所得真孪晶、120°旋转界面、伪孪晶和反相畴的界面能分别为：52mJ/m²、238mJ/m²、256mJ/m²、428mJ/m²。计算结果与以往的研究结果相一致，其中真孪晶界面能为 60mJ/m²、伪孪晶界面能为 270mJ/m²、120°旋转界面能为 250mJ/m²、反相畴界面能为 435mJ/m²。从计算结果可知，形成真孪晶所需要的界面能最小，形成反相畴所需要的界面能最大。

此外，对于 Ta 原子在 TiAl 合金中 γ 相中的占位仍存在争议。一部分研究认为 Ta 会占据 Ti 的位置，而一些研究认为 Ta 原子的占位依赖于 TiAl 合金的化学成分。为了确认 Ta 原子在界面处的分布，分别计算了 Ta 原子占据不同原子层：从 L1 层到 L7 层的能量变化，其中 L1 和 L2 层代表界面处。随着层数的增加，Ta 原子离界面处越远。同时，计算了 Ta 原子分别占据 Ti 位或 Al 位时的能量变化。可以通过界面能的改变值 $\Delta\gamma$ 来衡量 Ta 的影响，计算公式为：

$$\Delta\gamma = \frac{E_{\text{fault}}^{\text{Ta}} - E_{\text{perfect}}^{\text{Ta}}}{2A} - \gamma \tag{6-8}$$

式中，$E_{\text{fault}}^{\text{Ta}}$为超晶胞结构中含有缺陷和Ta原子的体系自由能；$E_{\text{perfect}}^{\text{Ta}}$为超晶胞结构内无缺陷并且含Ta的体系自由能。

计算结果如图6-8所示。图6-8(a)所示为当Ta原子替代γ-TiAl中Ti原子位置时界面能的改变值Δγ随着原子层变化的趋势。结果表明，当Ta替代界面处L1层的Ti位时，四种界面的界面能改变值Δγ均为正值，说明界面处加入Ta原子后系统能量增加，其中APB增加的值最大，真孪晶增加值最小。同时，随着Ta原子逐渐远离界面，能量增加值逐渐趋于0，说明Ta原子在晶粒内部时不会对界面能产生影响。图6-8(b)所示为当Ta原子替代Al原子位置时界面能的改变值Δγ随原子层变化的趋势。可以看到，当Ta占据界面处原子层Al位时，真孪晶、反相畴和120°旋转界面的Δγ均为负值，Δγ最低值分别为：在L4层-19mJ/m^2、在L1层-73mJ/m^2、在L2层-62mJ/m^2，其中APB界面具有最低的能量。说明界面处加入Ta原子后系统能量降低，并且随着Ta原子不断远离界面能量降低值也逐渐趋向于0。根据能量最低原理，Δγ负值说明Ta占据界面处的Al位使系统具有最低的能量，计算结果表明Ta原子易于占据界面处的Al位。但是，不同类型的界面Δγ的值不同，其中伪孪晶界面L1层处Δγ值仅为-10mJ/m^2降低了2.7%，Δγ值的降低几乎可以忽略不计，发现Ta对伪孪晶的析出影响不大。

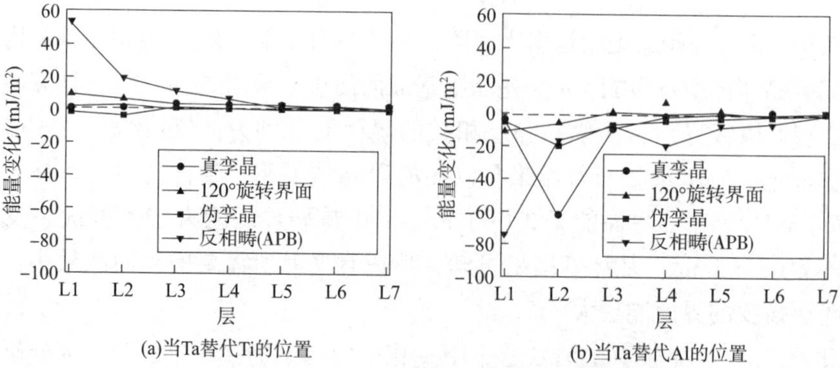

图6-8　Ta占据(111)密排面不同位置的能量变化

四种结构中APB的Δγ值最低，说明APB界面处具有很强的吸附力，能够作为固溶原子的陷阱，从而使体系处于最低的能量状态。Rao等研究发现，APB能够转变为内禀层错(SISF)来进一步降低体系的总能量。Chiba等提出在应力产生的切变过程中APB会存在于两个全位错的边界处(Bounding)，在此过程中固溶原子会在APB处聚集，两个全位错都会分解成为肖克莱不全位错和内禀层错。

因此 APB 的出现能够降低 γ_m 相内由缺陷造成的体系总能量。

综上所述，Ta 能够降低真孪晶、反相畴和 120°旋转界面的界面能，从而在这些界面处富集并且替代 Al 的位置。换句话说，真孪晶、反相畴和 120°旋转界面处会出现 Ti 和 Ta 原子的富集现象，并且 Ta 会促进这些界面的形成。可以发现，由于在 γ_m 相中存在大量的缺陷，从而增加了系统内的总能量，但是 Ta 的加入通过促进亚晶粒的析出，来降低系统总能量，进而稳定了 γ_m 相。因此从能量角度来说，Ta 的加入会促进真孪晶、反相畴和 120°旋转界面的形成，从而细化 γ_m 相内的亚晶粒。

参考文献

[1]郭连权，刘冰冰，马贺，等 . Ti - Al 金属间化合物的力热性能及其能带计算[J]. 沈阳工业大学学报，2018，40(3)：269 - 274.

[2]李明曼 . 第一性原理方法 β - 钛合金中非平衡相稳定性及弹性模量的研究[D]. 烟台：烟台大学，2014.

[3]WANG H Y，LI C，LI X，et al. Influence of Mo doping on the physical properties of TiAl alloy by the first principles[J]. Rare Metal Materials & Engineering，2015，44(11)：2737 - 2741.

[4]STOCKS G M，POPE E P，GIAMEI A F，et al. Alloy phase stability and design[J]. Materials Research Society Symposia，2014，186：277 - 282.

[5]ADEBAMBO P O，ADETUNJI B I，OLOWOFELA J A，et al. Structural，electronic，magnetic and optical properties of Ni，Ti/Al - based heusler alloys：a first - principles approach[J]. Zeitschrift Für Naturforschung A，2016，71(2)：129 - 134.

[6]WOODWARD C，KAJIHARA S，YANG L. Site preferences and formation energies of substitutional Si，Nb，Mo，Ta and W solid solutions in L10 Ti - Al[J]. Physical Review B，1998，57(21)：13459 - 13470.

[7]JIANG C. First - principles study of site occupancy of dilute 3d，4d and 5d transition metal solutes in $L1_0$ TiAl[J]. Acta Materialia，2008，56(20)：6224 - 6231.

[8]JIAN Y，HUANG Z，XING J，et al. Phase stability，mechanical properties and electronic structures of Ti - Al binary compounds by first principles calculations[J]. Materials Chemistry and Physics，2019，221：311 - 321.

[9]WEI Y，ZHANG Y，LU G H，et al. Effects of transition metals in a binary - phase TiAl - Ti_3Al alloy：From site occupancy，interfacial energetics to mechanical properties[J]. Intermetallics，2012，31：105 - 113.

[10]HUG G，LOISEAU A，VEYSSIÈRE P. Weak - beam observation of a dissociation transition in

TiAl[J]. Philosophical Magazine A, 1988 57(3): 499 – 523.

[11] FU C L, YOO M H. Elastic constants, fault energies, and dislocation reactions in TiAl: A first – principles total – energy investigation[J]. Philosophical Magazine Letters, 1990, 62(3): 159 – 165.

[12] FU C L, YOO M H, Interfacial energies in two – phase TiAl – Ti_3Al alloy[J]. Scripta Materialia, 1997, 37(10): 1453 – 1459.

[13] YAMAGUCHI M, UMAKOSHI Y, YAMANE T. Dislocations in Solids[M]. University of Tokyo Press, 1985: 10 – 28.

[14] RAO Y, SMITH T M, MILLS M J, et al. Segregation of alloying elements to planar faults in γ' – Ni3Al[J]. Acta Materialia, 2018, 148: 173 – 184.

[15] LEYSON G P M, HECTOR L G, CURTIN W A. Solute strengthening from first principles and application to aluminum alloys[J]. Acta Materialia, 2012, 60(9): 3873 – 3884.

7 Ta 元素对 TiAl 合金凝固组织的影响

在 TiAl 合金普通铸造过程中，易产生粗大的树枝晶和元素的偏析，使 TiAl 合金的室温塑性进一步降低。而在铸造过程中减小晶粒尺寸并且最大限度抑制偏析能够提高合金的室温塑性并且保持良好的高温性能。研究发现高 Nb 和高 Ta 的添加极大地改变了 TiAl 合金的相图，导致凝固行为不同于二元合金。Ti－46Al－8Nb 合金的凝固路径为单相凝固，而含 Ta 的 Ti－46Al－8Ta 合金不同于 Ti－46Al－8Nb 合金。但是高含量 Nb 和 Ta 的添加会使铸锭中的显微偏析明显增强。Ti－46Al－8Ta 合金在其凝固过程中仍有包晶反应发生，且 Ta 易在树枝晶内偏析，同时，Al 相更易在树枝晶间偏析，树枝晶间 Al 的偏析富集比高 Nb 合金高而易形成 γ－TiAl 相。另外，Ti－48Al 二元合金在 Ti－Al 相图中处于过包晶凝固合金范围，过包晶凝固合金的特点有：较窄结晶温度范围，合金枝晶细小，流动性好，易补缩，热裂倾向较少；凝固方式为逐层凝固，减少糊状凝固所带来的显微疏松。而亚包晶平衡凝固的特点是：较宽的结晶温度范围，若残余液相来不及补缩易产生疏松缺陷；凝固特征为具有明显枝晶臂外缘并产生晕圈结构，产生显著成分偏析。

7.1 Ta 对铸态 Ti－48Al－3Nb－xTa 合金凝固组织影响规律

γ－TiAl 基合金的室温组织通常由 γ 相(TiAl)和 α_2 相(Ti_3Al)构成。γ 相具有 $L1_0$ 型有序超点阵结构，空间群为 P4/mmm。随着合金成分的改变，γ 相的单胞参数也在一定范围内发生变化($a=0.3957\sim0.4105$nm，$c=0.4062\sim0.4097$nm，$c/a=1.01\sim1.03$)；α_2 相为有序六方 $D0_{19}$ 超点阵结构，空间群为 $P6_3/mmc$，单胞参数也随着成分发生一定幅度的改变($a=0.5782\sim0.5640$nm，$c=0.4760\sim0.4619$nm)。Ti－48Al－3Nb－xTa[0，0.5%，1%，2%(质量分数)]合金采用电

弧熔炼之后其典型的凝固组织如图 7-1 所示，观察时选取纽扣锭中心部位的组织，Ti-48Al-3Nb-xTa 合金凝固组织中可以观察到明显的枝晶形貌。当不含 Ta 时，Ti-48Al-3Nb 合金内形成了粗大的树枝晶，枝晶一次臂与二次臂垂直［图 7-1(a)］。当合金中加入原子分数 0.5% Ta 时，树枝晶发生显著的细化，同时在枝晶干内析出了白色残余 B2 相，如图 7-1(b)所示。随着 Ta 含量的进一步增加，凝固树枝晶发生明显细化，枝晶干内残余 B2 相也明显增多［图 7-1(c)、(d)］。

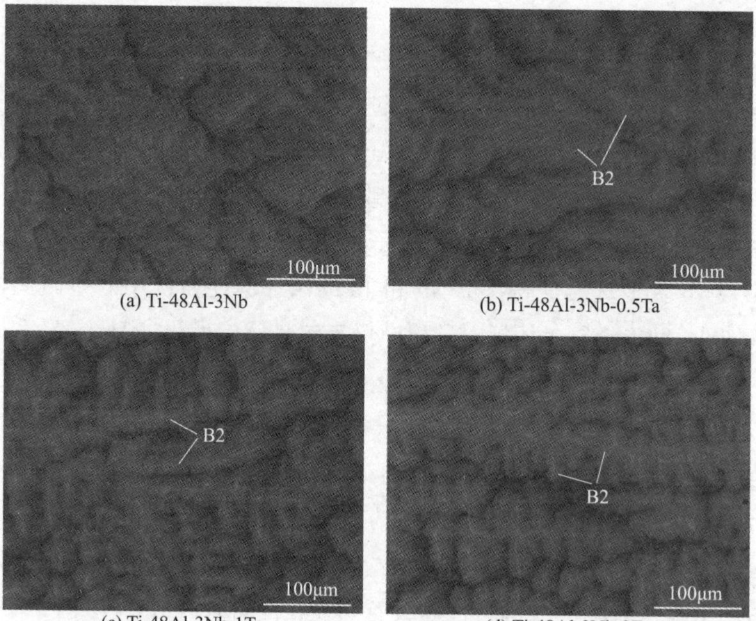

(a) Ti-48Al-3Nb (b) Ti-48Al-3Nb-0.5Ta (c) Ti-48Al-3Nb-1Ta (d) Ti-48Al-3Nb-2Ta

图 7-1 Ti-48Al-3Nb-xTa 合金纽扣锭柱状晶区微观组织(SEM-BSE)

Ti-48Al-3Nb-xTa 合金凝固组织中枝晶二次臂间距统计结果如图 7-2(a)所示，可以发现 Ta 含量从 0 增加到 2%（原子分数）时，树枝晶二次臂间距尺寸从 39μm 减小到 22.5μm，并且当 Ta 含量从 1% 增加到 2%（原子分数）时，树枝晶细化程度减小。结合 Ti-Al 二元相图，可以推测 Ti-48Al-3Nb 合金在凝固过程中初生 β 相发生包晶反应后形成包晶 α 相，并且包晶反应完全，故未发现残余 B2 相。随着 Ta 含量的增加，α 相区会慢慢变窄，α 晶粒的生长将会被限制，因此包晶反应将难以完全进行，并且随着 Ta 含量的增加，会使凝固过程朝着 Ti-Al 二元相图中糊状区的宽的地方移动，即低 Al 的亚包晶凝固方向移动。同时由合金凝固过程中的传质理论可知，Ta 能使 Ti-48Al-3Nb 合金的成分过冷增强，

Ta 是正偏析元素，含 Ta 的 TiAl 合金存在着较重的凝固偏析，枝晶干富 Ta 元素，而 Al 富集在枝晶间，如图 7－2(b)所示。因此包晶反应后残余的 β 相将会转变成低温的 B2 相，因此枝晶内部出现白色 B2 相偏析，其中偏析富含 Nb 和 Ta，而在枝晶间黑色的 Al 偏析也明显增多。这也导致 Ti－48Al－3Nb－2Ta 合金的铸态背散射像中白色网状组织随着钽含量的增加而越来越发达。在富集最多的地方可以看到的白亮色 B2＋γ 相，如图 7－3 所示。基于上述分析我们可以初步确定 Ti－48Al－3Nb－xTa[x＝0.5%，1%，2%(原子分数)]合金在快速冷却条件下的凝固路径为：L→L＋β→L＋β＋α→α＋β→α＋γ＋β→α_2＋γ＋B2。

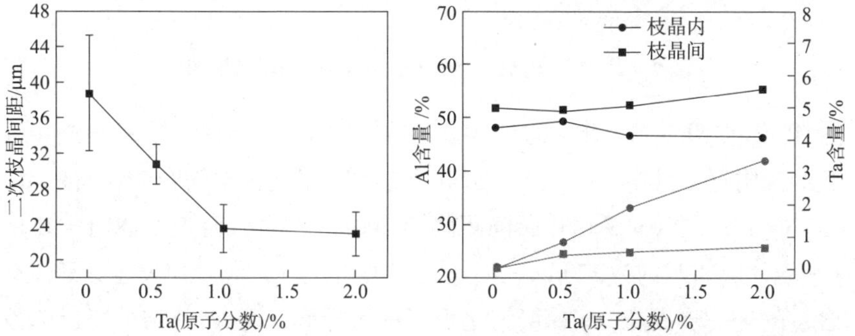

(a)二次枝晶间距 (b)枝晶内和枝晶间Al和Ta的元素分布

图 7－2 Ti－48Al－3Nb－xTa 合金凝固特征

图 7－4 所示为 Ti－48Al－3Nb－xTa 合金 X 射线衍射图谱，可以看出不同 Ta 含量的 Ti－48Al－3Nb－xTa 合金均是由 γ 相和 α_2 相组成。当 Ta 含量增加到 2%(原子分数)时，在 XRD 衍射图谱中没有观察到明显的 B2 相衍射峰，这主要是由于在凝固组织中 B2 相的相对含量较小，并且都被细小的 α_2/γ 片层分散开，因而未能呈现相对应 B2 相的衍射峰[图 7－4(a)]。为了观察 Ta 含量的变化是否引起各个相的晶格参数的变化，选取 38°～40°的 XRD 衍射图谱进行对比，结果发现与 Ti－48Al－3Nb 合金相比，γ 相(111)面和 α_2 相(002)面的衍射峰向低角度偏移，这说明随着 Ta 含量的增大，晶格畸变造成晶格参数的增加[图 7－4(b)]。而 Ti－48Al－3Nb－2Ta 合金 γ 相和 α_2 相偏移程度与 Ti－48Al－3Nb－1Ta

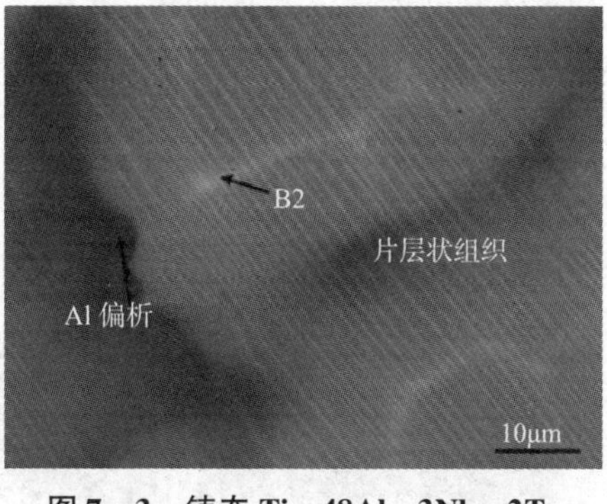

图 7－3 铸态 Ti－48Al－3Nb－2Ta 合金高倍 SEM－BSE 组织形貌

合金相似，因此 Ta 含量为 1%（原子分数）时，晶格畸变程度达到最大。

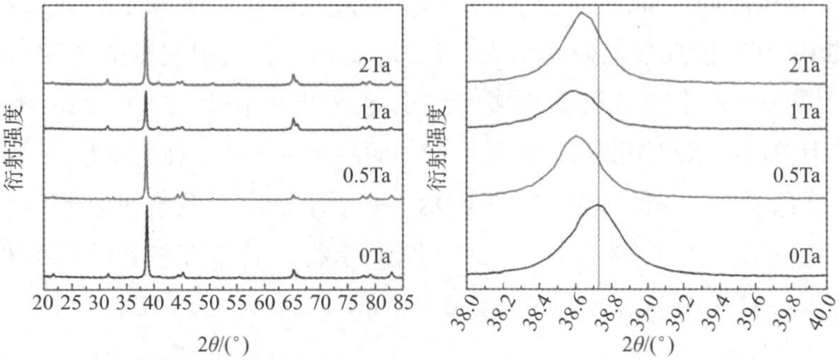

(a)20°~85°部分XRD衍射图谱　　(b)38°~40°部分XRD衍射图谱

图 7－4　Ti－48Al－3Nb－xTa 合金 XRD 衍射图谱

Ti－48Al－3Nb－xTa 合金的 TEM 片层形貌如图 7－5 所示，γ 片层主要存在于 α_2 相晶界附近。其中 Ti－48Al－3Nb 合金的 γ 平均片层间距约为 490nm，Ti－48Al－3Nb－1Ta 合金 γ 平均片层间距降为 290nm 左右，而 Ti－48Al－3Nb－2Ta 合金 γ 平均片层间距约为 220nm。因此随着 Ta 的加入，γ 片层发生显著细化。随着 Ta 含量的进一步提高，γ 片层细化程度逐渐降低，而 α_2 片层的宽度未发生改变，如图 7－6 所示。研究发现，TiAl 合金中随着 Al 含量的增加，γ 片层体积分数明显增加，并且 α_2 晶界处 γ 片层的不连续粗化更加明显；除合金成分之外，合金的冷却速度对 γ 片层的析出和生长产生重要影响。从大量的实验结果可以得出，当 γ－TiAl 合金从 α 单相区冷却时，随着冷却速度的增加，片层组织中片层的厚度逐渐变小。另外，γ 片层的厚度也受析出温度影响，通常 γ 片层的析出温度越高，所形成的 γ 片层厚度也越大。反之，当析出温度越低时，所形成的 γ 片层厚度也越小。

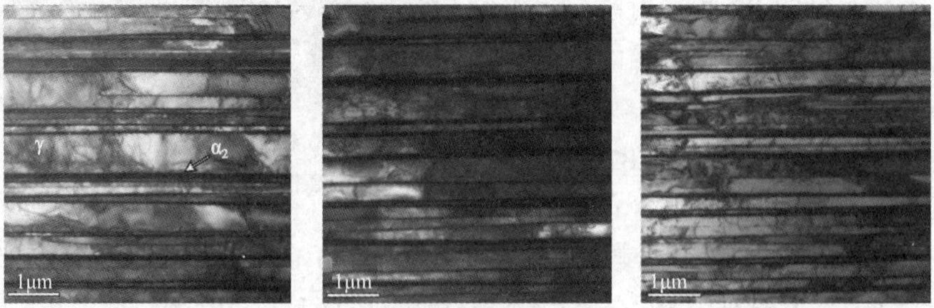

(a)Ti-48Al-3Nb　　(b)Ti-48Al-3Nb-1Ta　　(c)Ti-48Al-3Nb-2Ta

图 7－5　合金 TEM 片层形貌

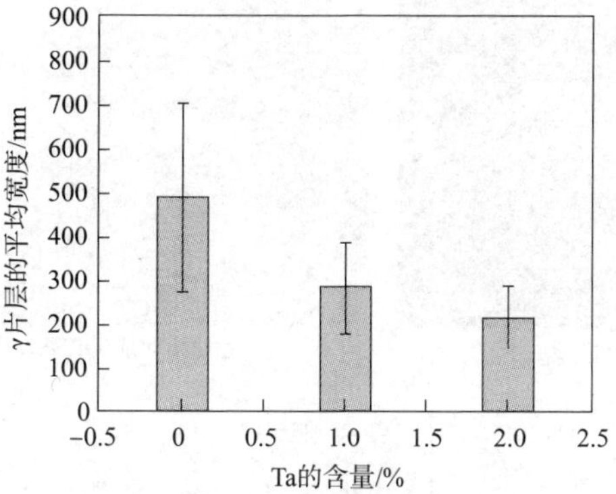

图7-6 不同Ta含量下γ片层的平均宽度

γ-TiAl基合金中γ片层主要沿长度方向进行生长，其生长速度表达式为：

$$v = \widetilde{D}/4h \cdot \left(\frac{X_0 - X_{\alpha(\alpha_2)}}{X_\gamma - X_{\alpha(\alpha_2)}}\right) \tag{7-1}$$

式中，$\widetilde{D}$为在基体α相(或α_2相)中Ti原子与Al原子的互相扩散系数；X_0为γ-TiAl合金中Al元素的摩尔分数；$X_{\alpha(\alpha_2)}$和X_γ分别为在各温度等温处理时基体α相(或α_2相)和析出相γ相中Al元素的平衡摩尔分数。

分析发现γ片层沿长度方向的生长需要Al、Ti元素的不断扩散，由于Ta元素属于慢扩散元素，并且原子半径较大，在α相中会阻碍Ti原子与Al原子的互相扩散程度，从而降低$\widetilde{D}$值。而随着Ta含量的增加，其阻碍Ti原子和Al原子的扩散程度越高，从而进一步降低片层生长速度，从而抑制了γ片层的粗化。

采用EBSD观察铸态Ti-48Al-3Nb合金和Ti-48Al-3Nb-2Ta合金在片层团的分布规律。如图7-7所示，Ti-48Al-3Nb合金在所选范围内仅含有两个片层团，每个片层团内α_2/γ片层都沿着一个方向生长。在这个片层团内部γ相的取向并不完全一致。这是因为在α→α+γ转变时，γ相与母相α_2相符合BOR取向关系，如图7-7(c)所示：{111}γ//(0001)α_2和[110]γ//<11$\bar{2}$0>α_2。由于存在多种取向，最终同一晶粒内转变生成的γ相的取向并不唯一。对各相的含量检测结果显示，γ相的体积分数为82.5%，α_2相的体积分数为13.5%，组织内不含B2相。对合金各相的取向分析发现TiAl基体中[010]和[001]取向的体积分数较多，而[110]取向的晶粒比例较少，片层分布具有择优取向。并且片层与枝晶成45°夹角，同时也说明在该冷却条件下合金的初生相为β相。

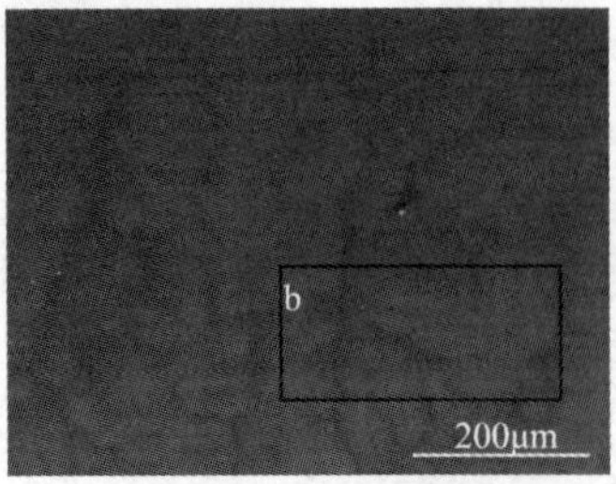

(a)SEM-BSE形貌

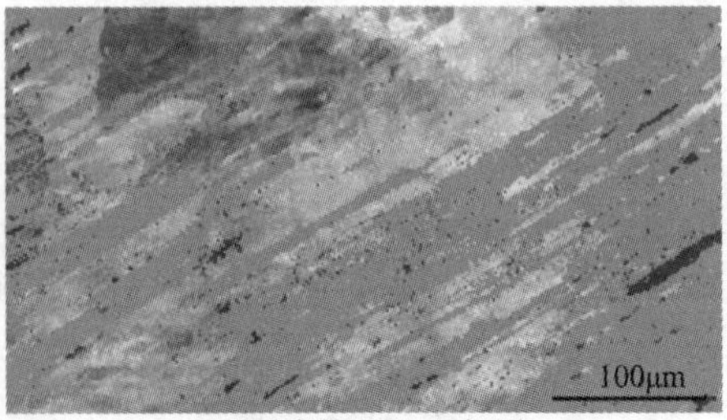

(b)相对应的EBSD反极图

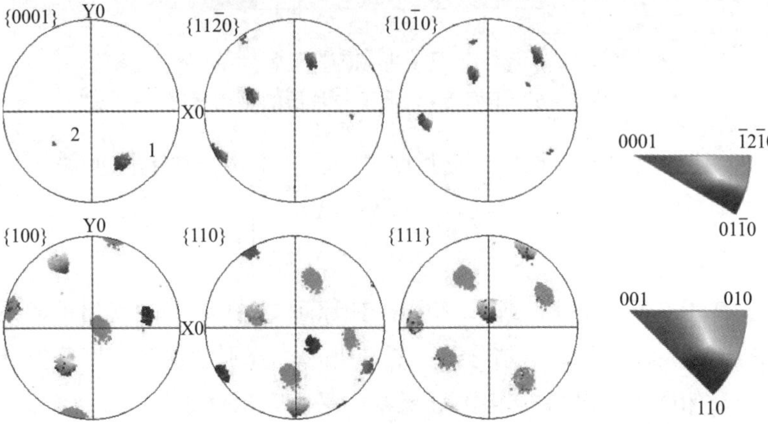

(c)α_2相和γ片层的极图

图 7-7　铸态 Ti-48Al-3Nb 合金

Ti-48Al-3Nb-2Ta 合金如图 7-8 所示，在所选合金范围内至少含有 5 个片层团，从而进一步证实 Ta 的加入能够细化 TiAl 合金的片层团。同时，γ 相与 α_2 相同样符合 BOR 取向关系，对各相的含量检测结果显示，γ 相的体积分数为 80.2%，α_2 相的体积分数为 15.8%，说明随着 Ta 含量的增加，富集 Ta 和 Ti 的 α_2 相含量少量增加。同时，凝固组织内含有少量的 B2 相，由于 B2 相被 γ 片层分割成无数尺寸小于 1μm 的小颗粒，而 EBSD 测量的精度不足以达到识别所有的 B2 相，含量较低的 B2 相无法被完全检测到。

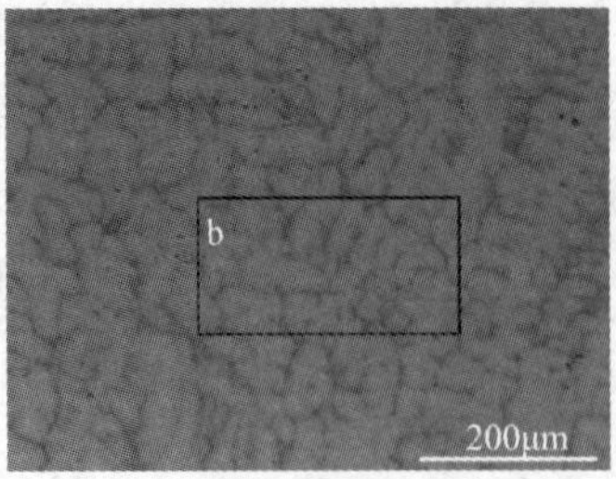

(a)SEM-BSE形貌

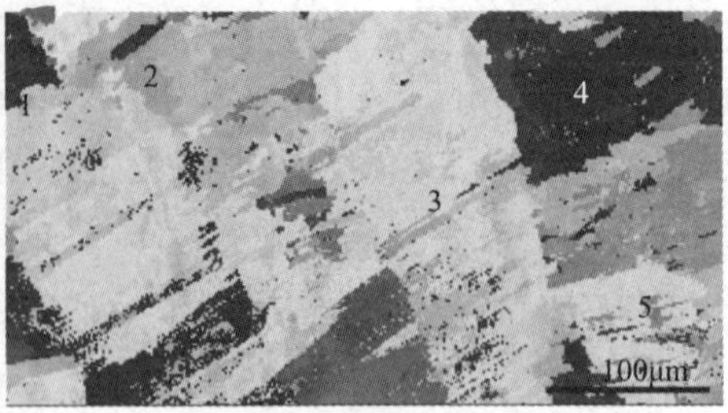

(b)相对应的EBSD反极图

图 7-8　铸态 Ti-48Al-3Nb-2Ta 合金

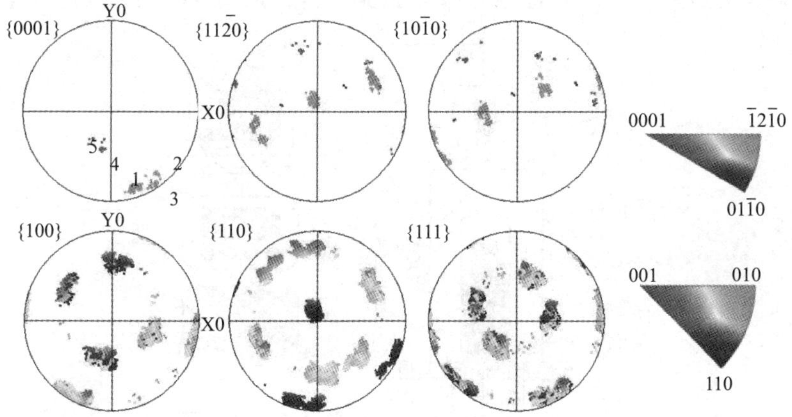

(c)α_2相和γ片层的极图

图7－8　铸态Ti－48Al－3Nb－2Ta合金(续)

7.2　Ta对Ti－48Al－3Nb－xTa合金凝固路径影响规律

从7.1节的Ti－48Al－3Nb－xTa合金凝固组织可知，随着Ta的加入，会使凝固过程朝着Ti－Al二元相图中糊状区的宽的地方移动，即低Al的方向移动。然而上述凝固是在冷速较快条件下获得的，下面将详细对比不同凝固速率对含Ta－TiAl合金凝固组织的影响规律。

通过电磁感应加热方式将合金加热到熔化状态，用红外测温仪记录其冷却曲线，并控制凝固速率，分析测试系统的结构如图7－9所示。该设备由加热系统、真空室及温度控制系统三部分组成。控温凝固设备由频率为30kHz的高频感应加热电源和水冷铜线圈构成，采用感应加热的方法，可使合金快速加热至熔化状态。采用机械泵和分子泵共同作用可将真空室抽真空至10^{-1}Pa，使放置样品的真空室具有良好的密封性。在熔炼合金时不断通入氩气，并打开排气阀，使合金在熔化及凝固过程处于微正压的氩气保护环境下，减小熔化后合金元素的挥发及氧的污染。同时采用红外测温仪及配套的温度控制器对合金在熔化和凝固过程中温度的实时监控与自动化控制。

Ti－48Al－3Nb－xTa合金采用的凝固热历史如图7－10所示，采用三种不同的凝固速率，分别是空冷、15℃/min和5℃/min，以模拟不同工况下合金拟出现的凝固组织。为了保证所有合金在冷却过程中只有不同的凝固速率而其他条件相同的固态相变过程，当所有合金冷却至1500℃时，采用空冷的方式冷却至室温。

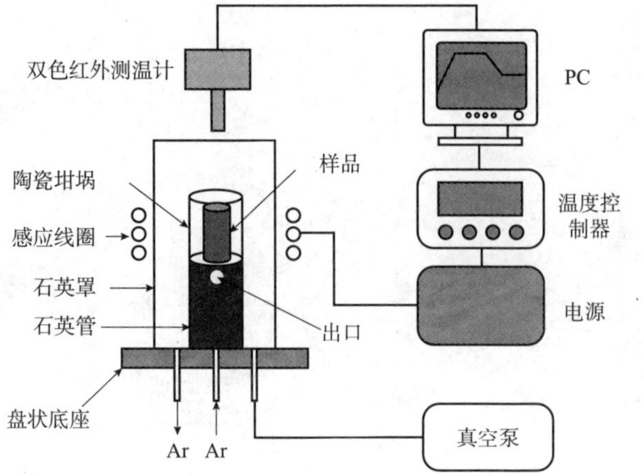

图7－9　控温凝固设备示意

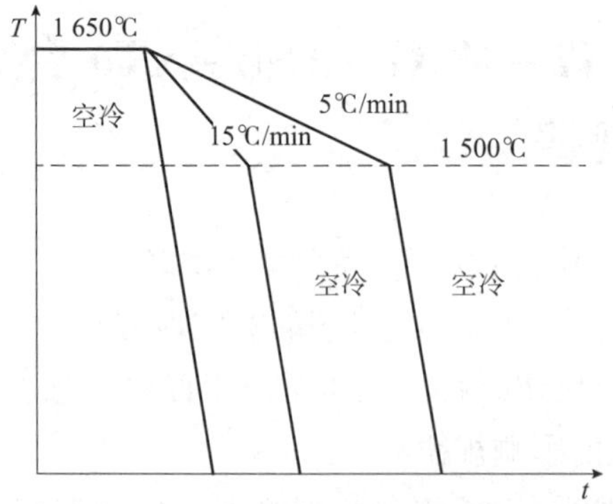

图7－10　Ti－48Al－3Nb－xTa合金不同凝固热历史示意

空冷条件下Ti－48Al－3Nb－xTa合金凝固组织如图7－11所示，可以发现在该凝固条件下获得的凝固组织与7.1小节中纽扣锭所获得凝固组织形貌大致相似。组织显示出β树枝晶所具有的四重对称结构，一次枝晶干与二次枝晶臂成约90°的夹角。并且随着Ta含量的增加树枝晶尺寸逐渐减小，Ta易在枝晶干富集，从而使得枝晶干残余B2相的含量随着Ta含量的增加而逐渐增加。同时，Al元素易在枝晶间富集，使得在枝晶间形成富Al的残余γ相。结合Ti－48Al－3Nb和Ti－48Al－3Nb－2Ta合金凝固过程中的冷却曲线及其一阶导函数(图7－12)，在空冷条件下Ti－48Al－3Nb的凝固路径可以确定为：$L \rightarrow L+\beta \rightarrow L+\beta+\alpha \rightarrow \alpha \rightarrow \alpha+\gamma \rightarrow \alpha_2+\gamma$。而Ti－48Al－3Nb－2Ta的凝固路径$L \rightarrow L+\beta \rightarrow L+\beta+\alpha \rightarrow \alpha+\beta \rightarrow \alpha+\gamma+\beta \rightarrow \alpha_2+\gamma+B2$。

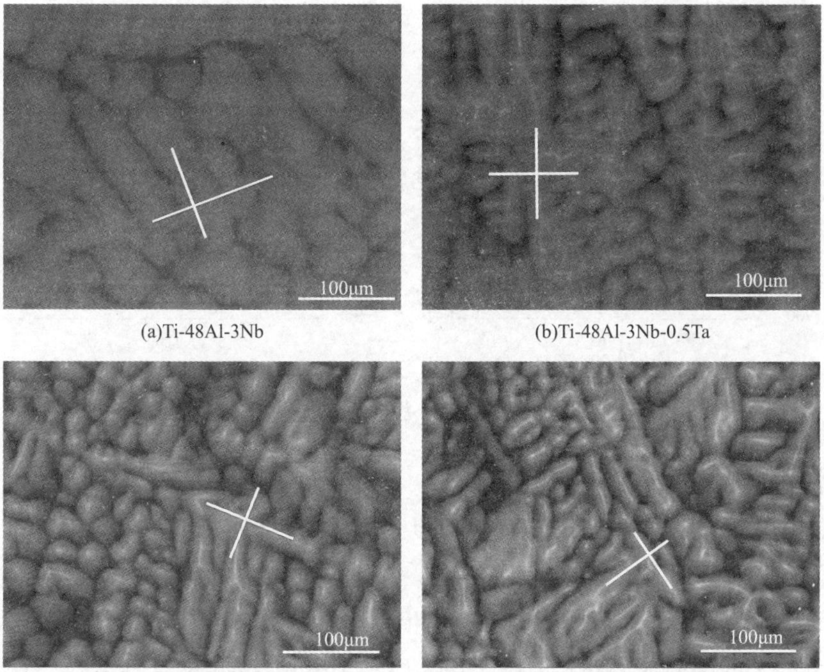

(a)Ti-48Al-3Nb　(b)Ti-48Al-3Nb-0.5Ta

(c)Ti-48Al-3Nb-1Ta　(d)Ti-48Al-3Nb-2Ta

图7－11　空冷 Ti－48Al－3Nb－xTa 合金 SEM－BSE 凝固组织

这些观察为凝固过程提供了明显的证据：在凝固过程中，初生 β 枝晶首先在液相中析出，在到达包晶点之后，初生 β 枝晶骨架被 α 晶粒包围，发生 L＋β→α 包晶反应，因而此时合金进入 L＋β＋α 相区，包晶反应需要 α 晶粒在 L/β 界面处形核并且生长。对于 Ti－48Al－3Nb 合金，其初生 β 枝晶的数量要少于 Ti－48Al－3Nb－2Ta 合金，并且在冷却速率较快的情况下，Ti－48Al－3Nb 合金中的 β 枝晶可以完全被 α 晶粒包裹，而 Ti－48Al－3Nb－2Ta 合金由于初生 β 枝晶数量多，并且重元素 Ta 会阻碍枝晶间 α 界面向 β 相界面的迁移，因而在枝晶间会残余大量的室温 B2 相。Ta 除影响凝固路径外，还会显著改变 TiAl 合金相区间温度，对于 Ti－48Al－3Nb 合金，在 1365℃时合金处于 α 相单相区最低端，而Ti－48Al－3Nb－2Ta 合金在 1425℃时处于 α 相单相区最低端，说明 Ta 元素提高了 TiAl 合金 α＋γ 两相区温度，使 $\alpha \to \gamma_L$ 转变温度上移。因此 Ta 能缩短合金在 α 相单相区所停留的时间，从而抑制 α 相片层团的进一步长大，进而细化 TiAl 合金的片层团。Nb 和 Ta 元素的加入会使凝固过程向亚包晶凝固方向偏移，并且 Ta 是比 Nb 更强的 β 稳定化元素，因而 Ta 的加入使合金偏移程度更高。

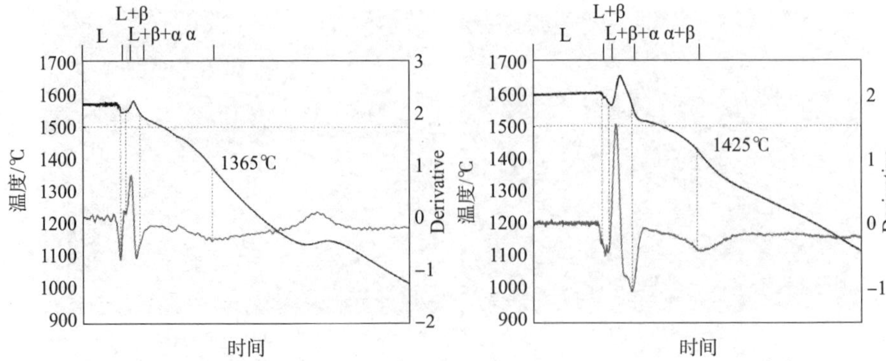

(a)Ti-48Al-3Nb合金 (b)Ti-48Al-3Nb-2Ta合金

图 7－12 合金凝固冷却曲线及其一阶导函数

本文的研究对象为 Ti－48Al－3Nb－xTa 四元合金，由于没有这四元的热力学参数，Nb 和 Ta 对凝固组织的影响相似，都是 β 相稳定元素，Nb 和 Ta 的 Al 当量都是＋0.3，因而可以参考 Ti－Al－Nb 三元合金相图。通过将 Ti－Al－Nb 三元相图简化为不同 Nb 含量下 Ti－Al 二元相图，这样就可以更为简便地分析 Ti－Al－Nb 三元合金的平衡凝固路径。图 7－13 所示为采用 Thermo－Calc 计算所得 Ti－Al－xNb(x＝2，4)合金变温界面投影图。与二元 Ti－Al 合金的相图相比，可发现以下两点不同：首先，随着 Nb 含量的增加，β 单相区和 L＋β 相区向 Al 含量较高的一侧移动，并且 α 单相区逐渐减小，使得 α 单相区最低端温度提高；其次，随着 Nb 含量的增加，合金由过包晶凝固逐渐向亚包晶方向移动，使 $\alpha\rightarrow\gamma_L$ 转变温度上移。另外，当 Nb 含量增加到 4%（原子分数）时，合金仍处于过包晶凝固范围，但是在包晶点稍微偏右，相图中 α 相区变窄，同时 L＋β 相区增大。因此计算所得的相图很好地吻合上述实验现象，其中实验获得 Ti－48Al－3Nb－2Ta 的 α 单相区最低端的温度增加程度要大于计算所得的 Ti－Al－4Nb 合金。

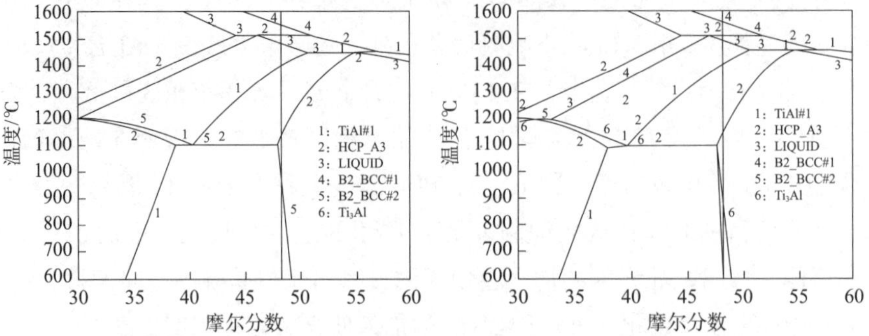

(a) Ti-Al-2Nb (b)Ti-Al-4Nb

图 7－13 Ti－Al－xNb(x＝2，4)三元合金系的变温界面图

除采用 Thermo-Calc 计算所得 Ti-Al-xNb(x=2，4)合金变温界面投影图以获得合金凝固路径外，还采用 Al 当量(Al-equivalent)的概念来分析合金的凝固行为，定量地估计 α/β 液相线的变化。根据合金元素的不同(β 相稳定元素和 α 相稳定元素)，Al 当量有正值和负值。结合图 7-14 中相图，β 相稳定元素使得二元 Ti-Al 相图向高温高 Al 方向偏移，能够扩大 β 相区间，而同时缩小 α 相区，由于 Nb 和 Ta 是 β 相稳定元素，可以将 Ta 和 Nb 的量等价为 Al 含量，即 Al 当量：

$$C'_{\mathrm{i}} = C_{\mathrm{i}}/(100 - C_{\mathrm{x}})(i = \mathrm{Ti} \text{ 或 Al},\ \mathrm{x} = \mathrm{Nb} + \mathrm{Ta} + \cdots)$$

$$C''_{\mathrm{Al}} = C_{\mathrm{Al}} - (a \cdot X_{\mathrm{Al-eq}} + b \cdot Y_{\mathrm{Al-eq}} + c \cdot Z_{\mathrm{Al-eq}}) \tag{7-2}$$

式中，C'_{i}为 TiAl 合金去除添加的合金元素后 Ti 或 Al 的原子分数含量；C_{i} 为 TiAl 合金中 Ti 或 Al 的原子比；C_{x} 为添加的其他合金元素的原子比；a、b 和 c 对应的是 X、Y 和 Z 元素在多元 TiAl 合金中具有的成分；C''_{Al}为 Al 当量，C_{Al}是 TiAl 合金中实际上含有 Al 的原子比；$X_{\mathrm{Al-eq}}$、$Y_{\mathrm{Al-eq}}$和 $Z_{\mathrm{Al-eq}}$为不同合金元素等价的 Al 当量，其中当 Nb 含量小于 3%(原子分数)时，Nb 的 Al 当量为 +0.3；Ta 的 Al 当量为 +0.3。代入式(7-2)，计算得出：

$$C'_{\mathrm{i}} = \frac{48}{100-4} = 50\%\ ;\ C''_{\mathrm{Al}} = 50\% - (3 \times 0.3)\% - (1 \times 0.3)\% = 48.8\%$$

结果表明，Ti-48Al-3Nb-xTa 合金 β/α 相的转变点的 Al 当量分别为 48.58%、48.69%、48.80% 和 49.03%(表 7-1)。TiAl 合金根据 Al 含量的不同，一般具有三种凝固方式：单一 β 相凝固 TiAl 合金、亚包晶凝固 TiAl 合金和过包晶凝固 TiAl 合金。不同的凝固类型随着 Al 含量的变化可具体划分为：Al 含量小于 44.3%(原子分数)(β 相最大固溶度点)时为单一 β 相凝固；Al 含量在 44.3%~47.3%(原子分数)(包晶点的 Al 含量)时为亚包晶凝固；Al 当量在 47.3%~49.3%(原子分数)(α 相最大固溶度点)时为过包晶凝固。因此，Al 当量的计算结果表明，在近平衡凝固的条件下 Ti-48Al-3Nb-xTa 合金都处于过包晶凝固范围。同时，这与 Ti-Al-xNb(x=2，4)三元合金系的变温界面图计算结果也相一致。综上所述，对于空冷条件下凝固的 Ti-48Al-3Nb-xTa 合金在凝固过程中初生相都为 β 相，在平衡凝固条件下会经过 L+β→L+α 的转变，但是由于凝固速率较快，β 相来不及完全转变成 α 相就进入 α 单相区范围。并且 L+β 相区间随着 β 相稳定元素的加入而逐渐扩大，故而残余 B2 相随着 Ta 含量的增加而逐渐增多。

表7-1 Ti-48Al-3Nb-xTa合金Al当量的计算 (%)

Ti-48Al-3Nb-xTa合金	Al当量
Ti-48Al-3Nb	48.58
Ti-48Al-3Nb-0.5Ta	48.69
Ti-48Al-3Nb-1Ta	48.80
Ti-48Al-3Nb-2Ta	49.03

当凝固速率降低至15℃/min时，Ti-48Al-3Nb-xTa合金凝固组织如图7-14所示。可以发现，Ti-48Al-3Nb合金凝固组织转变为典型的过包晶凝固特征，其一次枝晶干与二次枝晶臂成约60°夹角，并且枝晶干中没有残余B2相，这是因为在L+β→L+α过程中，由于冷速较慢形成了完全的α树枝晶及残余液相，且α具有六方hcp结构，故而其树枝晶具有花瓣结构。而Ti-48Al-3Nb-0.5Ta、Ti-48Al-3Nb-1Ta和Ti-48Al-3Nb-2Ta合金则为典型的亚包晶凝固组织，并且随着Ta含量的增加，90°的树枝晶枝干内白色B2相逐渐增多。其凝固路径和空冷时一致为：$L \rightarrow L+\beta \rightarrow L+\beta+\alpha \rightarrow \alpha+\beta \rightarrow \alpha+\gamma+\beta \rightarrow \alpha_2+\gamma+B2$。可以看到，虽然这三种合金具有相同的凝固路径，但是随着凝固速率的降低，树枝晶发生了明显粗化，枝晶间距增大。

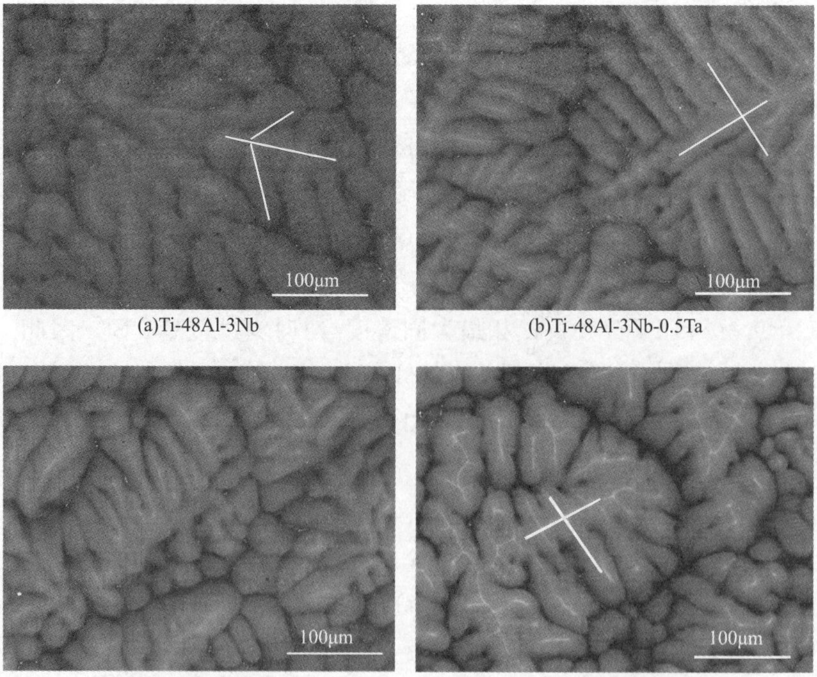

(a)Ti-48Al-3Nb (b)Ti-48Al-3Nb-0.5Ta

(c)Ti-48Al-3Nb-1Ta (d)Ti-48Al-3Nb-2Ta

图7-14 凝固速率为15℃/min条件下Ti-48Al-3Nb-xTa合金SEM-BSE凝固组织

随着凝固速率继续降低至5℃/min时，合金凝固组织如图7－15所示。四种合金均呈现出典型的过包晶凝固特征，一次枝晶臂与二次枝晶臂之间成约60°夹角，具有六重对称结构，并且枝晶干中观察不到B2相。因此在过包晶凝固过程中，包晶α相包裹初生β相形核，使得β相逐渐溶解，包晶α相长大。β枝晶会被α枝晶完全覆盖，L＋β→L＋α反应能够充分发生，所以凝固组织中不会出现B2相。因此除了枝晶形貌，枝晶干是否有白亮B2相的析出也是判断凝固方式的重要标准。

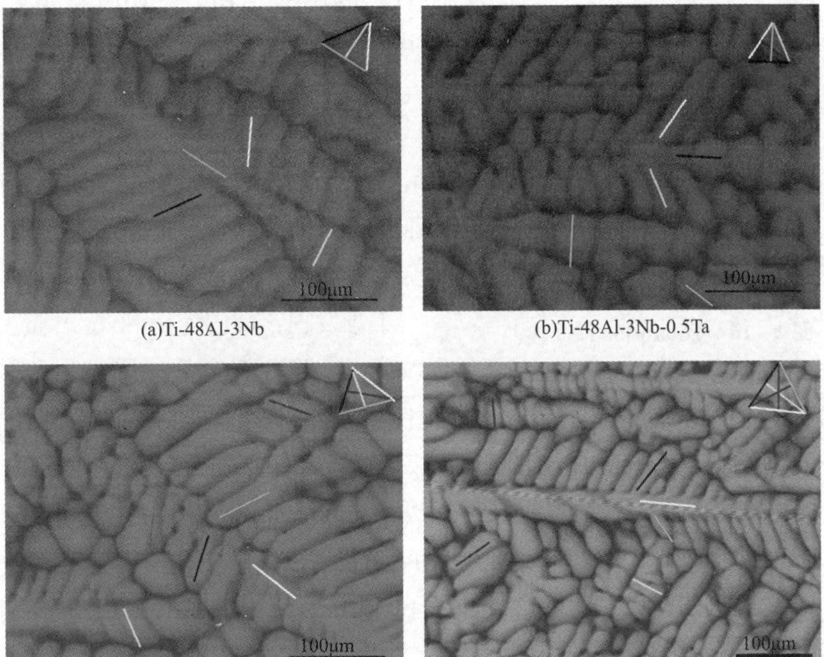

(a)Ti-48Al-3Nb (b)Ti-48Al-3Nb-0.5Ta

(c)Ti-48Al-3Nb-1Ta (d)Ti-48Al-3Nb-2Ta

图7－15 凝固速率为5℃/min条件下Ti－48Al－3Nb－xTa合金SEM－BSE凝固组织

包晶反应的发生主要是由于初生β相的生长使得Al在剩余液相中富集，当Al含量升高到满足包晶α相形核条件时，包晶α相依附于初生β相上形核从而发生包晶反应。结果表明，随着凝固速率的降低，将会促进包晶反应进行，而凝固速率的增加能够促进B2相的析出。从图7－14及图7－15可以看出，较低凝固速率可以获得完全的α包晶，故而随着凝固速率的降低，合金的包晶反应能够完全进行，即发生L＋β→L＋α转变，枝晶干内B2相也随之消失。因此上述含Ta合金(x≤2时)在平衡凝固条件下都是过包晶凝固合金。

在发生L＋β→L＋α转变过程中，α相依附β相形核长大，形核时两者遵循

Burgers 位向关系：

$$(0001)_{\alpha}//\{110\}_{\beta},\ <11-20>_{\alpha}//<1-11>_{\beta}$$

由于β相是 bcc 结构，具有6个等价的{110}面，因此从β相中能够析出12个α相变体。研究发现，β相6个等价{110}面三维取向关系可用 Thompson 四面体描述，四面体$(1\bar{1}1)$基面上的投影图可用等边三角形来表示，如图7－16所示。等边三角形的三个边$[\bar{1}01]$、$[011]$和$[\bar{1}\bar{1}0]$分别代表β相的(101)、$(0\bar{1}\bar{1})$和$(\bar{1}10)$面，三个边的中线$[\bar{1}12]$、$[121]$和$[\bar{2}\bar{1}1]$分别代表(110)、$(\bar{1}01)$和$(0\bar{1}\bar{1})$面。当凝固速率为5℃/min时，不难发现树枝晶的生长方向特征与图7－15相似，都沿着等边三角形方向生长，尤其是在 Ti－48Al－3Nb－2Ta 合金[图7－15(d)]中发现了全部6种α相变体，进一步证明了枝晶干的初生相为β相，而不是α相。

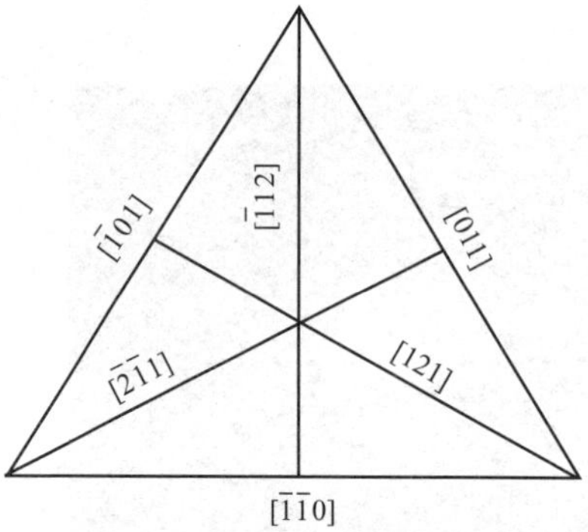

图7－16　Thompson 四面体在$(1\bar{1}1)$基面上的二维投影图

不难发现，凝固速率和 Ta 含量变化可以改变γ－TiAl 合金的凝固过程和微观组织。凝固速率的增加促进了 TiAl 合金相图中包晶反应的发生向低 Al 方向偏移，使得过包晶凝固合金具有亚包晶反应的凝固的特征。这是因为较高的凝固速率使得溶质扩散能力降低，使得包晶反应无法完全进行，从而使β相保留至室温。并且β相稳定元素 Ta 由于具有比 Nb 更小的扩散系数，因而其偏析程度要高于 Nb 元素，从而进一步扩大了 TiAl 合金中 L+β相区，使得 TiAl 合金相图中 L+β相区也向低 Al 方向移动。可以看出，Ta 含量及凝固速率的增加对 TiAl 合金的凝固过程具有相同的作用，能同时促进多相组织α_2/γ片层和 B2 相的形成，从而造成了 TiAl 合金较为复杂的凝固过程。因此为获得更高使用温度的 TiAl－Ta 合金，应采用较低的 Ta 含量的 TiAl 合金及较慢的凝固速率，从而避免大量脆性残余 B2 相的保留及成分偏析现象，获得分布均匀、偏析程度较低、热裂倾向小的良好组织。

随着凝固速率从5℃/min 增加到15℃/min，Ti－48A－3Nb－1Ta 合金凝固组织从四重对称结构转变为六重对称结构，然而片层间距未发生明显变化，如图7－17所示。这说明树枝晶的形貌并不会影响片层的粗细，因此 TiAl 合金无论以何种方式凝固，只要固态相变过程不变，将不会改变片层的形貌。对片层结构影响较大的因素则为固态相变速率和合金成分。这也进一步说明枝晶形貌的差异是凝固过程造成的，而非固态相变。

(a)5℃/min

(b)15℃/min

图7－17　Ti－48Al－3Nb－1Ta合金在凝固速率不同时片层间距

7.3　Ta含量对Ti－48Al－3Nb－xTa合金均匀性的影响

由上两节对凝固路径的分析可知，随着Ta含量的增加，Ti－48Al－3Nb－xTa合金铸态组织随着凝固速率的降低，凝固枝晶从90°夹角的四重对称结构转变为60°夹角的六重对称结构。同时，无论生成何种形貌枝晶，枝晶干与枝晶间都存在不同程度的偏析现象。并且，Ta含量的增加和凝固速率的变化会极大程度影响TiAl合金的凝固和相变过程，形成复杂的多相组织，复杂组织的形成与溶质偏析情况密切相关。

表7－2所示为Ti－48Al－3Nb和Ti－48Al－3Nb－2Ta合金不同凝固速率下溶质元素的分布特征。结合微观组织形貌观察，发现空冷条件下Ti－48Al－3Nb和Ti－48Al－3Nb－2Ta合金的初生β相树枝晶从液相中析出后，使得枝晶干内富Ta和Nb贫Al，在枝晶间富Al贫Nb和Ta，其中由于Ta的分配系数要高于Nb，因此Ta的偏析程度要大于Nb元素。对于Ti－48Al－3Nb－2Ta合金，初生β相中Ta含量高达4.46%（原子分数），枝晶间Al的含量为54.45%（原子分数）。Ti－48Al－3Nb－2Ta合金枝晶干内存在β偏析，其枝晶干内能观察到明显的白色B2相。这些溶质偏析在凝固过程中发生，因此枝晶间存在S型偏析，枝晶干存在β偏析。溶质偏析是由溶质元素的分配系数决定的。初生β相为贫Al相，在生长过程中，向枝晶间残余液相中排出溶质Al，同时在枝晶干即β相内富Ta和Nb。

表7-2 Ti-48Al-3Nb和Ti-48Al-3Nb-2Ta合金不同凝固速率和不同显微组织处成分分布(原子分数/%)

合金	凝固速率	区域	Al	Ti	Nb	Ta
Ti-48Al-3Nb	空冷	枝晶内	48.69	47.9	3.49	0
		枝晶间	51.88	45.52	2.7	0
		偏析系数	**0.94**	**1.05**	**1.29**	**0**
Ti-48Al-3Nb	5℃/min	枝晶内	46.80	49.51	3.69	0
		枝晶间	49.54	47.63	2.83	0
		偏析系数	**0.95**	**1.04**	**1.30**	**0**
Ti-48Al-3Nb-2Ta	空冷	枝晶内	44.56	45.78	5.2	4.46
		枝晶间	54.45	42.74	2.04	0.78
		偏析系数	**0.81**	**1.07**	**2.54**	**5.72**
Ti-48Al-3Nb-2Ta	5℃/min	枝晶内	47.35	47.55	2.86	2.23
		枝晶间	53.3	43.96	1.96	0.78
		偏析系数	**0.89**	**1.08**	**1.45**	**2.86**

偏析系数 k 定义为枝晶干元素的平均成分与枝晶间元素的平均成分之比。由表7-2可以看出，随着合金中Ta含量的增加，Al元素的偏析系数逐渐减小，Nb和Ti元素的偏析系数逐渐增加。从计算结果可知，Ti、Nb和Ta的偏析系数大于1，而Al元素的偏析系数小于1。由于Nb元素的分配系数为1.154，而Al元素的分配系数为0.923，说明Al元素通常富集于枝晶间的γ相中，而Nb、Ti和Ta通常富集于枝晶干中。

另外，通过空冷凝固和5℃/min的凝固速率下枝晶干和枝晶间的成分对比可以发现，随着凝固速率的降低，虽然枝晶形貌发生了变化，合金的偏析程度整体呈下降趋势。由于枝晶尖端溶质浓度受成分过冷度和界面能的共同影响，凝固速率的增加会加剧成分过冷，使凝固过程中溶质在更低温度下扩散能力下降，增加界面处溶质富集程度。换句话说，这是因为在低速凝固条件下，稳态β相因界面温度高于亚稳的α相生长的α界面温度，其形核过冷度较小而成为领先相并且优先生长，使包晶α相能够充分依附于初生β相形核并长大。即包晶反应L+β→α发生时，包晶α相不断长大过程中初生β相逐渐溶解，在该过程中，包晶α相的长大将β相与液相隔离，Al含量较高的包晶α相进一步长大或β相逐渐溶解都需要溶质在液相与初生相之间不断扩散。凝固速率较慢时，包晶反应能够完全进行，初生β相将会完全转变为包晶α相，由于Ti-48Al合金处在过包晶凝固范围，因而在接近平衡冷却条件下，包晶反应发生完全后，仍有残余液相在包晶 α 相枝晶间，该残余液相因而富含 Al，而贫 Nb 和 Ta。随着凝固速率的增加，其形核过冷度较大，L + β→α 包晶反应不完全，Ta 和 Nb 元素分配系数较高，很难充分从 β 相中扩散到包晶 α 相中，并且 α 相的溶质分配系数总是大于稳态 β 相的溶质分配系数，α 相在凝固过程中排出来的溶质含量相对较少，而初生 β 相很难完全溶解。故而使得室温下仍有残余 B2 相。同时，结合 EDS 成分测试结果，可以推断随着凝固速率的降低，初生 β 相的数量逐渐减小，α 相的数量逐渐增加。因此，Ti－48Al－3Nb 和 Ti－48Al－3Nb－2Ta 合金随着凝固速率的增加，偏析程度会逐渐增加。

参考文献

[1] PORTER D A，EASTERLING K E，SHERIF M. Phase Transformations in Metals and Alloys [M]. CRC press，2009：215－232.

[2] KIM S W，WANG P，OH M H，et al. Mechanical properties of Si－and C－doped directionally solidified TiAl－Nb alloys[J]. Intermetallics，2004，12(5)：499－509.

[3] JOHN D H St，HOGAN L M. A simple prediction of the rate of the peritectic transformation[J]. Acta Metallurgica. 1987，35(1)：171－174.

[4] ZHANG H，TANG X，ZHOU C，et al. Comparison of directional solidification of γ－TiAl alloys in conventional Al_2O_3 and novel Y_2O_3－coated Al_2O_3 crucibles[J]. Journal of the European Ceramic Society. 2013，33(5)：925－934.

[5] ZOLLINGER J，WITUSIEWICV V，DREVERMANN A，et al. Solidification of high Nb containing TiAl based alloys[J]. International Journal of Cast Metals Research，2009，22(1/2/3/4)：339－342.

8 Ta 对 TiAl 合金块状组织及片层的影响规律

近年来，关于 TiAl 合金的研究主要集中在显微组织转变对其力学性能的影响。目前对于 γ_m 相的形成过程还存在一些争论，一些研究认为块状转变是无成分变化且界面控制的扩散型相变，它具有不规则的形貌和大量的小平面和台阶；而另一些研究认为块状组织通常形成于从高温 α 单相区快速冷却过程，在 α/γ 相的界面处存在短程原子跳跃。另外，冷却速率可以控制块状组织初始晶核的萌生，形核后的块状组织生长迅速。因此，块状转变是一个具有时间效应的现象。通常认为 γ_m 相的形核主要发生在异质形核质点：晶界处或者缺陷处。γ_m 晶核在 α/α 晶界处形核，并且与它相邻的 α 晶粒符合特定的取向关系：$\{111\}\gamma//(0001)\alpha_2$ 和 $[110]\gamma//<11\bar{2}0>\alpha_2$，即 BOR 位向关系，说明 γ_m 相的形核取向与 γ 片层一致。Dey 等采用 EBSD 技术研究 γ_m 晶核在 α/α 晶界处异质形核行为时发现，并不是所有的 γ_m 晶核都是在 α/α 晶界处形核，γ_m 可在 α 晶粒内部形核。Sankaran 等发现无论 γ_m 相以何种方式形核，其生长总是沿着初始晶核的{111}孪晶面生长，在生长过程中会发生变体选择现象。从而每一个 γ_m 相区域被分割成具有不同取向的亚晶粒。

γ_m 相析出的临界冷却速率会随着 Nb、Ta 等慢扩散元素的加入而逐渐降低。Ta 比 Nb 更能促进 γ_m 相的析出，当 Ta 含量达到 8%(原子分数)时，在空冷条件下即可获得全部的 γ_m 相形貌。

8.1 Ta 对 TiAl 合金块状组织析出的影响规律

8.1.1 Ta 对铸态 Ti－48Al－3Nb－xTa 合金块状组织影响

从图 8－1 铸态(电弧熔炼)Ti－48Al－3Nb－1Ta 和 Ti－48Al－3Nb－2Ta 合金 SEM－BSE 形貌中可以观察到明显的树枝晶形貌，以及 α_2/γ 片层和不同取向的片层团，具体凝固路径可参见第7章。同时，在片层团之间能观察到亚稳的块状组织 γ_m 相，γ_m 相存在于片层团的界面处。在 Ti－48Al－3Nb－1Ta 和 Ti－48Al－3Nb－2Ta 合金中 γ_m 相的体积分数在4%～6%，尺寸为30～40μm。此外，发现片层会穿过 γ_m 相边界生长，从而使无规则的 γ_m 相边界平行于片层方向。采用 TEM 观察 γ_m 相内部结构，如图8－2所示，发现无论在 Ti－48Al－3Nb－1Ta 还是 Ti－48Al－3Nb－2Ta 合金中，γ_m 相内存在大量缺陷，其中包括在(211)面上存在于[$\bar{1}\bar{1}3$]方向的平行位错、存在于[$0\bar{2}2$]方向的位错墙[图8－2(a)]及在(110)面上观察到的位错缠结[图8－2(b)]，并且这些缺陷在 γ_m 相内分布不均匀。在 γ_m 相内缺陷的类型主要是1/2＜101]单位位错、1/6＜121]肖克莱不全位错及＜101]全位错等。

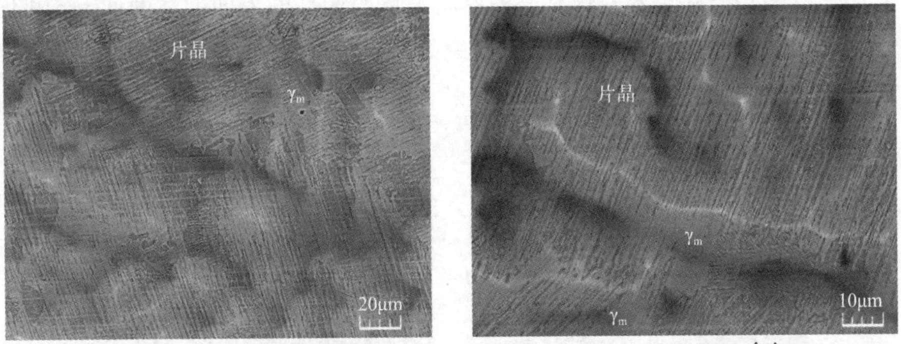

(a)Ti-48Al-3Nb-1Ta　　(b)Ti-48Al-3Nb-2Ta合金

图8－1　凝固组织中 γ_m 相 SEM－BSE 形貌

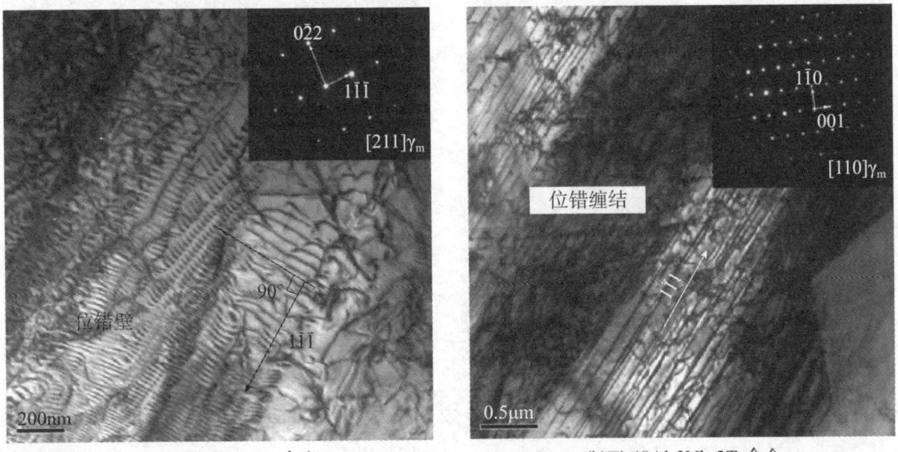

(a)Ti-48Al-3Nb-1Ta合金　　(b)Ti-48Al-3Nb-2Ta合金

图8－2　γ_m 相的 TEM 形貌

由于跟 γ 相具有相同的原子结构，γ_m 相同样存在六种变体，其中三种变体具有相同的堆垛顺序…ABCABC…，另三种变体具有…ACBACB…堆垛顺序。因此，γ_m 相的六种变体之间存在三种界面关系，即真孪晶、伪孪晶和 120°旋转界面。图 8-3 所示为 γ_m 相 TEM 形貌图。可以看到在 γ_m 相边界处 γ 片层穿过其生长，根据图 8-3(b)中电子衍射斑点可以确定$[11\bar{2}]\gamma_m//[\bar{2}11]\gamma_{lamellae}$，即 γ 片层与 γ_m 相呈 120°旋转界面关系，因此 γ 片层与 γ_m 相在界面处具有相同的晶格参数，但是不同的排列方式，它们都具有…ABCABC…堆垛顺序。扩散控制的 γ 片层与无扩散控制的 γ_m 相都能从 α 相晶界处以 BOR 的位向关系形核，因此当冷却速率一定时，γ 片层和 γ_m 相能同时形核，由于 γ_m 相的形成不需要原子之间的扩散，因而 γ_m 相生长速度要快于 γ 片层，从而片层能够穿过已经析出 γ_m 相的边界处生长。并且 120°旋转界面具有三种界面关系中最高的界面能，因而 γ_m 相不可能作为 γ 片层的形核质点。Zghal 等研究发现，由于相同变体之间存在排斥力，具有相同位向关系的初始 γ 片层的晶核从 α 相晶界处不同地点形核，最终导致在生长过程中穿过 γ_m 相。

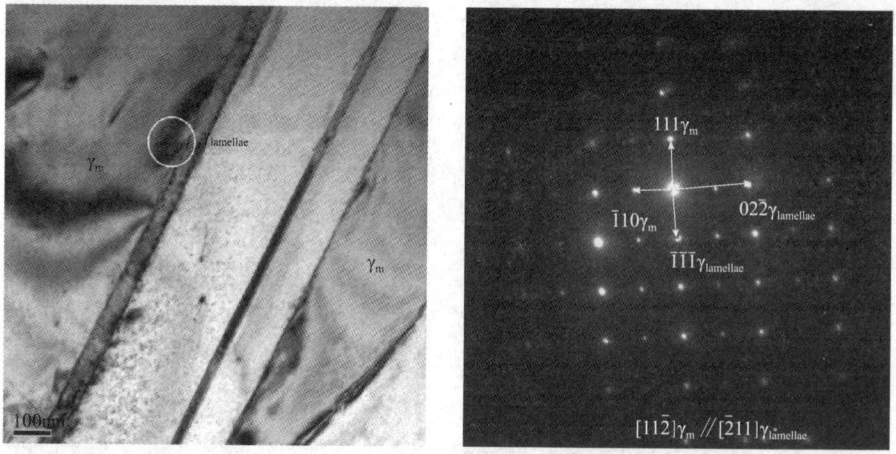

(a)γ片层TEM形貌　　(b)图(a)圆圈内组织电子衍射斑点

图 8-3　Ti-48Al-3Nb-1Ta 合金 γ_m 相 TEM 形貌图

此外，γ_m 相内除具有大量的缺陷外，还发现 γ_m 相内形成了两种不同类型的 γ 板条。第一种 γ 板条在本章中称为 γ_1，如图 8-4(a)所示，γ_1 单独存在于 γ_m 相内部。根据其电子衍射斑点可知，γ_1 板条与 γ_m 相呈 180°旋转位向关系，即真孪晶关系，其中$[0\bar{1}1]\gamma_m//[01\bar{1}]\gamma_1$，堆垛顺序由…ABCABC…转变成了…ACBACB…，并且真孪晶在上述所有三种可能存在的界面中具有最低的界面能。第二种板条称为 γ_2，如图 8-5(a)所示，可以发现 γ_2 板条依附于 γ 片层生长。

根据其电子衍射斑点可以确定：$[0\bar{1}1]\gamma_2$//$[01\bar{1}]\gamma_{lamellae}$//$[1\bar{1}0]\gamma_m$，即 γ_2 与 γ 片层呈真孪晶关系，而 γ_2 板条与 γ_m 相呈60°旋转位向关系，即伪孪晶关系。同时，γ 片层与 γ_m 相呈120°旋转位向关系。γ_2 与 γ_m 相界面处原子形貌如图 8 -5(d)所示，这两相沿着各自的密排面{111}相互平行，堆垛顺序发生了改变，并且界面处存在类型不同的位错。根据上述取向关系，可以获得$[0\bar{1}1]\gamma_2$//$[01\bar{1}]\gamma_{lamellae}$//$[1\bar{1}0]\gamma_m$ 三个相的具体原子排列方式，如图 8 -5(g)所示。由于 γ 相具有 $L1_0$ 结构，原子间距沿$[1\bar{1}0]$和$[0\bar{1}1]$方向不完全相同，因而其界面处需要错配来降低由原子间距不同导致的错配。根据图 8 -5(d)中对原子间距的测量可得(002)晶面的面间距为0.202nm，然而(200)晶面的面间距为0.198nm，错配度为1.5%。

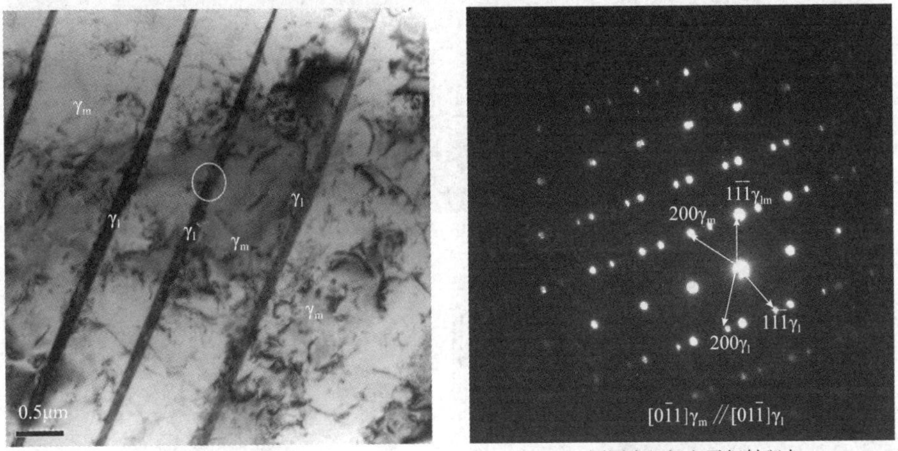

(a)γ_l板条TEM形貌　　(b)圆圈内组织电子衍射斑点

图 8 -4　Ti -48Al -3Nb -1Ta 合金 γ_m 相 TEM 形貌图

对于 Ti -48Al 二元合金，由于没有慢扩散元素的添加，在空冷条件下易于形成由扩散控制的全片层组织，而经过快速冷却后在片层组织中会形成无扩散的块状 γ_m 相。对于 Ti -48Al -3Nb -1Ta 合金，慢扩散元素 Nb 和 Ta 的添加会使 TiAl 合金在空冷的条件下即可形成块状 γ_m 相。Saage 等研究发现，在 TiAl 合金中添加 8%(原子分数)的 Ta 在从 α 单相区空冷条件下即可形成 100% 的 γ_m 相，本研究中 1% ~2%(原子分数)的 Ta 的添加能够促进部分 γ_m 相在水冷铜坩埚凝固条件下析出。同时，γ_m 相内存在大量的位错等缺陷会增加 γ_m 相的热力学不稳定性，当该不稳定性达到新相析出点时，会促进一些细小的 γ 板条沿着密排面{111}析出。另外，由表 8 -1 能谱结果可知，在 γ_1 和 γ_2 板条内 Al 含量要高于 γ_m 相，而 Nb 和 Ta 在 γ_m 相内的含量要高于 γ_1 和 γ_2 板条。可见，Nb 和 Ta 能降低 TiAl 合金的层错能，从而提高位错的可移动性，导致位错易于开动从而形成孪晶。因此，γ_1 和 γ_2 板条具有足够的驱动力在块状 γ_m 相内以能量最低的方式析出，即形成具有真孪晶关系的 γ 板条，从而降低由缺陷产生的内应力。

表 8－1　Ti－48Al－3Nb－1Ta 合金 EDX 成分分析　（原子分数）/%

	Al	Ti	Nb	Ta
γ_m	49.98	44.65	4.29	1.08
γ_1［图 4－4(a)］	53.06	43.75	2.67	0.52
γ_2［图 4－5(a)］	53.43	43.39	2.46	0.72

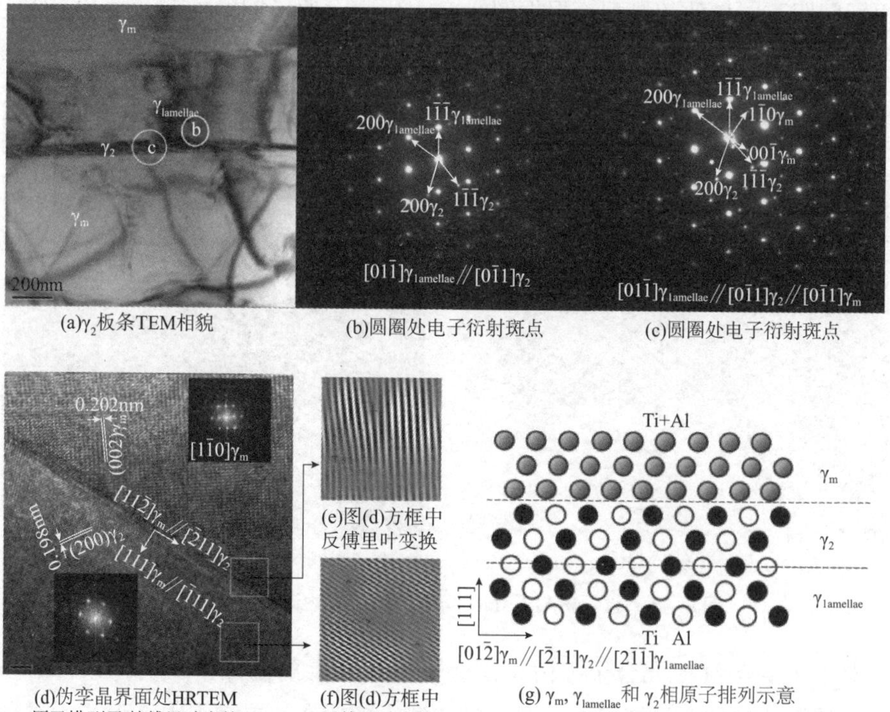

(a)γ_2板条TEM相貌　(b)圆圈处电子衍射斑点　(c)圆圈处电子衍射斑点

(d)伪孪晶界面处HRTEM原子排列及其傅里叶变换　(e)图(d)方框中反傅里叶变换　(f)图(d)方框中反傅里叶变换　(g) γ_m, $\gamma_{lamellae}$和 γ_2相原子排列示意

图 8－5　Ti－48Al－3Nb－1Ta 合金 γ_m 相中

8.1.2　Ta 对淬火条件下 Ti－48Al－3Nb－xTa 合金块状组织影响

8.1.1 节对凝固组织中块状 γ_m 相的形成进行了系统研究，发现 Ta 的添加使 TiAl 合金在凝固过程中即可形成少量 γ_m 相。本小节将通过从 α 单相区的等温淬火实验来进一步确定 γ_m 相的析出规律及 Ta 促进 γ_m 相的作用机制。采用受控热处理－淬火设备，分别将 Ti－48Al－3Nb－xTa［x＝0，0.5%，1.0%，2.0%（原

子分数)］四种合金加热至 α 单相区 1500℃保温 40min，充分消除凝固枝晶组织后直接淬火。淬火后 Ti－48Al－3Nb－xTa 合金光镜组织如图 8－6 所示。

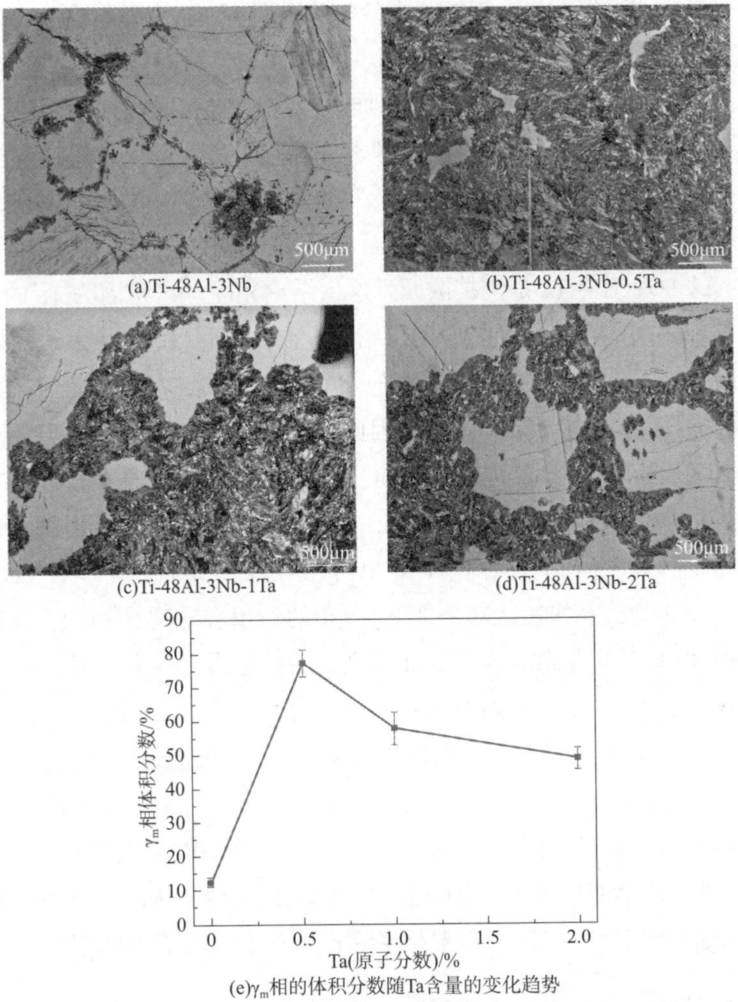

图 8－6　Ti－48Al－3Nb－xTa 合金 1500℃保温 40min 淬火后光镜组织形貌

由图 8－6 可以看到，淬火后 γ_m 相形貌与凝固过程中形成的 γ_m 相相比更具有独立性，周围只有残余的无规则 α_2 相，没有 α_2/γ 片层的析出对其形貌的影响。首先对于 Ti－48Al－3Nb 合金的淬火组织，可以发现在 α_2 相晶界处析出少量的 γ_m 相，体积分数约为 10.6%，如图 8－6(a)、(e)所示。当在 Ti－48Al－3Nb 合金中加入 0.5%(原子分数)Ta 后，合金淬火组织中析出了大量 γ_m 相，只有少量的残余 α_2 相分布在 γ_m 相之间，此时 γ_m 相体积分数达到 77.15%［图 8－6(b)、(e)］。随着 Ta 含量进一步增加至 1.0%(原子分数)时，淬火组织中仍出现了

大量 γ_m 相，但是其体积分数少于 Ti－48Al－3Nb－0.5Ta 合金，为 56.7%［图 8－6(c)、(e)］。当 Ta 含量达到 2.0%(原子分数)时，淬火组织中 γ_m 相的含量进一步减少，残余 α_2 相增多，γ_m 相的体积分数减少至 47.3%［图 8－6(d)、(e)］。

Wu 等研究发现对于 Ti－46Al－4Nb－4Ta 合金，当冷却速率足够快时(大于 350℃/s)，高温 α 相会被保留至室温从而形成完全的 α_2 组织。基于此，研究者分析认为 Ta 作为慢扩散元素在快速冷却条件下会阻止元素从 α 相到 γ 相的扩散，从而促进残余 α_2 相的形成，抑制块状转变的发生。然而，本研究中 0.5%(原子分数)Ta 元素的添加，在快冷条件下反而促进了 γ_m 相的析出，而抑制了残余 α_2 相的形成，这一现象与 Ta 是慢扩散元素这一结论相左。这是因为 Ta 的添加会降低 α 相与 γ 相之间的界面能及合金的层错能，同时微量［0.5%(原子分数)］的 Ta 元素不足以完全阻止 Al 和 Ti 原子在 α/γ 界面处的切变，从而促进 γ_m 相的析出，此时 Ta 降低界面能占主导影响因素。因此，TiAl 合金中 Ta 的含量对 γ_m 相的析出有重要影响。随着 Ta 含量进一步增加，从 1.0%(原子分数)增加至 2.0%(原子分数)时，γ_m 相的体积分数逐渐减小，残余 α_2 相的含量逐渐增加。说明随着 Ta 含量的增加，Ta 原子开始阻止 Ti 和 Al 原子在界面处的切变。当 Ta 含量增加至 4.0%～8.0% 时，在快速冷却条件下 γ_m 相的析出会被完全抑制，而保留高温 α_2 相，此时 Ta 作为慢扩散元素阻碍元素之间的扩散占主导影响因素。

Ti－48Al－3Nb－xTa 合金 XRD 衍射图谱如图 8－7 所示。可以看出，不同 Ta 含量的 Ti－48Al－3Nb－xTa 合金淬火组织均由 γ 相和 α_2 相组成，表明 γ_m 相和 γ 片层具有相同的晶体结构，如图 8－7(a)所示。选取 38°～40°的 XRD 衍射图谱进行对比，发现与 Ti－48Al－3Nb 合金相比，γ 相(111)面和 α_2 相(002)面的衍射峰向低角度偏移。这说明随着 Ta 含量的增大，晶格畸变造成晶格参数的增加，如图 8－7(b)所示。这一结论与凝固组织中 γ 相和 α_2 相晶格参数随着 Ta 含量的增加而增加相一致。

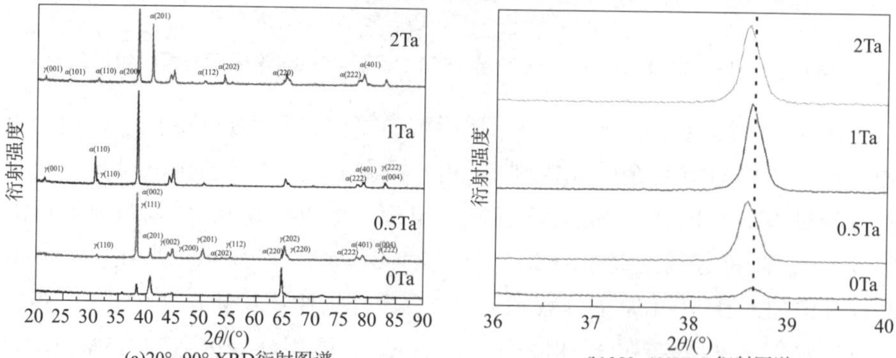

(a)20°~90° XRD衍射图谱　　(b)38°~40°XRD衍射图谱

图 8－7　Ti－48Al－3Nb－xTa 合金 XRD 衍射图谱

另外，采用EBSD技术观察Ti－48Al－3Nb、Ti－48Al－3Nb－0.5Ta合金中相的组成及其取向分布，如图8－8所示。虽然Ti－48Al－3Nb合金内只有少量的γ_m相，这些γ_m相均由大量γ亚晶粒构成。γ亚晶粒的形成是由于合金从高温α单相区快速冷却到室温时，γ_m晶核以BOR位向关系从α相晶界处形核后在生长过程中发生了沿着{111}密排面的变体选择过程，每进行一次变体选择，形成一个亚晶粒。对比图8－8(c)、(d)可以发现，当在合金中加入0.5%(原子分数)Ta后，除能够促进γ_m相的析出之外还能细化γ亚晶粒。此外，从kernel平均错配图(KAM)[见图8－8(e)、(f)]可以看到γ_m相内KAM值普遍高于α_2相，并且分布不均匀。这说明γ_m相内几何必须位错密度(GNDs)高于α_2相。由于γ_m相内存在大量缺陷如单位位错、层错及反相畴甚至γ板条等，因而γ_m相内GNDs值相对较高。

由于γ相6种变体中有的菊池带中各菊池线只差1.13°，现有的BESD分辨率不能完全辨别γ_m相的6个变体(TEM可以辨别所有6个变体)。而EBSD技术能够辨别孪晶相关的取向关系，其中包括真孪晶和伪孪晶。因此图8－8(e)、(f)中黑色实线代表60°大角度晶界，对应于真孪晶或伪孪晶界面。同时γ_m相中能观察到大量红色2°小角度晶界，由于合金在热处理过程中未引入外力，因此这些小角度晶界不是由变形所引起的晶格畸变。根据γ_m相的$L1_0$有序结构，可以推测这些小角度晶界可能是120°旋转界面或者反相畴界，即界面两侧处原子具有相同的原子排列但是不同的原子类型。对于Ti－48Al－3Nb和Ti－48Al－3Nb－0.5Ta合金超过80%的界面是孪晶相关的大角度晶界，而真孪晶界面相比于伪孪晶界面、120°旋转界面或者反相畴界面具有最低的界面能，因此这些孪晶相关界面很可能是真孪晶界面。另外，小角度晶界的数量会随着Ta元素的加入而大幅度提高，这意味着120°旋转界面或者反相畴界的数量随之增加。

随着Ta含量进一步增加到1%(原子分数)时，其EBSD反极图形貌如图8－9(a)所示。可以看到，γ_m相也是由大量γ亚晶粒构成的，并且亚晶粒的大小较Ti－48Al－3Nb－0.5Ta合金变化不大，在亚晶粒内部也存在孪晶相关的更细小的γ板条。同时，Ti－48Al－3Nb－1Ta合金KAM图中γ_m相内位错密度仍高于α_2相，并且含有大量孪晶相关晶界和小角度晶界。然而，Ti－48Al－3Nb－1Ta合金中γ_m相的GNDs值，即位错密度显著高于Ti－48Al－3Nb和Ti－48Al－3Nb－0.5Ta合金。进一步说明随着Ta含量的增加，Ta原子能够阻止α/γ界面处的切变，从而抑制γ_m相的析出，使γ_m相的位错密度增加。

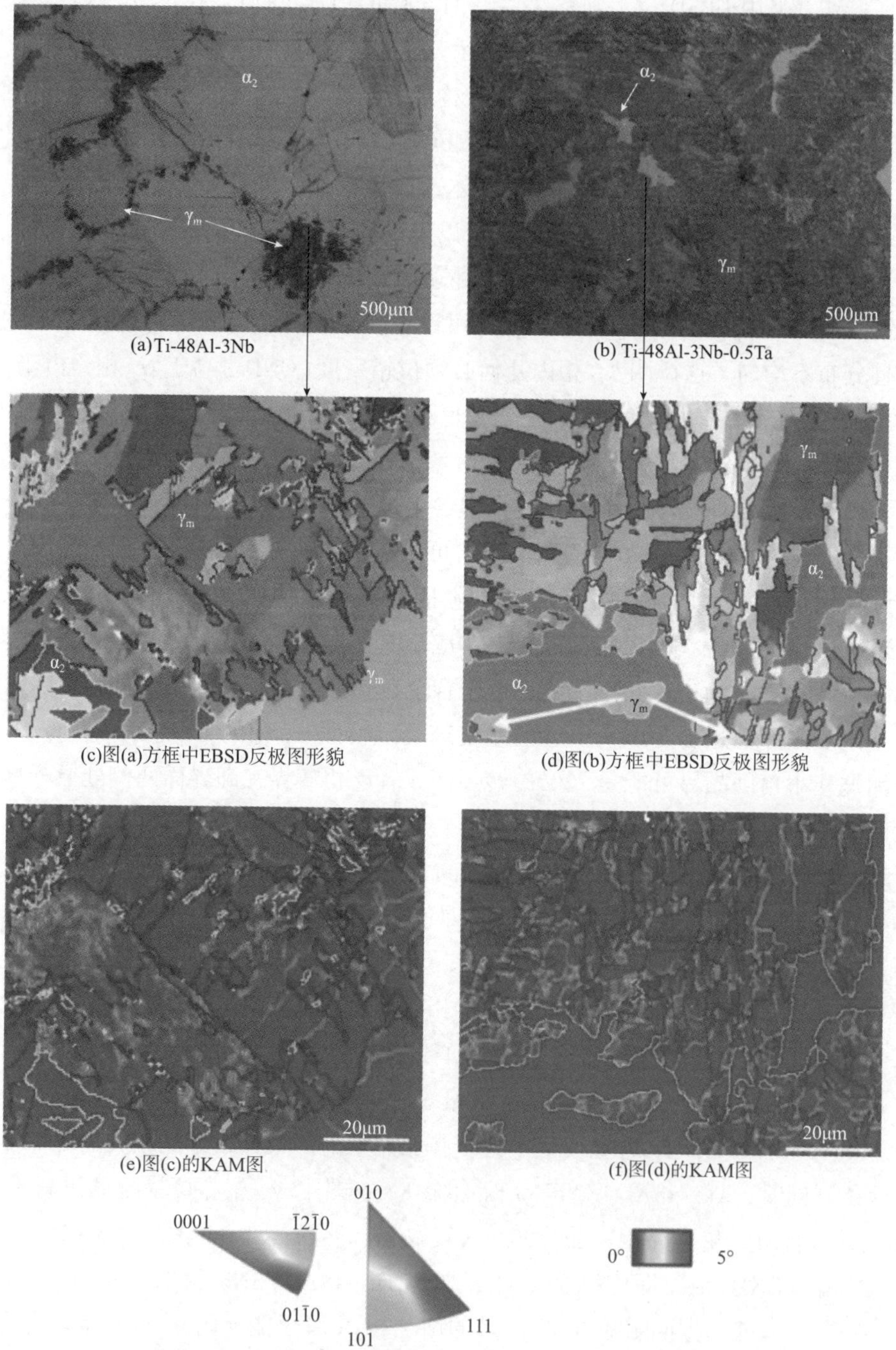

图 8-8　Ti-48Al-3Nb 和 Ti-48Al-3Nb-0.5Ta 合金 1500℃淬火后显微组织形貌、EBSD 反极图形貌和 KAM 图

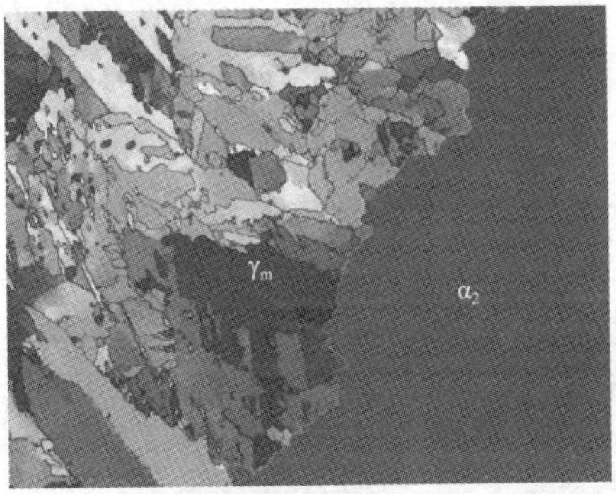

(a)EBSD反极图形貌

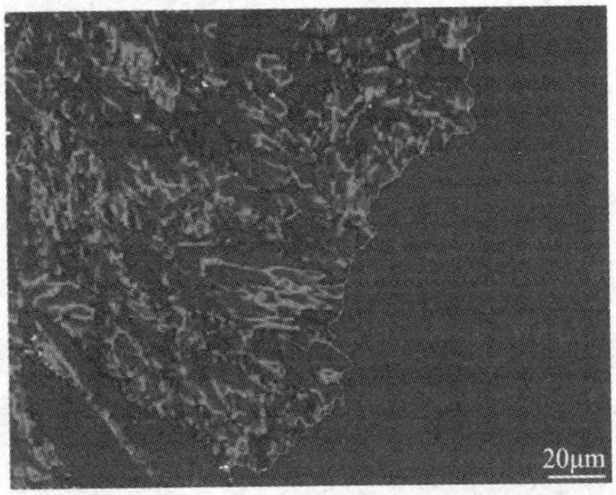

(b)图(a)的KAM图

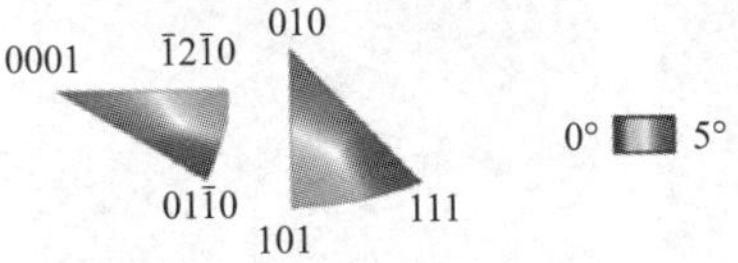

图 8 - 9　Ti - 48Al - 3Nb - 1Ta 合金 1500℃淬火 EBSD 反极图形貌和 KAM 图

图 8 - 10 所示为 Ti - 48Al - 3Nb、Ti - 48Al - 3Nb - 0.5Ta 和 Ti - 48Al - 3Nb - 1Ta 合金 1500℃淬火后 γ_m 相的 TEM 形貌。可以看到三种合金 γ_m 相内都存在大量的缺陷，并且结合电子衍射斑点在 Ti - 48Al - 3Nb - 0.5Ta 和 Ti - 48Al - 3Nb - 1Ta 合金中发现 γ_m 相内析出了真孪晶和 120°旋转界面。同时，采用 HRTEM 对 Ti - 48Al - 3Nb - 0.5Ta 合金 γ_m 相的亚晶粒的结构进行观察，如图 8 - 11 所示。在 HRTEM 图中 a 和 b 两个区域内都有不同形貌的纳米级亚晶粒。从图 8 - 11 中 FFT 衍射斑点确定区域 a 中存在(110) APB 和 120°旋转界面，区域 b 中存在真孪晶界面。对于图 8 - 11(a - 1)中(110) APB，界面两边原子位向关系相同，红色和蓝色实线表明界面处存在晶格错配，约 1.5°，这一错配是由于 Ti 原子和 Al 原子的原子半径不同所引起的。对于 120°旋转界面，界面两边的位向关

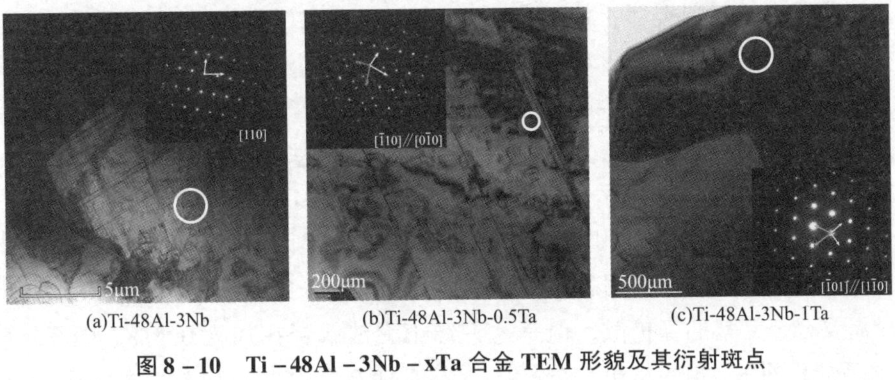

(a)Ti-48Al-3Nb　(b)Ti-48Al-3Nb-0.5Ta　(c)Ti-48Al-3Nb-1Ta

图 8 - 10　Ti - 48Al - 3Nb - xTa 合金 TEM 形貌及其衍射斑点

系为$[\bar{1}01]//[1\bar{1}0]$，并且在界面处有1.4°的晶格错配。由于$[\bar{1}01]$和$[1\bar{1}0]$方向不是完全相互平行，因其具有不同的晶面间距，从而导致界面处产生轻微的错配，而这种错配会增加界面处的界面能。因此120°旋转界面和APB界面都属于有序(domain - related)界面。此外，由图8-11(b-1)中可以看到具有三个原子层的真孪晶$[\bar{1}01]//[10\bar{1}]$界面。

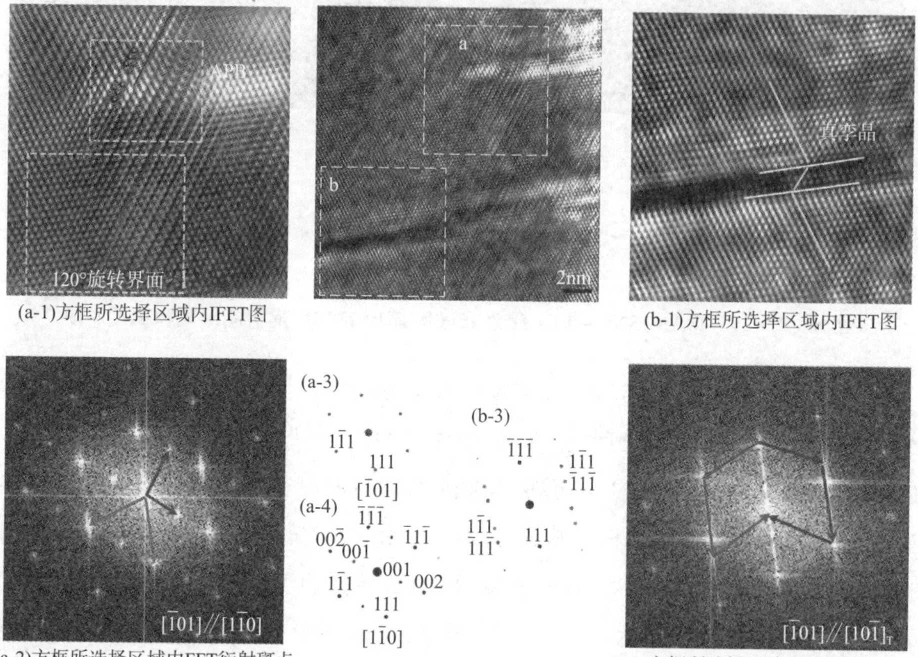

(a-1)方框所选择区域内IFFT图

(b-1)方框所选择区域内IFFT图

(a-2)方框所选择区域内FFT衍射斑点

(b-2)方框所选择区域内FFT衍射斑点

(a-3)、(a-4)、(b-3)反相畴（APB）、120°旋转界面和真孪晶结构计算所得衍射斑点

图8-11　Ti-48Al-3Nb-0.5Ta合金γ_m相中亚晶粒的HRTEM、FFT和IFFT图

综上所述，γ_m相内除了存在层错、单位位错和肖克莱不全位错之外，γ_m相内还形成了大量不同类型亚晶粒：APB、真孪晶和120°旋转界面。与EBSD结果相比，孪晶相关的亚晶粒可进一步确认为真孪晶，小角度晶界能确认为APB和120°旋转界面。说明Ta的加入使得位错易于形成并且开动，促进了不同种类的亚晶粒的析出。因此随着Ta含量的增加，除了先促进后抑制γ_m相的析出外，还会改变γ_m相内亚晶粒的大小，促进APB、真孪晶和120°旋转界面的析出。传统的理论认为Ta在TiAl合金中影响γ_m相的析出主要是因为它原子半径较大，属于慢扩散元素，它能够阻止固态相变中Ti原子和Al原子的运动，尤其是γ片层的形成需要合金元素的互扩散。但是这一结论无法解释在加入0.5%(原子分数)Ta之后能促进γ_m相的析出。分析认为当TiAl合金中加入0.5%(原子分数)Ta

后，Ta降低合金的层错能为主要影响因素，此时由于Ta含量较少，不会阻碍元素的运动。但是具体的影响机制，以及γ_m相内亚晶粒的细化仍需要进一步研究。

8.1.3 Ta原子占位的实验研究

采用双球差透射显微镜观察Ti-48Al-3Nb-0.5Ta合金γ_m相的原子形貌来验证Ta原子的占位是否与计算结果相一致，结果如图8-12所示。图中深色原子代表原子序数小的元素，亮色原子代表原子序数大的元素。由界面两侧原子的傅里叶变换可以看出两边位向关系为$[\bar{1}01]//[1\bar{1}0]$，呈120°旋转界面，在$g=[1\bar{1}0]$的晶面上清晰地观察到Ti原子和Al原子的分层排布，界面两侧原子排列相同，但是$[1\bar{1}0]$方向Ti和Al原子逐层分布，而$[\bar{1}01]$方向Ti和Al原子混合分布。同时，界面处原子平行于$[12\bar{1}]$方向，且界面两侧原子完全共格。另外，由于界面两侧原子排列发生变化，导致界面处原子间距改变，产生晶格畸变，使得界面两侧原子晶格错配，这与图8-11中HRTEM结果和图6-7(d)中超胞模型中原子排列相一致。并且，在界面处能看到有大量亮色原子的富集，说明合金中的重原子趋向于在120°旋转界面处富集。这与上述第一性原理计算结果相吻合，Ta和Ti原子在界面富集，并替代Al位从而降低体系的界面能。

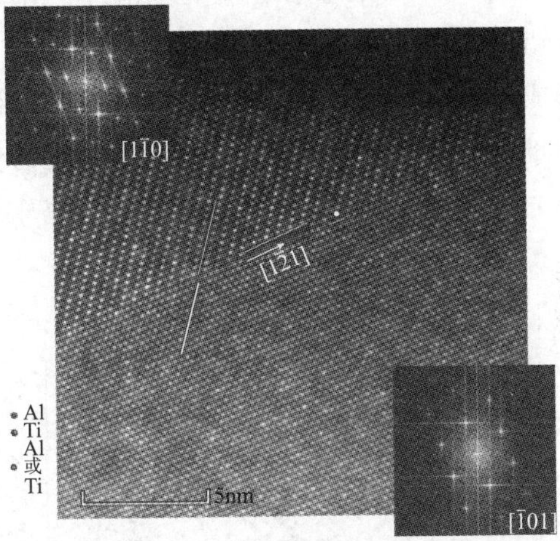

图8-12 Ti-48Al-3Nb-0.5Ta合金120°旋转界面的HAADF-STEM图及其FFT衍射斑点

综上可知，γ_m晶核以BOR位向关系从α相晶界处形核后在生长过程中发生了沿着{111}密排面的变体选择过程，每进行一次变体选择，形成一个亚晶粒。此时由于Ta含量较少，不会阻碍元素之间的运动，因此Ta的加入会促进变体选择的过程，细化γ_m相的亚晶粒。

8.1.4 Ta对块状组织力学性能的影响

图8-13所示为Ti-48Al-3Nb合金及Ti-48Al-3Nb-0.5Ta合金1500℃

淬火后 γ_m 相的纳米压痕硬度和杨氏模量的变化。图 8－13(a)所示为在 5mN 载荷下的载荷－位移曲线，其中 Ti－48Al－3Nb 合金最大压入深度为－178nm，Ti－48Al－3Nb－0.5Ta 合金最大压入深度为－150nm，压入深度越小说明硬度越高。另外，图 8－13(b)中 Ti－48Al－3Nb 合金在初始弹性变形范围内加载曲线呈跳跃式上升，而 Ti－48Al－3Nb－0.5Ta 合金加载曲线为连续平滑的曲线，这是因为含 Ta 的 TiAl 合金在压头处位错易于滑动。研究表明，由于 γ_m 相内存在大量的位错，尤其是含 Ta 能降低合金的层错能，从而增加位错密度并且位错易于开动，形成连续的载荷－位移曲线。这与之前的研究结果相一致，即跳跃式的加载曲线很难在高位错密度的合金中出现，但是易于在低位错密度合金内出现。因此，含 Ta 的 TiAl 合金中 γ_m 相内位错密度要高于不含 Ta 的 TiAl 合金。

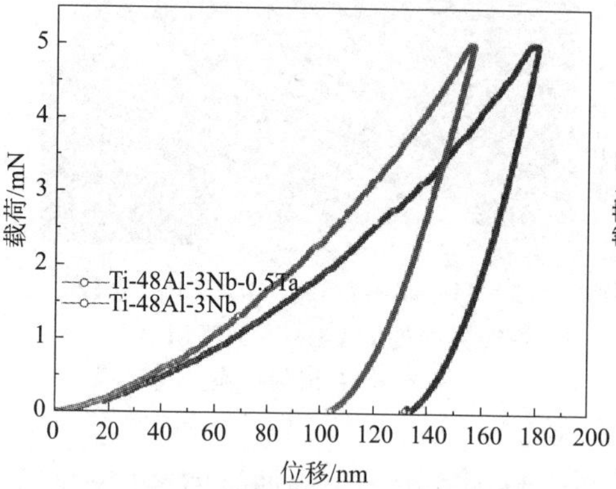

(a)γ_m相在5mN载荷下的载荷-位移曲线

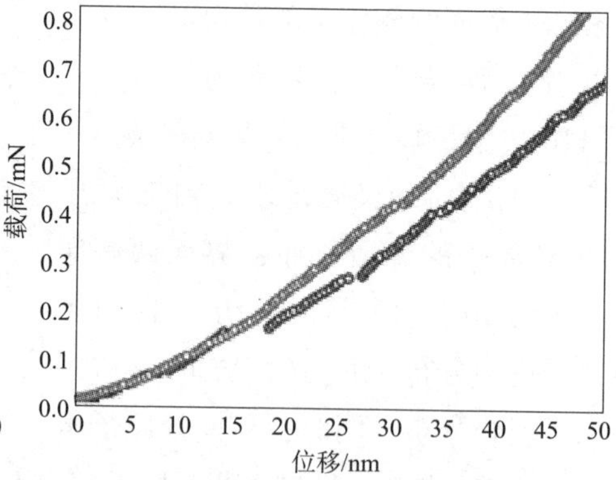

(b)塑性变形范围内载荷-位移曲线

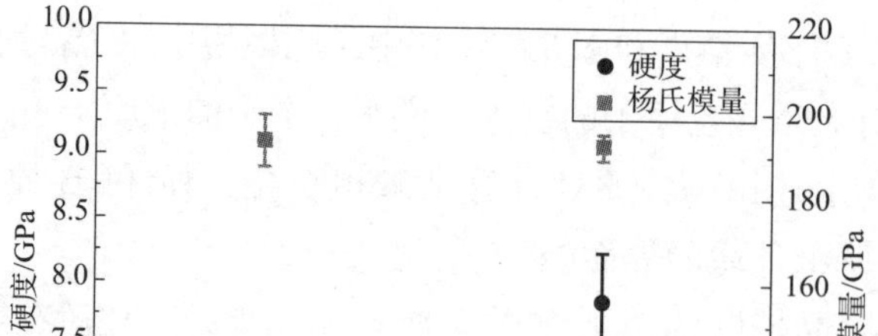

(c)Ti-48Al-3Nb和Ti-48Al-3Nb-0.5Ta合金的硬度和杨氏模量

图 8－13　Ti－48Al－3Nb 和 Ti－48Al－3Nb－0.5Ta 合金纳米压痕测试

所测量的杨氏模量和硬度值如图 8－13(c)所示，其中 Ti－48Al－3Nb 合金平均杨氏模量为(192.6 ±6)GPa，Ti－48Al－3Nb－0.5Ta 合金平均杨氏模量为(191.0 ±3)GPa，表明 Ti－48Al－3Nb－0.5Ta 合金中形成的大量纳米亚晶粒不会影响 γ_m 相的弹性特性。但是 Ti－48Al－3Nb－0.5Ta 的硬度为(7.8 ±0.3)GPa，明显高于不含 Ta 的 Ti－48Al－3Nb 合金[(6.8 ±0.3)GPa]，这是因为 Ti－48Al－3Nb－0.5Ta 合金中纳米亚晶粒发生细化，晶粒细化后晶界体积分数随之增加，晶界强化为主要强化机制。即细小的纳米亚晶粒内含有高体积分数的晶界，它们能够阻止位错的运动。

8.2　块状组织生长机制及与片层竞争形核生长规律

探索和理解材料的原子结构已成为材料发展的基本环节。一方面，第一性原理模拟计算能够预测材料的晶体结构来指导新材料的发现；另一方面，由于需要控制材料的组织，因此需要获得材料原子级别的特性。尤其是，需要用实验手段来获得材料原子级别的形貌信息，如材料缺陷的结构：晶界、孪晶、层错等，而这些缺陷对材料的塑性变形和强度有重要的影响。人们在开展相变相关的研究时发现，一些合金在相变后能够在原本光滑的样品表面产生表面浮凸(Surface relief)，通过观察和表征发现这些表面浮凸与相变和晶体缺陷有着密切联系。尤其是在原子力显微镜(AFM)或扫描隧道显微镜(STM)技术使用以后，对材料表面浮凸的精细结构的分析大大促进了人们对合金中相变过程和晶体结构的认识和理解。早在 1987 年 Valencia 等已经采用 AFM 观察到 TiAl 合金产生的表面浮凸现象。随后 Sun 确定 γ 片层的析出能在合金表面产生浮凸，并结合不变平面应变(IPS)模型解释了 γ 片层的析出和相变机制，Nie 等从扩散台阶生长机制角度解释了 γ 片层析出所产生的表面浮凸。

同时，对于 α_2/γ 片层，γ 片层从 α 相母相内以 BOR 位向关系形核，并且研究普遍认为 α_2/γ 片层的形成不是通过共析反应，而是 γ 板条从高温无序的 α 相或者有序的 α_2 相内直接析出，并发生元素扩散。对于块状组织 γ_m 相，它是具有高位错密度且在快速冷却过程中的无扩散相变。Nb 和 Ta 作为慢扩散元素能够降低形成 γ_m 相所需要的临界冷却速率，从而减少需要扩散生长的 γ 片层的形成。从元素周期表的位置来看，Ta 比 Nb 具有更慢的扩散速率，因此 Ta 是促进 γ_m 相形成最有效的元素。另外，γ_m 相和 γ 片层在 TiAl 合金中析出行为会决定合金的最终组织及影响合金的性能。

8.2.1 块状组织与片层竞争形核及生长形貌

综上可知，Ti－48Al－3Nb－0.5Ta 合金在 α 单相区淬火后可形成大量的 γ_m 相，因此本小节选用 Ti－48Al－3Nb－0.5Ta 合金作为研究对象，研究 α_2/γ 片层和 γ_m 相的竞争生长行为。

将尺寸为 10mm×10mm×10mm 的铸态样品在 1500℃保温 40min 进行充分均匀化，之后以 5℃/min 的冷却速率将温度分别降至 1450℃，1410℃，1400℃和 1390℃并保温 20min 后淬火。其 SEM－BSE 组织如图 8－14 所示，当淬火温度为 1450℃时，析出大量的 γ_m 相，其相体积分数甚至大于 1500℃直接淬火所获得的组织，如图 8－14(a)所示。同时组织内未观察到片层形貌，说明在此温度时，合金仍处在 α 单相区。当淬火温度降低至 1410℃时，其组织中出现了粗大的片层，并且在片层之间析出了大量 γ_m 相，如图 8－14(b)所示。说明此时 Ti－48Al－3Nb－0.5Ta 合金温度已经降至 α＋γ 两相区。当淬火温度继续降低至 1400℃时，形成了大量细小的片层组织，并且依然在这些片层之间存在大量的 γ_m 相[图 8－14(c)]。而当温度进一步降低至 1390℃时，淬火组织中 γ_m 相完全消失，取而代之的是完全的片层组织[图 8－14(d)]。因此，γ_m 相的析出不但取

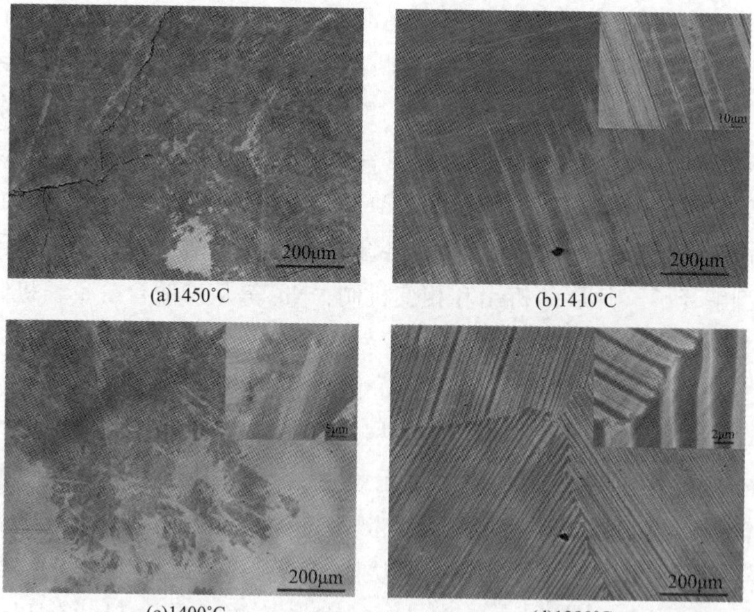

(a)1450°C (b)1410°C (c)1400°C (d)1390°C

图 8－14 Ti－48Al－3Nb－0.5Ta 合金从 1500℃以 5℃/min 分别降温至不同温度下保温 20min 后淬火 SEM－BSE 组织

决于冷却速率，还对冷却温度十分敏感。我们定义在α+γ两相区内形成γ_m相所需要最低的温度为T_0，对于Ti-48Al-3Nb-0.5Ta合金来说，T_0温度可以确定为1400℃，在此温度下γ_m相和γ片层具有相同的形核自由能。也就是说，当淬火温度低于1400℃时，无论以什么样的方式冷却，γ_m相的形成将会被完全抑制。

图8-15所示为Ti-48Al-3Nb-0.5Ta合金在1410℃淬火组织的SEM-BSE及α_2、γ片层和γ_m相EPMA元素面分布。可以看到，Al元素易于在γ片层内富集，而贫Ti和Ta元素。而对于α_2和γ_m相，Ti、Al、Nb、Ta四种元素均匀分布在这两个相内，从而进一步证明块状转变形成的γ_m相为无扩散相变。因此，尽管γ片层和γ_m相具有相同的$L1_0$结构，但是它们的成分构成不尽相同。此外，γ_m相的形成强烈地依赖于Ti和Ta元素在γ片层内的偏析程度。尤其是当γ片层形成后，使得α相内富Ti、Ta，而贫Al，从而影响γ_m相的进一步析出。

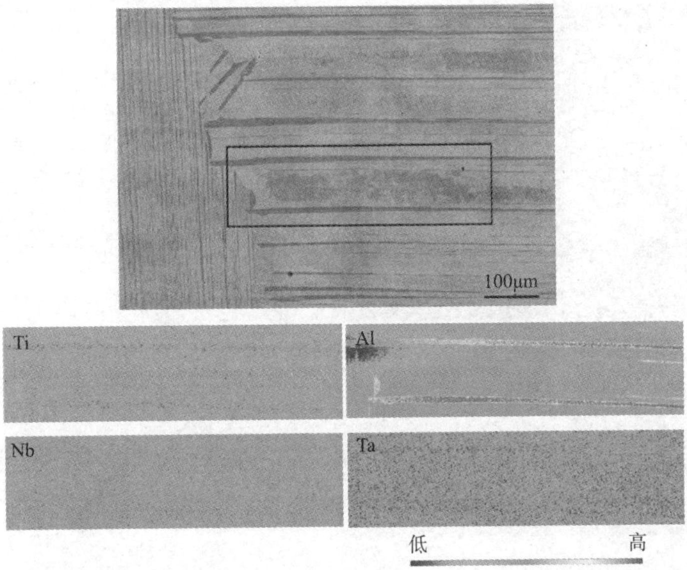

图8-15 Ti-48Al-3Nb-0.5Ta合金在1410℃淬火后SEM-BSE形貌以及相应的电子探针(EMPA)Ti、Al、Nb和Ta元素面分布

8.2.2 块状组织与片层竞争形核及生长规律

为进一步获得Ti-48Al-3Nb-0.5Ta合金中α_2、γ片层和γ_m相之间的取向关系，以及它们的形核生长过程，采用EBSD技术获得了合金在T_0温度即1400℃淬火后显微组织和取向分布图(图8-16)。如图8-16(a)所示，发现只存在单一取向的α_2晶粒，而γ_m区域内存在大量不同取向的γ_m亚晶粒。同时绿色

的 γ 片层分散在 γ_m 区域之间。从图 8－16(b) 中各个相的极图可以看出，母相 α_2 相的{0001}面平行于 γ 片层的{111}面，因此 α_2 和 γ 片层之间符合 BOR 位向关系，即 $(0001)\alpha_2//\{111\}\gamma$ 和 $<11\bar{2}0>\alpha_2//<1\bar{1}0>\gamma$。同时，基于在 EBSD 数据分析过程中所有 γ 相是严格立方的假设，选择图 8－16(a) 中区域 a－1 和 a－2 进行放大，发现 α_2 相晶粒内部存在两种块状组织变体：γ_{m1} 和 γ_{m2}。对于 γ_{m1}，其{111}晶面不平行于 α_2 相{0001}面，因此这两个相不具有 BOR 位向关系。但是 $\{111\}\gamma_{m1}//\{111\}\gamma_{lamellae}$，说明在这种情况下 γ_{m1} 相不是在 α_2 相处形核，而是以 γ 片层作为初始形核质点，并沿着{111}面进行生长，因而 γ_{m1} 与 γ 片层呈孪晶关系。对于 γ_{m2} 相，其{111}晶面平行于 α_2 相{0001}面，因此 γ_{m2} 与 α_2 相符合 BOR 位向关系，此时 γ_{m2} 相可从 α_2 相内部直接形核。块状组织无论以何种方式形核，其生长过程都是沿着 γ 相的{111}晶面，从而使得 γ_m 相内形成大量亚晶粒。

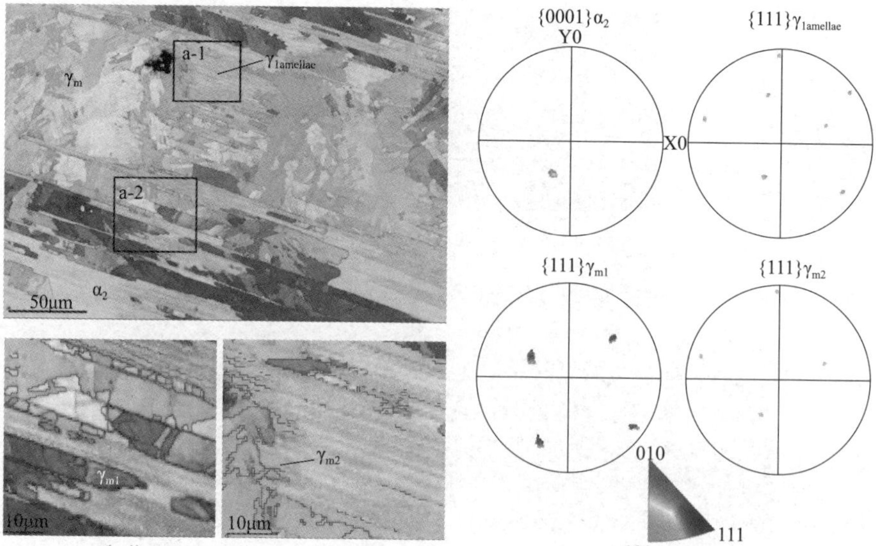

(a-1)　(a-2)

(a)EBSD取向分布图

(b) α_2 相{0001}晶面极图和 γ 片层、γ_m 变体{111}晶面极图

图 8－16　Ti－48Al－3Nb－0.5Ta 合金 1400℃淬火后

γ_m、α_2 和 γ 片层三相的界面处 TEM 和 HRTEM 形貌如图 8－17 所示。图 8－17(a) 中存在两个相邻的 γ_m 变体：γ_{m1} 和 γ_{m2}。从 γ_{m1} 和 γ_{m2} 相的电子衍射斑点 (SADP) 可知这两个相与{111}晶面平行，并且具有 120°旋转位向关系，进一步说明 γ_m 相可以沿着 6 种可能的{111}晶面随机生长。同时，γ_m、α_2 和 γ 片层之间的原子分布如图 8－17(b)、(c) 所示，γ 片层与 α_2 相符合 BOR 位向关系即 $[11\bar{2}0]\alpha_2//[101]\gamma_{lamellae}$，同时 γ 片层与 γ_{m1} 的取向关系为：$[101]\gamma_{lamellae}//[\bar{1}0\bar{1}]$

γ_{m1}，表明 γ 片层与 γ_{m1} 呈真孪晶关系。这些取向关系与上述 EBSD 结果相一致，即 γ 片层可作为 γ_{m1} 相的形核质点，换句话说，γ 片层只能是 γ_{m1} 相唯一的形核质点，因为真孪晶界面具有最低的界面能。根据图 8－17(d)、(e)所示不同相界面的原子结构，可以发现 γ 片层由于与母相 α_2 相符合 BOR 位向关系，所以它们之间具有完全共格的界面，并且在界面处$[10\bar{1}\bar{1}]\alpha_2//[12\bar{1}]\gamma_{lamellae}$。从 γ 片层处形核的 γ_{m1} 相在 α_2 相内生长，γ_{m1} 相与 α_2 相界面处具有取向关系：$[\bar{1}11]\gamma_{m1}//[10\bar{1}\bar{1}]\alpha_2$，虽然它们之间不具有 BOR 位向关系，但是它们之间的界面处原子完全共格。因此根据上述对晶体结构的分析，可以获得它们可能的原子分布图，如图 8－17(f)所示。可以看到，γ 相沿{111}晶面的不同类型的孪晶生长可使其偏离 BOR 位向关系。

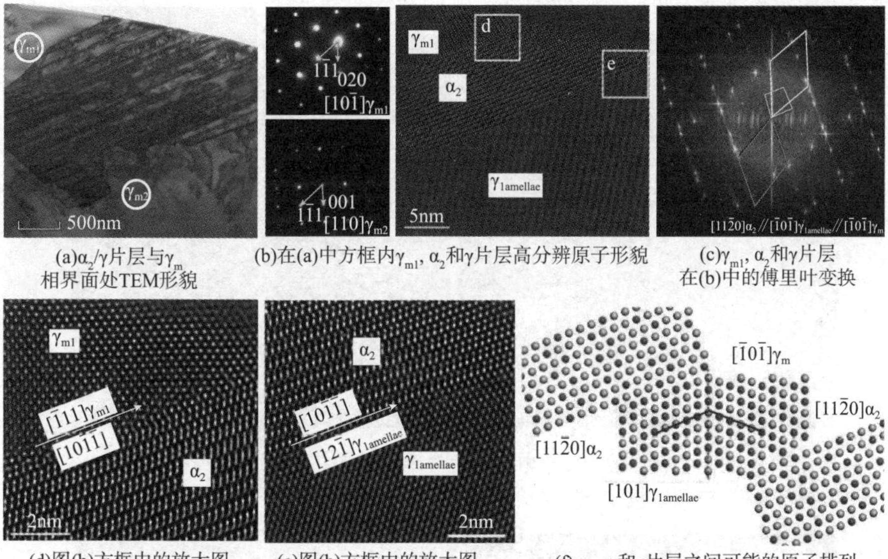

(a)α_2/γ片层与γ_m相界面处TEM形貌
(b)在(a)中方框内γ_{m1}, α_2和γ片层高分辨原子形貌
(c)γ_{m1}, α_2和γ片层在(b)中的傅里叶变换
(d)图(b)方框中的放大图
(e)图(b)方框中的放大图
(f)γ_m, α_2和γ片层之间可能的原子排列，其中蓝色和灰色原子分别代表Al原子和Ti原子

图 8－17 Ti－48Al－3Nb－0.5Ta 合金 1400℃淬火后

图 8－17(e)中所述 γ 片层和 α_2 相界面处原子级 HAADF－STEM 形貌如图 8－18 所示。图中原子颜色越亮代表其原子序数越大，反之原子颜色越暗代表其原子序数越小。α_2 相中原子普遍较 γ 片层更亮，且 α_2 和 γ 片层界面处原子共格排列，两相严格遵守 BOR 位向关系。从原子级 EDX 结果可知 Ti 原子在 α_2 相中富集，Al 原子在 γ 片层中富集，Nb 和 Ta 原子的分布较为均匀。与图 8－15 中 EMPA 的结果相比，原子级的 EDX 结果无法分辨含量较少的 Ta 元素的分布。但是从 HAADF－STEM 图中可以看到，α_2 相中亮色原子明显多于 γ 片层，说明 Ti

和 Ta 原子的富集。同时 γ 片层的生长需要原子的扩散，在 γ 片层的长大过程中界面前沿处原子始终能够均匀扩散，不存在成分变化区域。图 8 - 17(d) 中所述 γ_{ml} 和 α_2 相界面处原子级 HAADF - STEM 形貌如图 8 - 19 所示。在所述 γ_{ml} 和 α_2 相界面处存在较暗区域，厚度约为 3 个原子层，说明在原子级分辨率下，γ_m 相和 α_2 相成分并不是完全相同的，在其界面处会存在重原子匮乏的现象，并且界面处原子依旧具有共格关系。另外，在界面处可以清楚地观察到大小不一的台阶，每一个台阶的方向可以确定为：$1/n[12\bar{1}]$，并且台阶阶梯的平面平行于 $(111)\gamma$。由于界面两边原子间距不相同，如果直接以平行方式排列会引起晶格的畸变。而这些台阶的引入可以降低由错配引起的晶格畸变，从而降低界面能。从高分辨 EDX 原子成分分布图可以看出，Al、Nb 和 Ta 三种元素均匀分布在 γ_{ml} 和 α_2 相内及界面处，而 Ti 原子的成分会在界面处降低。

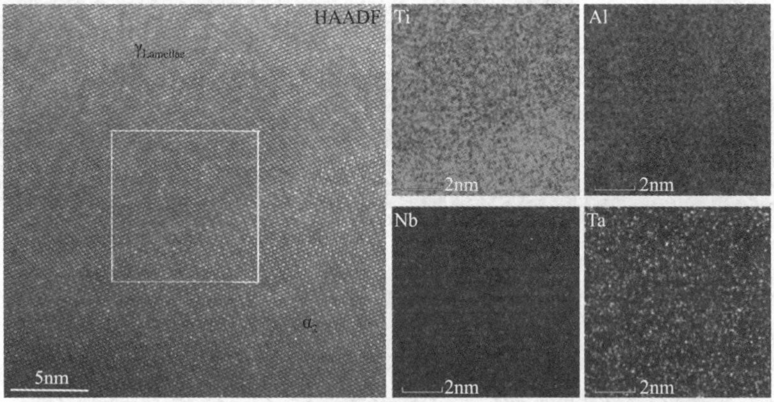

图 8 - 18　γ 片层和 α_2 相界面处原子级 HAADF - STEM 形貌图和白色方框中 Ti、Al、Nb、Ta 元素的 EDX 成分分布

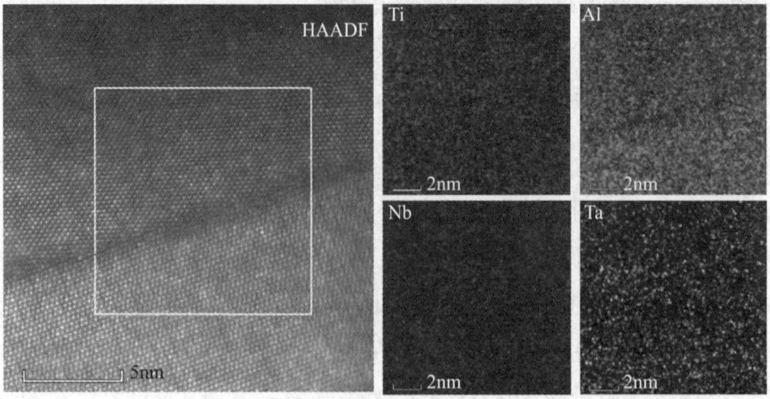

图 8 - 19　γ_{ml} 和 α_2 相界面处原子级 HAADF - STEM 形貌图和白色方框中 Ti、Al、Nb、Ta 元素的 EDX 成分分布

通过采用上述EBSD、HRTEM、HAADF－STEM等技术对块状组织γ_m相、γ片层及α_2相的取向关系和原子形貌的深入研究可以直接获得它们的形核和生长规律。结合以往的研究发现γ_m相具有三种不同的形核方式：在α相晶界处形核、在α相晶粒内部形核和在γ片层处形核。首先，在快速冷却过程中，γ_m相易于在α相晶界处形核，这是研究中观察到最多的形核方式，此时γ_m晶核与α母相严格遵循BOR位向关系，并向相邻的α相内生长。其次，γ_m相能在α相内部形核，Dey等发现晶粒内部析出的γ_m相是在α相的孪晶处形核，并遵守BOR位向关系。这种晶粒内形核的γ_m相的生长会被周围的α相所抑制。研究发现，γ_m相可以直接在α相内部以BOR的位向关系形核，因而这种γ_m晶核与同一个α_2相晶粒内的γ片层具有相同的位向关系。研究表明，γ片层可以在α相晶粒内缺陷处直接形核。对于Ti－48Al－3Nb－0.5Ta合金中由于Ta元素的添加，能够降低合金的层错能，因此晶粒内部形成的γ_m晶核同样可以在α相晶粒缺陷处形核并不断长大。最后，γ_m相可在γ片层处形核，而不是α_2片层。此时γ_m晶核与α_2相具有共格的界面，在界面处的位向关系为：$[\bar{1}11]\gamma_m//[10\bar{1}\bar{1}]\alpha_2$。由于$[\bar{1}11]\gamma_m$和$[10\bar{1}\bar{1}]\alpha_2$的界面两边原子间距并不完全相同，因此这两个方向之间存在一定的角度，从而导致界面处晶格的错配。正是由于这种错配的存在，使得界面处能量较高且不稳定，从而为γ_m相的进一步生长提供了驱动力。

此外，本章研究发现无论γ_m相以何种方式形核，其生长总是沿着{111}γ密排面。在这一过程中，由于γ相具有6种变体，孪晶和120°旋转界面都会出现，因而γ_m相的生长过程增加了合金的取向，并且这种生长方式使得γ_m逐渐远离BOR位向关系。这也解释了从γ片层处形核的γ_m相与α_2相之间不具有BOR位向关系的原因(图8－16和图8－17)。而γ片层以BOR位向关系的形核及生长，不会沿{111}γ密排面发生变体选择。这与4.4节的结论相一致，即Ta能够降低孪晶和120°旋转界面的界面能，从而能够促进γ_m相内亚晶粒沿{111}γ密排面发生变体选择。而目前有关$\alpha\rightarrow\gamma_m$块状转变的相变机理尚且存在较大分歧，争论的焦点在相变过程是否存在一个无序fcc结构的中间过渡相。Wang等发现，在Ti－46.5Al合金中γ_m相内所有类型的全位错和1/2 <101>位错均可发生分解，产生层错的同时，在其尾部形成1/6 <211> Shockley不全位错，层错的宽度均大于400nm，远远大于普通γ相中层错的宽度。由于这些缺陷只能在无序的fcc相内形成，因而他们认为γ_m相是由无序fcc结构经有序化转变而形成的。本研究同样验证了相变过程中存在一个无序的fcc结构，在γ_m相中观察到反相畴APB的形成，这是合金发生有序化过程中形成的。

8.2.3 块状组织与片层竞争形核及生长机制

虽然，对于hcp结构的α相向fcc结构的γ_m相的转变为无扩散过程已经达成共识，但是γ_m相沿着{111}γ密排面的生长机制仍存在争议。通常来讲，人们提出了两种γ_m相的生长机制，但是这两种机制仍需要实验结果的证实。第一种生长机制认为γ_m相的生长是通过热力学激活非共格α/γ_m界面处单个原子的短程跳跃。第二种生长机制被命名为台阶机制，生长过程中α/γ_m界面处存在平台－台阶－扭结(terrace－ledge－kink)型结构，即在界面处形成大量不同尺寸的超台阶(super－ledges)。本节通过HAADF－STEM原子形貌直接证明了γ_m相的台阶生长机制，观察到在α/γ_m界面处有尺寸不同的超台阶，并且每一个台阶具有$1/n[12\bar{1}]$剪切矢量，如图8－19所示。并且在生长过程中，由于要使整个肖克莱不全位错一直移动是很困难的，尤其是在快速冷却的条件下，因而形成了大小不一的超台阶。同时在剪切的过程中，γ_m相界面前沿处的原子与α相基体存在错配度，其结构从α基体的Ti_3Al结构转变为γ_m相的TiAl结构需要Ti原子的重新分布。虽然γ_m相的转变为无扩散相变，但是其界面前沿处存在小的成分起伏，即3个原子层的Ti原子的缺失。因此，在α/γ_m界面处存在原子的错配和成分起伏，为γ_m相的进一步生长提供了驱动力，从而使不连续的肖克莱不全位错可以在α相基体内移动。

除上述γ_m相、γ片层以及α_2相之间具有独特结构从而影响形核生长过程之外，温度是另一个控制γ_m相和γ片层在α_2相内析出的影响因素。为了更好地理解温度影响形核的过程，采用γ_m相形核率的能量模型进行热力学分析。形核模型公式如下：

$$J_{\gamma_M}^{V} = J_{\gamma_M}^{S0} S_V s_\alpha \exp\left(-\frac{\Delta G_{\gamma_M}^{nucl}(X_\alpha,\ T)}{kT}\right)\exp\left(\frac{-Q_{at}}{kT}\right) \tag{8-1}$$

$$\Delta G_{\gamma_M}^{nucl}(X_\alpha,\ T) = f_\theta^{\gamma_M}\frac{16\pi\sigma_{\alpha\gamma}^3}{3\left(\Delta G_V^{\alpha\to\gamma_M}(X_\alpha,\ T)\right)^2} \tag{8-2}$$

式中，$J_{\gamma_M}^{V}$为γ_m相的形核率；$J_{\gamma_M}^{S0}$为γ_m相潜在形核密度的前因子；S_V为晶界的表面密度；s_α为界面处表面积分数的加权因子；Q_{at}为原子运动的激活能；$\Delta G_V^{\alpha\to\gamma_M}$为析出反应的驱动力；$f_\theta^{\gamma_M}$为异质形核的润湿因子；$\sigma_{\alpha\gamma}$为$\gamma_m$和$\alpha_2$晶核的界面能；$X$为基体中Al浓度。

而描述γ片层形核的模型与γ_m相接近，γ片层的形核率可以表达为：

$$J_{\gamma_L}^{V}=J_{\gamma_L}^{0}s_{\alpha}\exp\left(-\frac{\Delta G_{\gamma_L}^{nucl}(X_{\alpha},\ T)}{kT}\right)\exp\left(\frac{-Q_{at}}{kT}\right) \tag{8-3}$$

式中，$J_{\gamma_L}^{0}$为γ片层相潜在形核密度的前因子。形成稳定的原子团簇所需的激活能$\Delta G_{\gamma_L}^{nucl}$可以表达为：

$$\Delta G_{\gamma_L}^{nucl}(X_{\alpha},\ T)=f_{\theta}^{\gamma_L}\frac{16\pi\sigma_{\alpha\gamma}^{3}}{3\left(\Delta G_{V}^{\alpha\to\gamma_L}(X_{\alpha},\ T)\right)^{2}} \tag{8-4}$$

从上述公式中可以看出，形核驱动力$\Delta G_{V}^{\alpha\to\gamma_M}(X_{\alpha},\ T)$和$\Delta G_{V}^{\alpha\to\gamma_L}(X_{\alpha},\ T)$是影响$\gamma_m$相和γ片层形核率的最重要参数。在成分一定时，相的形核驱动力对温度十分敏感。对于γ片层，根据式(8-4)可知，随着温度的升高，$\Delta G_{V}^{\alpha\to\gamma_L}$的值会显著降低，使得$\Delta G_{\gamma_L}^{nucl}(X_{\alpha},\ T)$的值增加。根据式(8-3)可知，γ片层的形核率随着$\Delta G_{\gamma_L}^{nucl}(X_{\alpha},\ T)$的增加而降低。因此，随着温度的降低，会增加γ片层的形核率，从而促进γ片层的析出。然而，控制无扩散转变的$\Delta G_{V}^{\alpha\to\gamma_M}(X_{\alpha},\ T)$同样对温度很敏感，结合已经发表的文献可知，随着温度的降低，$\Delta G_{V}^{\alpha\to\gamma_M}(X_{\alpha},\ T)$的值也会随之降低，当温度降至$T_0$以下时，形核驱动力$\Delta G_{V}^{\alpha\to\gamma_M}(X_{\alpha},\ T)$的值将会降低至最低值。这说明随着温度的降低，$\gamma_m$相的析出将会被抑制。因此，γ片层的形核率不是抑制块状转变的主要影响因素，而温度才是影响γ片层和块状γ_m相析出行为的最重要因素。

综上所述，γ片层和γ_m相的竞争形核生长行为可以总结为图8-20中组织演变示意，Ti-48Al-3Nb-0.5Ta合金首先在α单相区1500℃保温，待充分均匀化后，降温至α+γ两相区不同温度并保温20min。图8-20(a)所示为合金在1410℃保温，这一温度比T_0高10℃。在保温过程中γ片层开始在α相内少量析出并且粗化，由于扩散系数较高γ片层可以在整个α晶粒内生长。此时，α晶粒会由于γ片层的析出而缺Al富Ti和Ta。保温20min淬火后，γ_m相会在已经形成的粗γ片层间的α晶粒内析出，γ_m相在快冷条件下具有较高的激活能。当保温温度降至T_0(1400℃)时，γ片层的形核率大幅度增加，同时片层间距也随之减小，如图8-20(b)所示。此时剩余α晶粒内Al元素继续减少，Ti和Ta元素继续富集，γ片层粗化的程度降低。保温20min淬火后，细小的γ片层和γ_m能够同时从粗片层间剩余的α相内析出，因而，在T_0淬火时，细小的γ片层和γ_m相都具有较高的形核率，并具有相同的自由能。当保温温度继续降低至1390℃时，γ片层的形核率会进一步增加，使得残余α晶粒内Al、Ti和Ta元素偏离的程度较高，γ片层粗化的程度进一步降低。保温20min淬火后，γ片层的形核驱动力将会大于γ_m相，因而即使在快速冷却的条件下，γ_m相的析出也可能会被$\alpha\to\alpha_2$

有序化完全抑制，从而在快冷条件下只有细小的 γ 片层从残余 α 晶粒内析出，如图 8 – 20(c)所示。

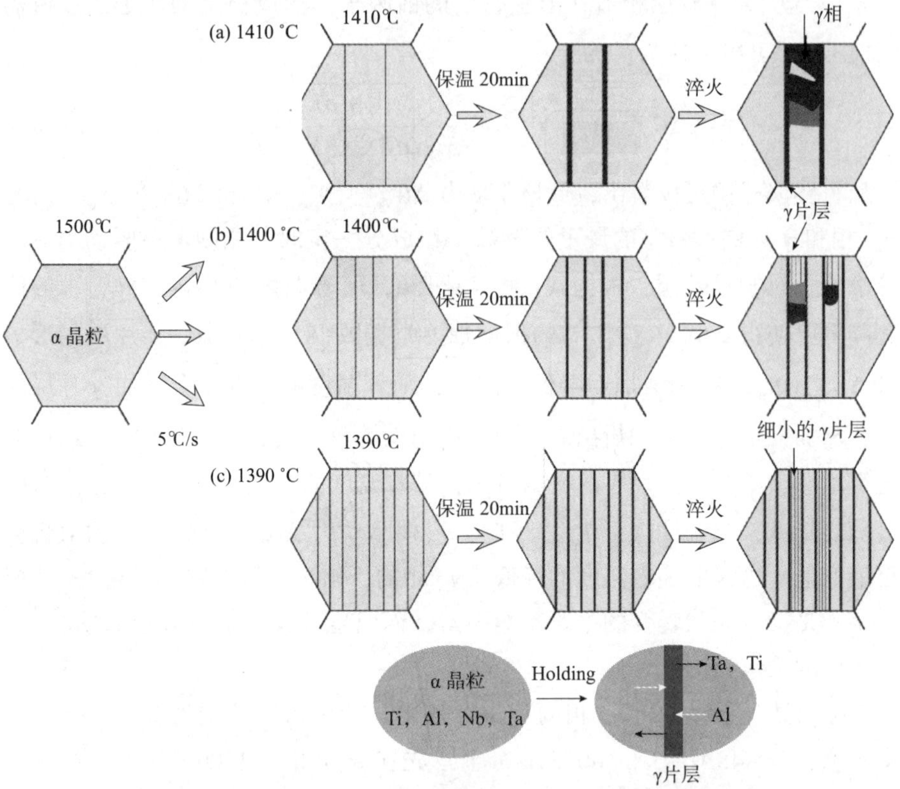

图 8 – 20　Ti – 48Al – 3Nb – 0.5Ta 合金显微组织演变示意

因此，本小节的研究可以确定 Ti – 48Al – 3Nb – 0.5Ta 合金的 T_0 为 1400℃，这一温度高于二元 Ti – 47.5%(原子分数)Al 合金，并且接近于高 Nb – TiAl 合金。说明 0.5%(原子分数)Ta 的微量添加会提高 TiAl 合金的相转变温度。而相转变温度的提高在很大程度上能够细化合金的显微组织，从而进一步改变 TiAl 合金的力学性能。

8.3　块状组织内缺陷的 3D 结构

研究合金原子结构对于提高合金性能有着重要的意义，研究人员开展了大量对于合金二维原子形貌的研究。但是对材料在第三维度上的原子形貌信息依旧缺乏有效的技术手段进行研究。因此，采用扫描隧道显微镜(STM)技术首次探索了

TiAl 合金中具有高缺陷密度的 γ_m 相(001)和($10\bar{1}$)表面原子形貌，获得了新的结构信息。由第4章可知，在 Ti-48Al-3Nb 合金中添加0.5%(原子分数)的 Ta 能极大程度上促进 γ_m 相的析出，并且随着 Ta 含量的增加，γ_m 相的含量逐渐降低。因此本小节选择 Ti-48Al-3Nb-0.5Ta 合金为研究对象，来揭示 3D 条件下具有 $L1_0$ 结构的 γ_m 相中不同缺陷的形貌。采用电解双喷的样品进行表面形貌的观察，因为电解过程可以获得高纯的合金表面，表面不会产生变质层，无附加应力，并能最大限度上去除原有应力层。另外，当 Ti-48Al-3Nb-0.5Ta 合金从高温 α 单相区快速冷却至室温时，由于 γ_m 相与高温 α 相的晶格常数不同，导致单个原子所占据的空间体积不同，从而造成在 γ_m 相析出时会在由高温 α 相构成样品的光滑表面产生结构起伏。同时，第4章研究表明，γ_m 相内存在大量位错和亚晶粒，这些结构具有不同的晶格排列，尤其是在界面处会存在晶格畸变、成分差异、晶格错配等现象，这些结构会使得合金表面同样产生起伏。利用这些表面起伏的结构特点，尤其是原子级的结构特点能够直接反映出 γ_m 相生长过程中的特点。

首先采用 TEM 观察 Ti-48Al-3Nb-0.5Ta 合金 γ_m 相内可能出现的缺陷类型，如图 8-21 所示。由图 8-21(a)中[101]方向上可以观察到大量的层错和位错，在 TEM-2D 形貌中，位错以一条线或几条线的形式存在，而层错以多条平行线的形式存在。同时，在[100]方向能够观察到反向畴界，它是弯曲的线，如图 8-21(b)所示。由于这些缺陷在实际晶体中是以 3D 形式存在，而 TEM 将其压缩到了 2D 平面来观察，因此更改入射的方向 g，缺陷会展现出不同的形貌，甚至消失。而对于位错柏氏矢量的确定，至少需要两个入射方向来观察同一个位错。$g \cdot b$ 的值可以确定位错的柏氏矢量，其中 $g \cdot b = 0$ 可以确定单位位错的柏氏矢量，$g \cdot b = 0$ 或者 1/3 可以确定肖克莱不全位错的柏氏矢量。

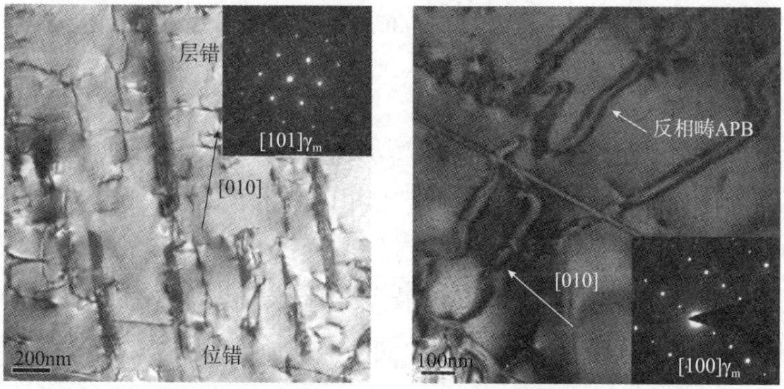

(a)典型的层错和位错形貌　　(b)典型的反相畴形貌

图 8-21　Ti-48Al-3Nb-0.5Ta 合金在[101]和[100]方向上的 TEM 形貌

从上一小节可知，γ_m 相的生长机制仍存在争论：一种认为 γ_m 相的生长是热力学激活条件下单个原子在非共格界面处短程原子的跳跃；另一种认为是台阶生长机制，该机制假设在 α/γ_m 生长界面处存在大量不同尺寸的生长台阶，本研究已经采用 HAADF - STEM 在二维平面内观察到了台阶状的生长机制。本小节采用原子力显微镜(AFM)观察电解双喷后的 Ti - 48Al - 3Nb - 0.5Ta 合金样品表面，获得了 α/γ_m 界面处 3D - AFM 形貌，如图 8 - 22(a)所示。可以看到，α 相较 γ_m 相的表面更加平整，γ_m 相的表面浮凸现象十分明显，同时可以直接观察到 γ_m 相之间的台阶形貌。对图 8 - 22(b)中 AB 线上高度的测量发现每一个台阶的高度约为 22.5nm，这一高度差与 γ_m 相晶界处的高度差相近。因此，3D - AFM 形貌的观察可以直接确定 γ_m 相的台阶生长机制。同时，采用排除法，如果是以原子短程跳跃的方式生长，由于在快速冷却条件下原子能够移动的距离较短，γ_m 相的表面不会产生 20nm 的表面浮凸现象。此外，基于表面形貌的细节，我们可知台阶的生成是由于发生 hcp→fcc 相变，这一过程由切变引起，其剪切机制可以参照钢中的马氏体相变。

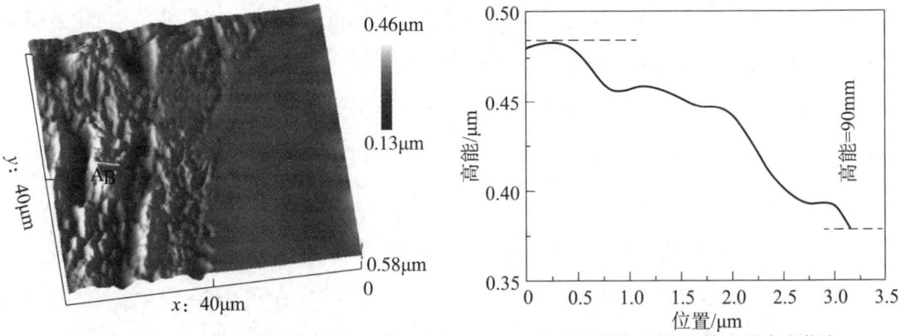

(a)α/γ_m界面处　　(b)图(a)中沿AB线上的高度信息

图 8 - 22　Ti - 48Al - 3Nb - 0.5Ta 合金 3D - AFM 形貌图

另外，采用 STM 技术对 Ti - 48Al - 3Nb - 0.5Ta 合金表面进行了更加细微的扫描，获得的 3D - STM 形貌如图 8 - 23 所示。如图 8 - 23(a)所示，γ_m 相表面具有高低不同的浮凸。由第 4 章节可知，γ_m 相由纳米级的亚晶粒构成，而 α_2 相是单相结构，故而不同取向晶粒之间存在高度差。图 8 - 23(a)中颜色越深代表高度差越大，α_2 相与 γ 相边界处高度差最大，其次是 γ_m 相亚晶粒之间的高度差，γ_m 相内的缺陷之间高度差最小。同时，可以直接观察到 γ_m 相两个晶粒之间的台阶形状，其高度信息如图 8 - 23(c)所示。其中 γ_{m1} 和 γ_{m2} 晶粒之间的高度差为 19.4nm，与图 8 - 22(b)中测得的台阶高度相似，进一步证明了 γ_m 相的台阶生长机制。另外，将 γ_{m2} 晶粒内部结构继续放大如图 8－23(b)所示，在单个 γ_m 相晶粒内部仍存在高低起伏现象，并且具有弯曲的界面，其高度信息如图 8－23(d)所示。根据文献和上述 TEM 观察可知，APB 在二维平面中是弯曲的带状结构，因此可以推断其结构可能为反相畴界面，界面间具有一定的宽度，且存在高度差，约为 0.76nm。因此，可以看到二维和三维 γ_m 相在形貌上具有较大差异，第三维高度信息的获得，可以直接判断合金晶界、生长类型及缺陷的种类等。

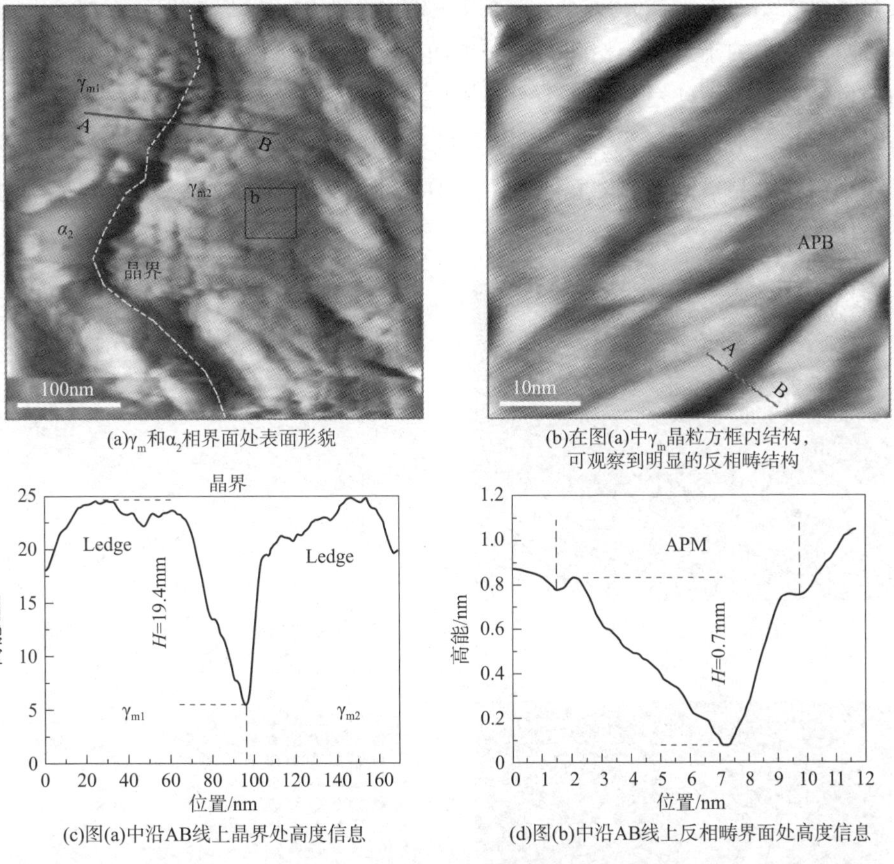

(a) γ_m 和 α_2 相界面处表面形貌

(b)在图(a)中 γ_m 晶粒方框内结构，可观察到明显的反相畴结构

(c)图(a)中沿AB线上晶界处高度信息

(d)图(b)中沿AB线上反相畴界面处高度信息

图 8－23　Ti－48Al－3Nb－0.5Ta 合金 3D－STM 形貌

进一步观察反相畴界的 3D－STM 原子形貌，如图 8－24 所示。从图 8－24(a)中的傅里叶变化可以确定所观察平面(001)晶面，可以观察到(001)晶面上的反相畴界面处原子排列并不平整，在界面处存在凹陷现象。从图 8－24(b)中可以测得反相畴界面的宽度约为 8nm，并且界面两边存在的过渡斜坡的角度小于 5.4°，说明在斜坡上的原子仍然属于(001)平面。同时，弯曲的反相畴界面不存在于一个特定的晶体学平面，可以看出，界面不是严格地沿着[$1\bar{1}0$]方向，而是

有一定的位移，约为 $1/2[1\bar{1}0]$ 的5%。这一现象与之前研究提出的位移矢量 ***R*** 符合良好，即 $1/2[1\bar{1}0]+\Delta R=\sim 5\%$ of R。另外，图8-24(a)中沿着[010]方向的B和C线上的原子要长于沿着A和D线上的原子。根据 γ_m 相的 $L1_0$ 结构，在(001)晶面上，Ti原子与Al原子沿着 $[1\bar{1}0]$ 方向交替排列，并且Ti原子的原子半径要大于Al原子，因此可以判断B和C线上的原子为Ti，A和D线上的原子为Al，原子的这种交替排列使得在反相畴界面处存在原子错配。同时将反相畴界面处原子压缩到二维平面并放大，如图8-24(c)所示，可以发现，尽管在反相畴界面两边原子的排列完全相同，但是界面间的原子存在错配现象。其中沿着黄色和白色的线在界面处发现存在半个原子层的错配，从而造成两条线之间存在2°的角度差。基于上述观察，结论与图8-11中HRTEM结果相似，反相畴界面两侧存在小角度的晶格错配。因此建立了(001)面上反相畴界处原子排列示意，如图8-24(d)所示。

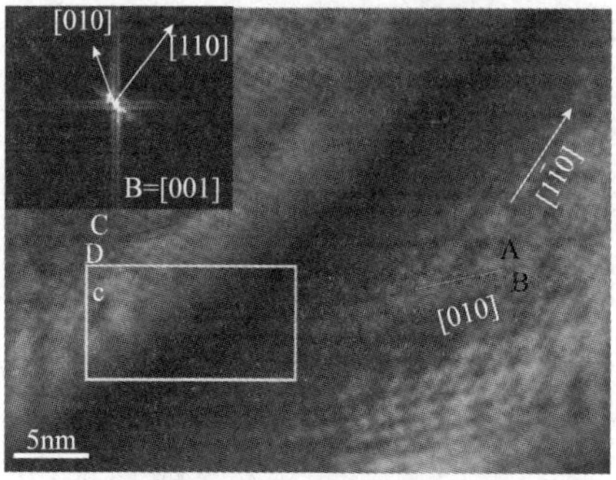

(a)(001)面上3D原子形貌

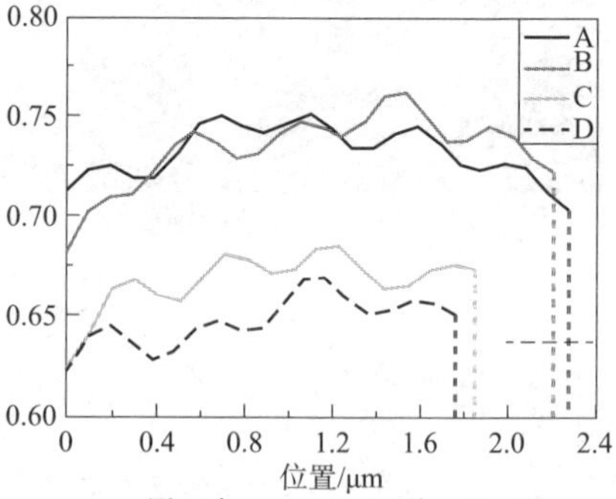

(b)图(a)中A、B、C和D线上原子的高度和长度信息

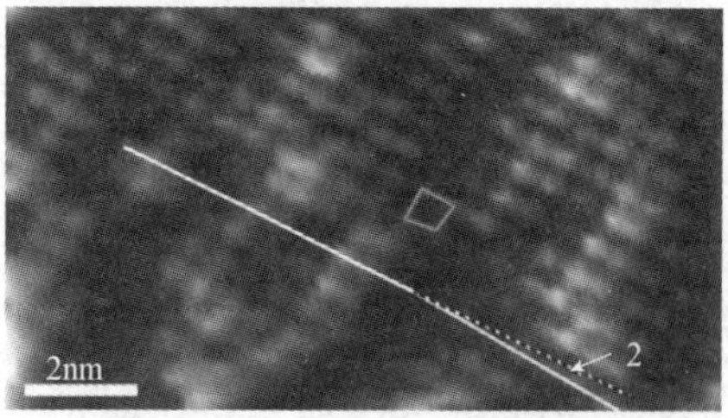

(c)图(a)方框中原子在二维的投影，其中浅色直线表明在反相畴界面处存在晶格错配

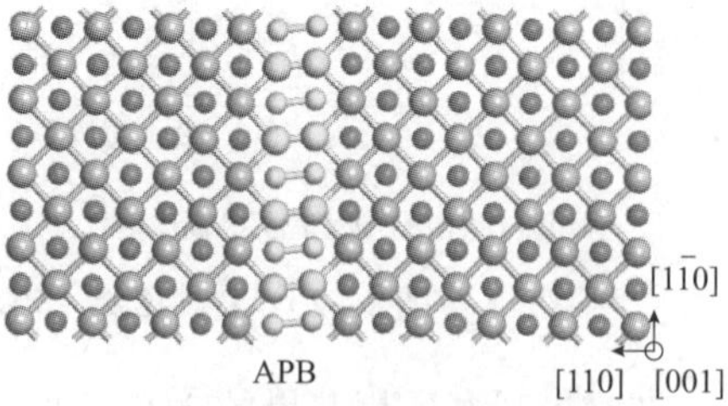

(d)反相畴界面处原子排列示意

图8-24 反相畴界的3D-STM原子形貌

γ_m 相中反相畴是从无序的fcc结构向有序的fcc结构转变的过程中形成的，有序的fcc结构形核时会使相邻的区域形成另外一个相同的有序的晶核，从而使得APB界面处两个晶核原子排布一样，而不是形成具有其他位向关系的变体。

根据三维原子结构信息，可以发现反相畴界与晶界十分相似，它们在界面处都存在不同程度的晶粒错配和高度差。然而反相畴界面处的错配只有2°，它比小角度晶界的角度还要小，因此反相畴界面还不能直接定义为某种晶界。根据第一性原理计算的结果显示反相畴界面能够存在稳定有序的fcc结构，因此在反相畴界面处形成的斜坡能够降低错配所产生的应力。并且人们发现在 Ni_3Al 多元合金中APB能够阻碍位错在热力学激活条件下从{111}滑移面向{010}非滑移面移动，从而提高合金的屈服强度。

另外，已知 γ_m 相中存在大量的位错，在图8-25(a)所示的3D-STM原子结构中同样可以观察到[10$\bar{1}$]方向上的平行线性位错。对图8-25(a)中的位错A放大如图8-25(b)所示，发现位错A处界面两边存在高度差，根据图8-25(d)中位置-高度信息可知，AB线上高度差约为4.2Å，同时位错线沿着[111]方向。同样，对于图8-25(c)中所示的位错B，其位错线同样沿着[111]方向，并且沿AB两边的高度差为7.1Å；图8-25(e)中的位错C的位错线沿着[1$\bar{2}$1]方向，并且存在于(10$\bar{1}$)晶面上，其沿AB两边的高度差为3.1Å。

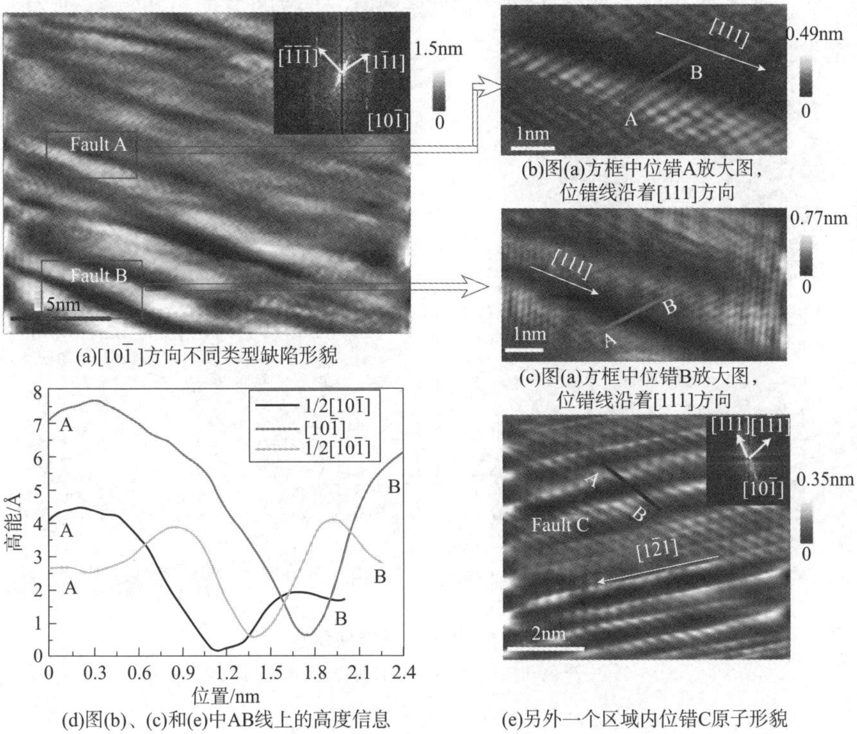

(a)[10$\bar{1}$]方向不同类型缺陷形貌
(b)图(a)方框中位错A放大图，位错线沿着[111]方向
(c)图(a)方框中位错B放大图，位错线沿着[111]方向
(d)图(b)、(c)和(e)中AB线上的高度信息
(e)另外一个区域内位错C原子形貌

图8-25 γ_m 相3D-STM原子形貌

根据上述 3D－STM 原子信息，可获得三种位错 A、B 和 C 的原子排布结构示意，如图 8－26 所示。位错 A 的柏氏矢量为 $b=1/2[10\bar{1}]$，位错线沿着[111]方向，并存在于(111)晶面上，如图 8－26(b)、(f)所示。形成这种 $1/2[10\bar{1}]$ 单位位错时，在$(10\bar{1})$晶面上垂直于位错线方向会形成约 4.917Å 的高度差，这一差值与图 8－25(d)中实际测量结果 4.2Å 相吻合。从图 8－26(b)、(f)中还可以看到在形成 $1/2[10\bar{1}]$ 单位位错的同时，还会在[111]方向上形成反相畴界，从而破坏 $L1_0$ 结构的完整性。相似地，对于位错 B，可以确定它的柏氏矢量为 $b=[10\bar{1}]$，位错线方向为[111]，并且也存在于(111)晶面上，如图 8－26(c)、(g)所示。在形成 $[10\bar{1}]$ 超位错时，会引起$(10\bar{1})$晶面上垂直于位错线方向产生 7.526Å 的高度差，这一差值同样与实际测量结果 7.1Å 相近。这种超位错的形成不会引起[111]方向上的反相畴界，从而不会破坏 $L1_0$ 结构的完整性。对于位错 C，它的柏氏矢量可以确定为 $b=1/2[110]$，位错线方向为 $[1\bar{2}1]$，存在于(111)晶面上，如图 8－26(d)、(h)所示。1/2[110]单位位错会引起$(10\bar{1})$晶面上产生 2.852Å 的高度差，同样与实际测量结果吻合良好，这一位错同样不破坏合金的 $L1_0$ 结构。因此通过测量晶面指数、高度差和位错线的方向可以直接确定 γ_m 相内位错类型及其柏氏矢量。

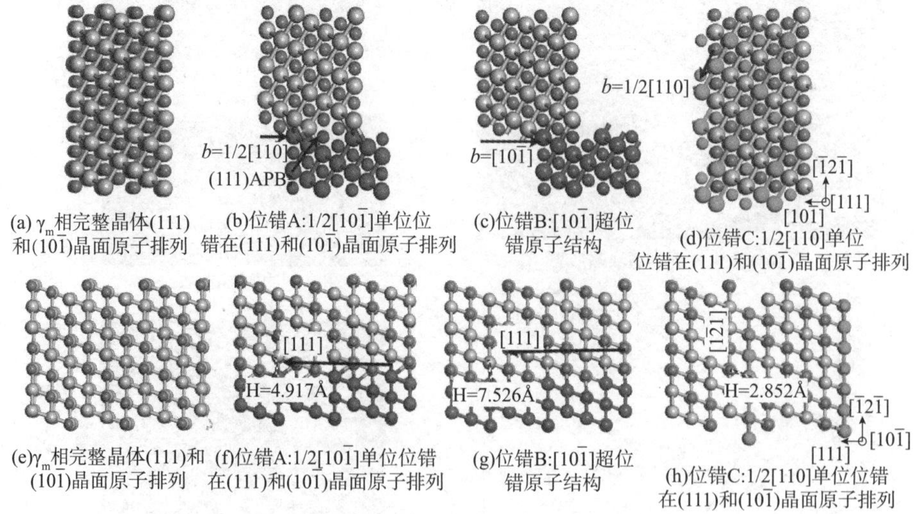

(a) γ_m相完整晶体(111)和$(10\bar{1})$晶面原子排列　(b)位错A:$1/2[10\bar{1}]$单位位错在(111)和$(10\bar{1})$晶面原子排列　(c)位错B:$[10\bar{1}]$超位错原子结构　(d)位错C:1/2[110]单位位错在(111)和$(10\bar{1})$晶面原子排列

(e) γ_m相完整晶体(111)和$(10\bar{1})$晶面原子排列　(f)位错A:$1/2[10\bar{1}]$单位位错在(111)和$(10\bar{1})$晶面原子排列　(g)位错B:$[10\bar{1}]$超位错原子结构　(h)位错C:1/2[110]单位位错在(111)和$(10\bar{1})$晶面原子排列

图 8－26　3D 原子排列示意

其中浅色和深色分别代表 Ti 原子和 Al 原子

参考文献

[1]MASSALSKI T B. Massive transformations revisited[J]. Metallurgical and Materials Transaction A, 2002, 33: 2277-2283.

[2]WANG P, VEERARAGHAVAN D, KUMAR M, et al. Massive-parent interphase boundaries and their implications on the mechanisms of the $\alpha \rightarrow \gamma_M$ massive transformation in Ti-Al alloys [J]. Metallurgical and Materials Transaction A, 2002; 33(8): 2353-2371.

[3]DEY S R, BOUZY E, HAZOTTE A. EBSD characterisation of massive γ nucleation and growth in a TiAl-based alloy[J]. Intermetallics, 2006, 14(4): 444-449.

[4]SANKARAN A, BOUZY E, HUMBERT M, et al. Variant selection during nucleation and growth of γ-massive phase in TiAl-based intermetallic alloys[J]. Acta Materialia, 2009, 57(4): 1230-1242.

[5]ZGHAL S, THOMAS M, NAKA S, et al. Phase transformations in TiAl based alloys[J]. Acta Materialia, 2005, 53(9): 2653-2664.

[6]ZGHAL S, THOMAS M, COURET A. Structural transformations activated during the formation of the lamellar microstructure of TiAl alloys[J]. Intermetallics, 2005, 13(9): 1008-1013.

[7]SAAGE H, HUANG A J, HU D, et al. Microstructures and tensile properties of massively transformed and aged Ti46Al8Nb and Ti46Al8Ta alloys [J]. Intermetallics, 2009, 17(1-2): 32-38.

[8]HU D, HUANG A J, WU X. On the massive phase transformation regime in TiAl alloys: The alloying effect on massive/lamellar competition[J]. Intermetallics, 2007, 15(3): 327-332.

[9]OHMURA T, TSUZAKI K, MATSUOKA S. Evaluation of the matrix strength of Fe-0.4 wt% C tempered martensite using nanoindentation techniques[J]. Philosophical Magazine A, 2002, 82(10): 1903-1910.

[10]VALENCIA J J, MCCULLOUGH C, LEVI C G, et al. Microstructure evolution during conventional and rapid solidification of a Ti-50 at% Al alloy[J]. Scripta Materialia, 1987, 21(10): 1341-1346.

[11]SUN Y Q. Surface relief and the displacive transformation to the lamellar microstructure in TiAl [J]. Philosophical Magazine Letters, 1998, 78(4): 297-305.

[12]NIE J F, HOWE J M, VASUDEVAN V K, et al. Discussion of "Surface relief and the displacive transformation to the lamellar microstructure in TiAl" and "Nanometer-scale, fully lamellar microstructure in an aged TiAl-based alloy"[J]. Metallurgical and Materials Transactions A, 2000, 31(9): 2377-2379.

[13]DEY S R, BOUZY E, HAZOTTE A. Intragranular nucleation sites of massive γ grains in a

TiAl – based alloy[J]. Scripta Materialia, 2007, 57(4): 365 – 368.

[14] WEI D X, KOIZUMI Y, YAMANAK A, et al. Control of γ lamella precipitation in Ti – 39 at. % Al single crystals by nanogroove – induced dislocation bands[J]. Acta Materialia, 2015, 96: 352 – 365.

[15] WANG P, KUMAR M, VEERARAGHAVAN D, et al. Observations and analyses of dislocations and stacking faults in the massive γ_m phase in a quenched Ti – 46.6 at. % Al alloy[J]. Acta Metallurgica, 1997, 46(1): 13 – 30.

[16] PEREPEZKO J H. Growth kinetics and mechanism of the massive transformation[J]. Metallurgical Transactions A, 1984, 15(3): 437 – 447.

[17] AARONSON H I, MAHAJAN S, PURDY G R, et al. Origins of internal structure in massive transformation products [J]. Metallurgical and Materials Transactions A, 2002, 33(8): 2347 – 2351.

[18] BLACKBURN M J. Some aspects of phase transformation in titanium alloys[M]. The Science, Technology and Application of Titanium, 1970: 633 – 643.

[19] VEERARAGHAVAN D, WANG P, VASUDEVAN V K. Nucleation kinetics of the $\alpha \rightarrow \gamma_m$ massive transformation in a Ti – 47.5 at. % Al alloy[J]. Acta Materialia, 2003, 51: 1721 – 1741.

[20] HUANG A, HU D, LORETTO M H, et al. The formation of grain boundary gamma during cooling of Ti46Al8Nb[J]. Intermetallics, 2009, 17(5): 285 – 290.

[21] WAITZ T, KARNTHALER H P. The f. c. c. to h. c. p. martensitic phase transformationin CoNi studied by TEM and AFM methods[J]. Acta Materialia, 1997, 45(2): 837 – 847.

[22] WANG P, KUMAR M, HEMKER K J, et al. Characterization of unusual stacking faults and dislocations in the massive γ_m – phase in a quenched Ti – 46 at. % Al alloy[J]. Materials Letters, 1998, 35(5 – 6): 283 – 289.

[23] LÜ B L, CHEN G Q, QU S, et al. First – principle calculation of yield stress anomaly of Ni_3Al – based alloys[J]. Materials Science and Engineering: A, 2013, 565: 317 – 320.

[24] OKAMOTO N L, OOHASHI T, ADACHI H, et al. Plastic deformation of polycrystals of $Co_3(Al, W)$ with the $L1_2$ structure[J]. Philosophical Magazine, 2011, 91(28): 3667 – 3684.

9　细晶全片层 Ti－48Al－3Nb－xTa 合金的力学性能

9.1　γ－TiAl 基合金晶粒细化方法

对于铸态 γ－TiAl 基合金，随着组织晶粒尺寸的减小其塑性可以显著提高，说明细化铸态组织是有效提高合金塑性的一个必要条件，尤其是当铸态全片层组织的晶粒尺寸小于 100μm 时，可以有效提高合金的塑性及强度，以及高温下抗蠕变性能。鉴于 γ－TiAl 合金细晶全片层组织优异的综合性能，目前所获得的主要细化方法有以下几种。

（1）热加工处理和再结晶，通常热加工法主要选择 β 相凝固 TiAl 合金，如高温锻造后加热处理，利用变形、再结晶和相变等原理破碎凝固组织、控制织构及细化晶粒。由于 γ－TiAl 合金热变形较为困难，并且需要消耗较高的能量，γ－TiAl 合金热加工塑性差，在热变形中易于开裂，使热加工法在晶粒细化上面临诸多挑战。

（2）循环热处理的方法，如通过快速冷却的方法获得块状组织，再通过后续热处理获得细小的组织，或者通过快速循环加热的方法。循环热处理法的研究集中于 Al 含量较高的包晶凝固类型 γ－TiAl 合金，该类合金铸造后具有粗大的全片层组织。近年来，通过固态相变来细化全片层 γ－TiAl 合金组织得到广泛的研究。循环热处理法按温度可分为以下两种类型：

①经 α＋γ 两相区（T_{eu}）循环。韩建超等指出将 Ti－46Al－1Cr－2V 合金在 α＋γ 两相区共析温度附近进行 CHT 处理，处理工艺示意如图 9－1 所示。在循环过程中，不断积累 γ 晶粒中缺陷密度，促进 γ 晶粒内析出第二相 α_s 变体。并且由于相邻 α_s 晶粒的生长受压杆位错的约束而相互制约，最终经 70h 的 CHT 处理使晶粒细化至 40μm，晶粒演化过程如图 9－2 所示。

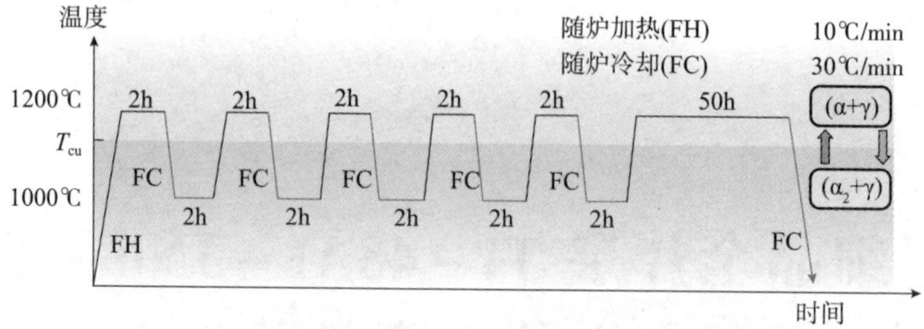

图 9-1　Ti-46Al-1Cr-2V 合金循环热处理工艺示意

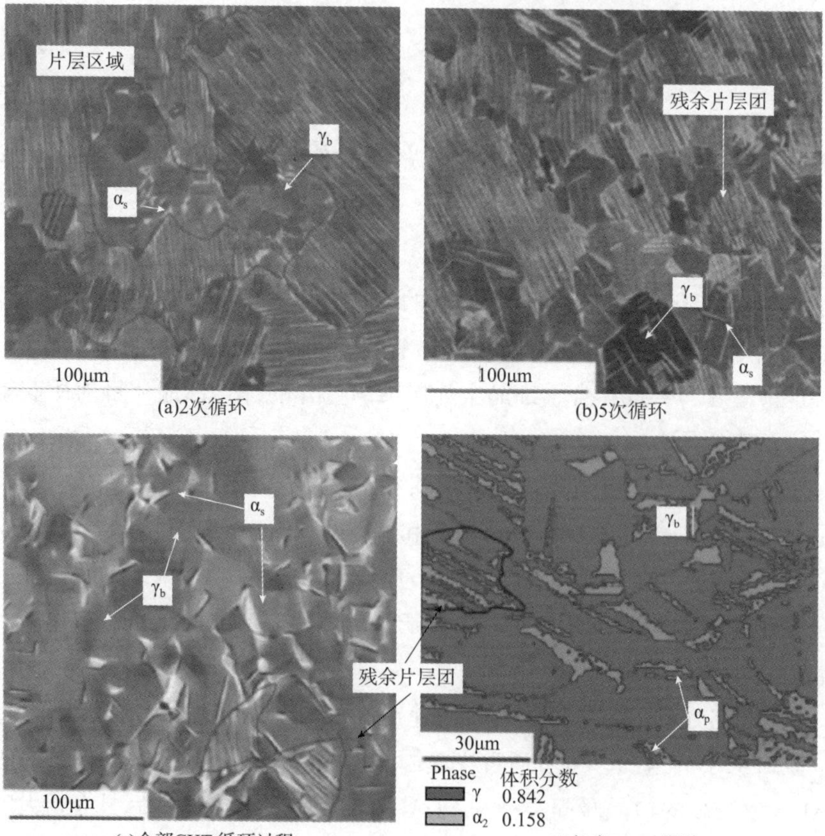

(a)2次循环　(b)5次循环

(c)全部CHT 循环过程　(d)相应EBSD图谱

图 9-2　Ti-46Al-1Cr-2V 合金经 CHT 处理后显微组织演化

②经 α 单相区(T_α)循环。Wang 等首次采用快速加热/冷却 + 时效的 CHT 方法，将 Ti-46Al-2Cr-2Nb 合金从 α 单相区经不同媒介(水冷、油冷)冷却，获得亚稳组织来破坏片层团的稳定性。结合再加热时析出的细小第二相 α_s 晶粒，稳定亚稳组织的同时显著细化晶粒尺寸至 30μm，将亚稳组织“变废为宝”。Yim 等采用快速加热 + 空冷/水冷的 CHT 方法，借助亚稳组织在 α 单相区循环冷却后

的连续析出和在 α + γ 两相区的稳定化转变，控制亚稳组织向细晶片层组织的转变，将 Ti - 48Al - 2Cr - 2Nb 合金经 20h 细化至 19μm，晶粒演化过程如图 9 - 3 所示。Cui 等采用电流脉冲快速循环加热的方法将铸态 Ti - 47Al - 2Cr - 2Nb - 0.15B 合金片层团细化至 30μm 左右，同样使合金延伸率得到了极大改善。Wu 等对 TiAl 合金通过从 α 单相区快速冷却，获得了大量的 γ_m 相，之后将合金在 α + γ 两相区退火后空冷，能够在合金内获得大量细小的 α_2 板条。但块状相的析出需要快的冷却速度，从而增加合金的热裂倾向；或者需要高的 Ta 含量[8%(原子分数)]，从而增加合金的成本及合金密度。可见，结合降温时亚稳组织的析出和升温/保温时亚稳组织稳定化转变的循环热处理方法，缩短了细化所需时间和增加了细化程度。然而上述细化方法均未得到广泛应用，因为上述方法均采用了快速加热或者快速冷却的方式，无法用于合金尺寸较大的样品。

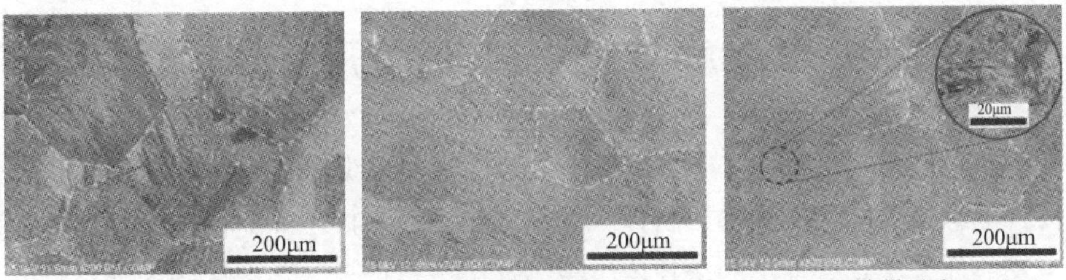

(a)1次循环后　(b)3次循环后　(c)5次循环后

(d)1次循环后　(e)3次循环后　(f)5次循环后

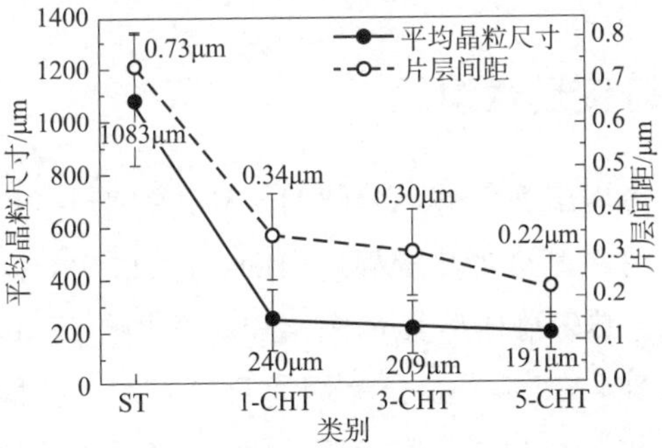

(g)相应晶粒尺寸和片层间距

图 9 - 3　Ti - 48Al - 2Cr - 2Nb 合金 1380℃保温 40s 后组织形貌

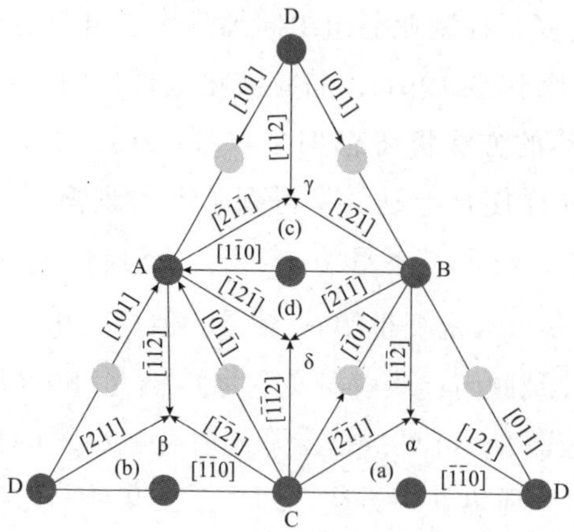

图9-4　γ相的 Thopmpson 四面体

Thopmpson 四面体能够精确描述在升温或者 α+γ 两相区保温时亚稳组织的稳定化转变（$\gamma \rightarrow \alpha_s$）机制：单个 γ 晶粒具有四个密排面和三组密排方向：AB、BC 和 CD（图9-4），第二相 α_s 晶粒(0001)α 晶面随机从平行于亚稳组织 γ 晶粒的 4 个{111}γ 密排面析出，从而获得细小的 α 晶团。

9.2　热处理制度与组织转变的研究

γ-TiAl 合金凝固组织为粗大的柱状晶，这种组织晶粒数量和取向较少，导致铸件的综合力学性能降低。所以，如何使铸造 γ-TiAl 合金在充分均匀化的同时，又能使合金具有细小的全片层组织，这关乎合金是否具有良好的断裂韧性及良好的室温塑性。为了消除凝固组织的不均匀问题并进一步提高室温塑性，通过热处理工艺进一步获得优化的工艺参数。

Ta 的添加会降低合金的层错能，并且 Ta 原子易于聚集在真孪晶、120°旋转界面和 APB 的界面处以降低体系的能量，促进变体选择的发生，故而 Ta 的添加会促进 TiAl 合金内亚稳结构的析出。因此，采用简单易于实施的循环空冷的热处理方法，细化 Ti-48Al-3Nb-1Ta 合金晶粒尺寸，从而获得适合工业化应用的新型铸造 TiAl 合金。

9.2.1　合金铸锭显微组织

采用真空感应冷坩埚熔炼获得 Ti-48Al-3Nb 和 Ti-48Al-3Nb-1Ta（原子分数/%）合金铸锭，并对其进行热等静压（Hot Isostatic Pressing）处理，工艺参数为 1240℃/150MPa/4。热等静压后其 SEM-BSE 显微组织如图 9-5 所示，Ti-48Al-3Nb 和 Ti-48Al-3Nb-1Ta 合金均为双态组织，并能观察到明显的树枝晶形貌。说明两种合金在 1240℃ 热等静压后仍存在成分的偏析。同时，双态组织中的片层组织都富集在枝晶干，而 γ 相富集在枝晶间。

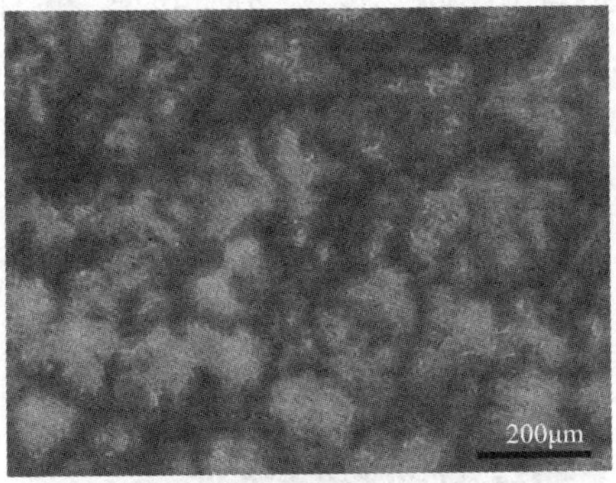

(a)Ti-48Al-3Nb

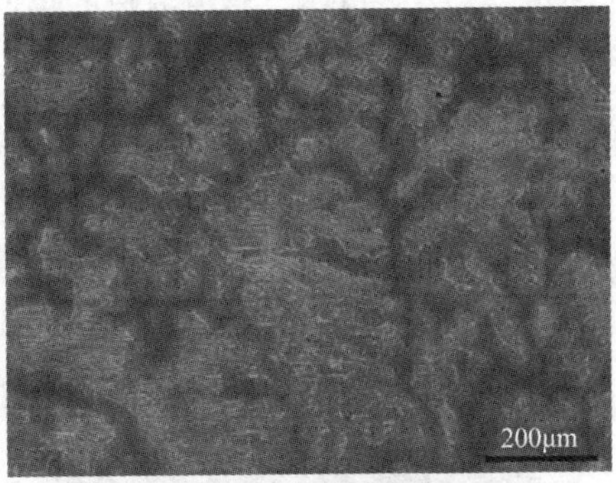

(b)Ti-48Al-3Nb-1Ta

图 9-5 合金经过 1260℃，4h 热等静压后 SEM-BSE 组织形貌

通过对两种合金枝晶间和枝晶内的成分进行 EDS 测试，获得成分分布如表 9-1 所示。对于 Ti-48Al-3Nb 合金，枝晶干富 Nb 而枝晶间富 Al，其中枝晶间的 Al 含量高达 50.23%(原子分数)。对于 Ti-48Al-3Nb-1Ta 合金，枝晶干富 Ta 和 Nb，枝晶间富 Al。因此，可以推测枝晶干和枝晶间不同的成分使得不同相组成之间具有不同的相变温度，从 TiAl 合金二元相图可知，随着 Al 含量的升高 α 单相区的温度也随之升高，因此枝晶干由于贫 Al 使得其 α 单相区的温度会低于枝晶间。

表 9-1 Ti-48Al-3Nb 和 Ti-48Al-3Nb-1Ta 合金成分分布图表(原子分数/%)

		Ti	Al	Nb	Ta
Ti-48Al-3Nb	枝晶间	Bal.	50.23	2.23	—
	枝晶内	Bal.	46.40	4.03	—
Ti-48Al-3Nb-1Ta	枝晶间	Bal.	50.14	2.49	0.32
	枝晶内	Bal.	43.86	3.31	1.88

为了消除凝固组织的不均匀问题从而提高室温塑性，对热处理工艺进行优化，进而研究和分析热处理条件对 Ti-48Al-3Nb 和 Ti-48Al-3Nb-1Ta 合金组织的影响规律。将合金在 1430℃、1420℃和 1400℃三种温度分别保温 5min 后炉冷，合金的显微组织如图 9-6 所示。当保温温度为 1430℃时，虽然仍有偏析，但是 Ti-48Al-3Nb 和 Ti-48Al-3Nb-1Ta 合金都转变成粗大的 α_2/γ 全片层组织[图 9-6(a)、(b)]，说明在此温度下合金各个相都在 α 单相区。当保温温度降至 1420℃后，Ti-48Al-3Nb 合金组织为 α_2/γ 全片层组织，同时片层团长大程度较 1430℃保温时低，并且均匀化程度降低。对于 Ti-48Al-3Nb-1Ta 合金，1420℃时合金大部分进入 α 单相区，片层团尺寸约为 250μm，只有少量 γ 相的残

余[图9－6(c)、(d)]。当保温温度降至1400℃时，Ti－48Al－3Nb和Ti－48Al－3Nb－1Ta合金α_2/γ片层团发生一定程度的长大，但是仍有大量残余γ相的存在[图9－6(e)、(f)]。说明此时温度还未到残余γ相向α单相区转变的温度。基于上述分析，为了能使合金的凝固组织得到充分均匀化，并且不会使合金片层团过分长大，选用1420℃作为均匀化温度，且保温时间不宜过长，避免α晶粒发生粗化。并且Ta在合金中的扩散速度慢于Nb元素，因此含Ta的合金需要适当延长保温时间，从而消除元素偏析。

(a)Ti-48Al-3Nb合金在1430°C保温5min炉冷

(b)Ti-48Al-3Nb-1Ta合金在1430°C保温5min炉冷

(c)Ti-48Al-3Nb合金在1420°C保温5min炉冷

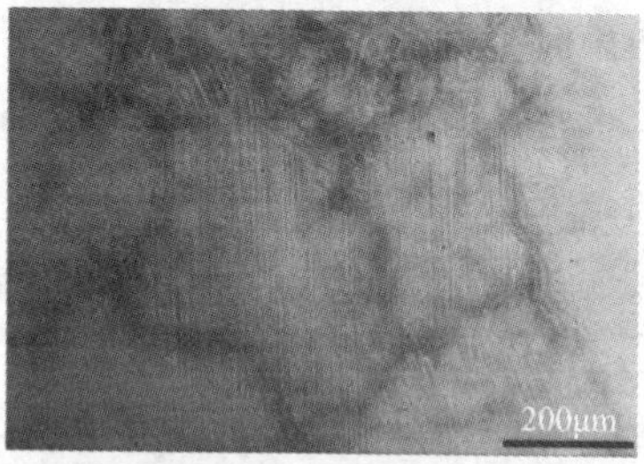

(d)Ti-48Al-3Nb-1Ta合金在1420°C保温5min炉冷

(e)Ti-48Al-3Nb合金在1400°C保温5min炉冷

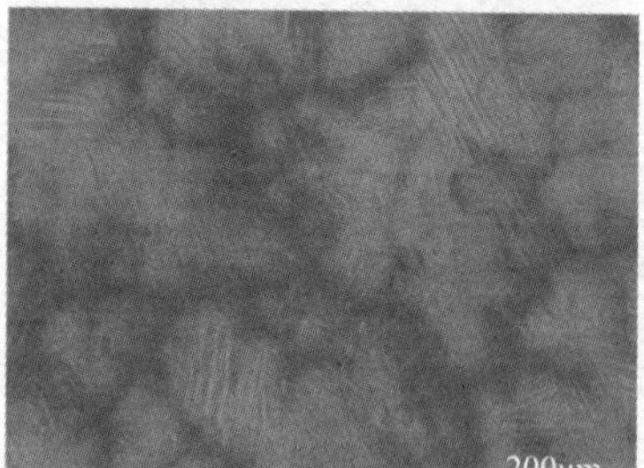

(f)Ti-48Al-3Nb-1Ta合金在1400°C保温5min炉冷

图9－6　SEM－BSE显微组织形貌

另外，将Ti－48Al－3Nb－1Ta合金1420℃保温5min炉冷之后，分别在$\alpha+\gamma$两相区间1280℃和1300℃保温2h空冷，其显微组织如图9－7所示，可以看到在1280℃保温后，在1420℃均匀化过程中枝晶间新生长的α_2/γ片层组织完全退化，并且 α 和 γ 相发生不连续粗化（DC），α_2 相在晶界处发生球化。并且 DC 晶胞沿着初生片层方向由晶界向晶内生长而呈拉长的块状，其生长前沿大多平行或垂直于初生片层方向。而当在 1300℃保温后，枝晶间新生长的 α_2/γ 片层组织虽然发生退化，但是枝晶间仍存在大量 α_2 片层组织，同时 α 和 γ 相也发生不连续粗化。研究发现，片层不连续粗化的驱动力是 α_2/γ 界面能的降低，随着温度的降低，不连续粗化驱动力升高，即 α_2/γ 界面能的降低，使得 α 相球化或者转变成 γ 相。从 TiAl－Nb 变温截面相图中来看，合金平衡组织在 1280℃处于 $\alpha+\gamma$ 两相区中靠近 γ 单相区一侧，因此不连续粗化现象更加显著。同时与 γ 片层界面的形成所涉及的 γ 相的 Shockley 不全位错形核机制和台阶生长机制不同，DC 晶胞的形成不会涉及 Shockley 不全位错的分解，不连续粗化的转变类似于胞状沉淀，DC 晶胞在初生片层组织晶界一侧与其取向相一致的晶粒内生长，通过溶质原子在晶界小范围的扩散，形成了类似于共析组织的粗化的 α_2/γ 片层，并且粗化的 α_2/γ 界面存在曲率缺陷，因而随着时效进程的延续，在 Gibbs－Thomson 效应的作用下，α_2 相易发生溶解而发生进一步球化。

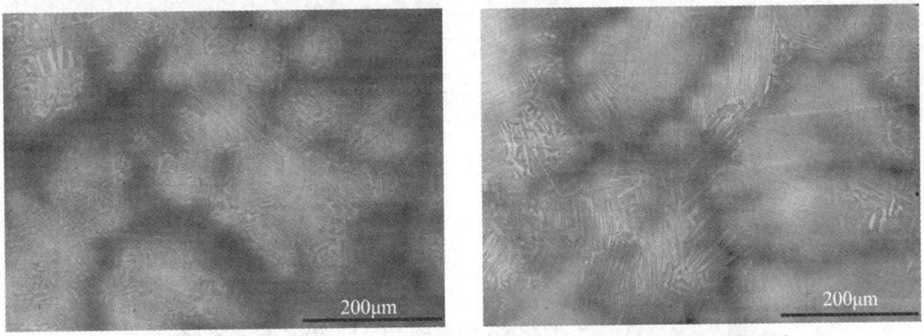

(a)1280°C保温2h空冷　　(b)1300°C保温2h空冷

图 9－7　Ti－48Al－3Nb－1Ta 合金在不同温度下 SEM－BSE 显微组织形貌

9.2.2　循环热处理工艺的选择

基于上述研究，选择两个温度段对合金进行热处理：①α 单相区底部的 1420℃作为均匀化温度；②$\alpha+\gamma$ 两相区底部的 1280℃作为稳定化温度。具体的热处理工艺如图 9－8 所示。首先将 Ti－48Al－3Nb 合金在 1420℃保温 1h 后空冷，其 SEM－BSE 显微组织如图 9－9(a)所示。可以看到空冷后合金组织中得到充分的均匀化，树枝晶形貌彻底消失，取而代之的是粗大的全片层组织，另外在片层团之间形成了少量的魏氏组织和羽毛组织。而经过 5 次循环空冷热处理后，合金的片层间距粗化，同时片层团发生部分细化[图 9-9(b)]。

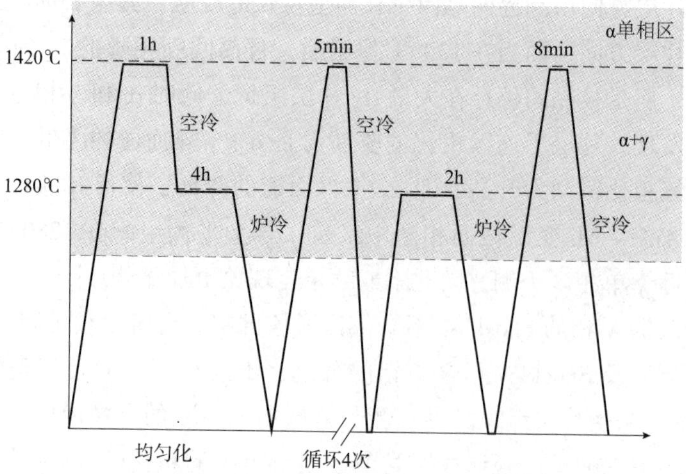

图 9-8　循环空冷热处理工艺

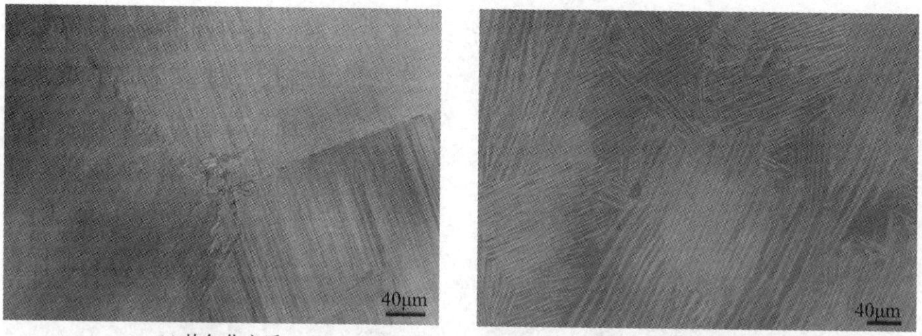

(a) 均匀化之后　　(b)经过5次循环空冷热处理

图 9-9　Ti-48Al-3Nb 合金的 SEM-BSE 显微形貌

另外，将 Ti-48Al-3Nb-1Ta 合金在 1420℃保温 1h 后空冷，其 SEM-BSE 显微组织如图 9-10(a)所示。可以发现，Ti-48Al-3Nb-1Ta 合金均匀化充分，树枝晶形貌消失，形成了粗大的片层团组织，片层团尺寸约为 400μm。在片层团的边界处观察到了大量的魏氏组织和羽毛组织，这些亚稳组织晶粒细小，大部分晶粒尺寸小于 20μm。表明 Ta 元素的添加无论在空冷还是在淬火条件下均会促进 TiAl 合金内亚稳相的析出。对均匀化后的合金进行了一次循环空冷热处理后，显微组织如图 9-10(b)所示，可以看到在粗大片层团晶界之间析出了大量的细小片层团，同时在这些细小片层团与粗大片层团的界面处观察到魏氏组织和羽毛组织。最终，经过 5 次循环空冷热处理后，合金组织如图 9-10(c)所示。合金组织已经被细小的全片层组织所取代，片层团尺寸小于 40μm。

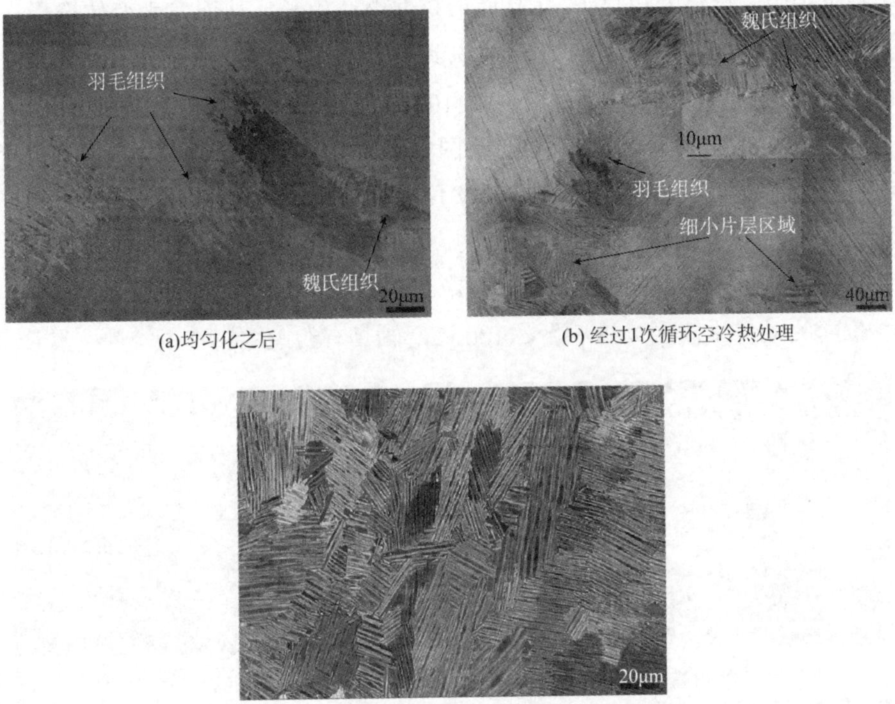

(a)均匀化之后

(b) 经过1次循环空冷热处理

(c)经过5次循环空冷热处理

图 9－10 Ti－48Al－3Nb－1Ta 合金的 SEM－BSE 显微形貌

9.3 合金的细化机制

采用 EBSD 技术对 Ti－48Al－3Nb－1Ta 合金经过一次循环空冷热处理后的 SEM－EBSD 形貌图进行观察，如图 9－11 所示。可以观察到两个粗大片层团：晶粒 A 和晶粒 B。在粗大片层团的晶界处存在晶粒取向各不相同的细小片层团、魏氏和羽毛组织。晶粒 A 和晶粒 B 是由具有 BOR 位向关系的 α_2/γ 片层构成，晶粒 B 中的魏氏组织取向分布和对应极图如图 9－11(c)、(e)所示。

另外，从图 9－11(c)中可以辨别出两种魏氏组织：γ_{w1} 和 γ_{w2}。分析 γ_{w1} 和 γ_{w2} 的{111}极图可知，魏氏组织是由平行的孪晶板条构成，并且 γ_{w1} 与晶粒 A 具有相似的位向关系，在{111}γ 晶面只相差 8°，表明 γ_{w1} 从晶粒 A 处形核并生长进入相邻的晶粒 B 中。而魏氏组织中 γ_{w2} 与 γ_{w1} 具有取向关系：$\{111\}\gamma_{w2}//\{111\}\gamma_{w1}$，表明 γ_{w2} 能够从 γ_{w1} 处形核并长大。同时魏氏组织 γ_{w2} 中观察到了少量 α_2 相 α_{W2}，并具有 $\{111\}\gamma_{w2}//\{0001\}\alpha_{w2}$ 取向关系，即符合 BOR 位向关系。结果表明魏氏组织

在生长过程中，会沿着{111}γ 孪晶面形核并继续生长，从而发生变体选择，使得新析出的魏氏组织与初始魏氏组织具有不同的取向。另外，α_{w1} 和 α_{w2} 沿 $<1\bar{1}00>\alpha_2$ 轴具有约 54°错配，其中 $<1\bar{1}00>\alpha_2$ 轴平行于 $(0001)\alpha_2$ 平面。

羽毛组织内晶粒取向分布和对应极图如图 9－11(d)、(e)所示。可以看到，羽毛组织能够从细小片层团的晶界和 γ 片层处析出。结合羽毛组织 γ_f 的极图，发现 γ_f 由小的 γ 变体组成，并与周围的 γ 片层具有晶体学位向关系：$\{111\}\gamma_f//\{111\}\gamma_L$，进一步说明羽毛组织从 γ 片层处形核。同样少量的 α_2 相 α_f 与 γ_f 具有 BOR 位向关系，并且 α_L 与 α_f 沿 $<1\bar{1}00>\alpha_2$ 轴具有约 35°错配。

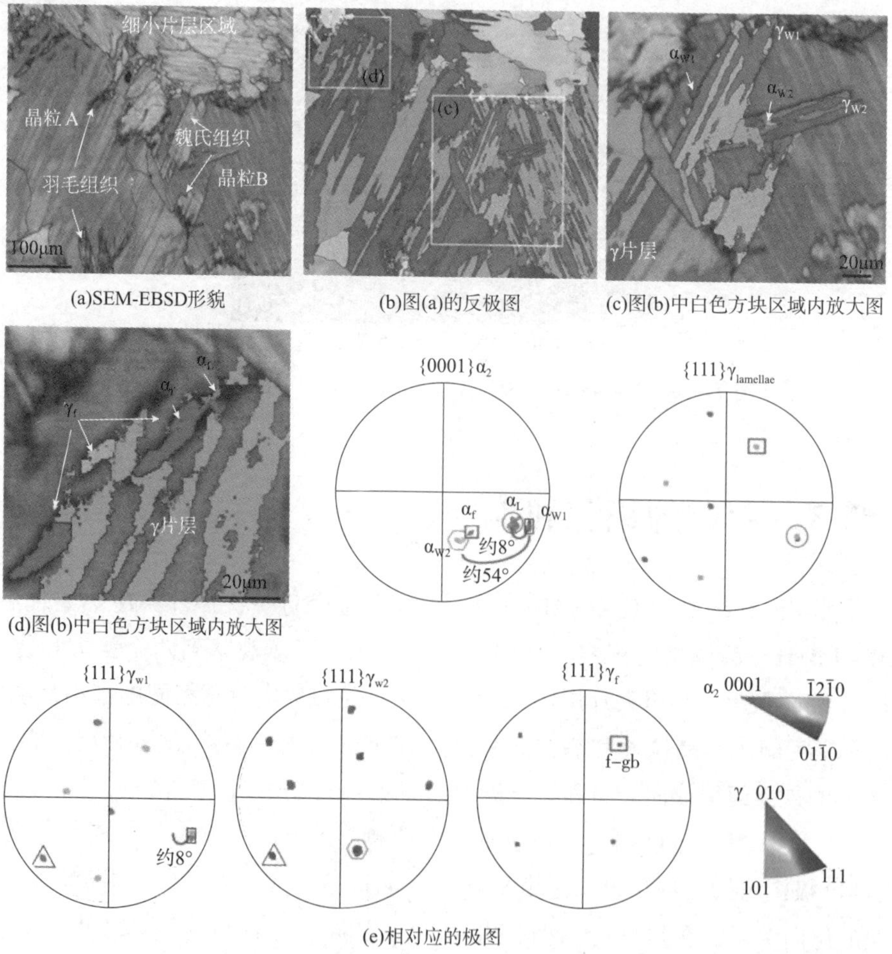

(a)SEM-EBSD形貌 (b)图(a)的反极图 (c)图(b)中白色方块区域内放大图

(d)图(b)中白色方块区域内放大图

(e)相对应的极图

图 9－11　Ti－48Al－3Nb－1Ta 合金的 SEM－EBSP 形貌及晶粒取向分布和对应极图

Dey 等将 Ti－46.8Al－1.7Cr－1.8Nb 合金从 α 单相区快速冷却后获得了大量

魏氏和羽毛组织，研究发现魏氏组织由取向各异的平行板条构成，结构与片层组织类似。同时，魏氏板条与 $<1\bar{1}00>\alpha_2$ 相具有约 65°错配。另外发现羽毛组织能够从片层团界面处形核并向相邻的片层团内生长。在本研究中，由于 Ta 元素的添加使得 Ti－48Al－3Nb－1Ta 合金在空冷条件下即可析出大量魏氏和羽毛组织，结合第 4 章和第 5 章的研究结果，即 Ta 元素的添加会降低真孪晶、120°旋转界面及反相畴界面的界面能，可以推测魏氏组织和羽毛组织都易于沿着 $\{111\}\gamma$ 析出并长大。Ta 作为慢扩散元素同时会抑制片层的生长。因此 1%（原子分数）Ta 元素的添加使 TiAl 合金无论在空冷或者淬火的条件下，都可以促进亚稳相的析出：在冷速较快的情况下，易于析出 γ_m 相；而在冷速较慢的情况下，易于析出魏氏组织和羽毛组织。这些取向各异的魏氏和羽毛组织在重新加热到 α 单相区后，会形成与母相 α 相有不同取向关系的 α 晶粒。

图 9－12(a)所示为 Ti－48Al－3Nb－1Ta 合金经过 5 次循环空冷热处理后细晶全片层组织的 EBSD 形貌，可以看到合金由不同取向的 α_2 和 γ 片层团构成。从对应的极图可以看出不同片层团之间存在沿 $<1\bar{1}00>\alpha_2$ 轴，角度分别为 8°、

(a)细晶全片层组织的SEM-EBSD形貌

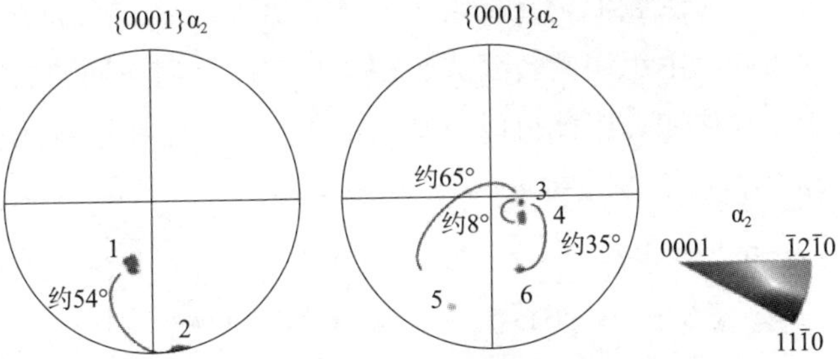

(b)与图(a)相对应的极图

图 9－12　Ti－48Al－3Nb－1Ta 合金经过 5 次循环空冷热处理后的 SEM－EBSD 形貌和对应极图

35°、54°和65°的夹角，如图9-12(b)中所示。这些特殊的角度与上述魏氏组织和羽毛组织的角度相对应，其中8°和54°错配角度与从片层处形核并生长的两种魏氏组织相对应，35°错配角度与从γ片层处形核的羽毛组织相对应。另外，在全片层组织中还观察到了65°的错配角，这表明沿着 $<1\bar{1}00>\alpha_2$ 轴错配约65°的魏氏组织也会析出。

图9-13(a)所示为Ti-48Al-3Nb-1Ta合金细晶全片层组织的TEM形貌，两个片层团的边界处电子衍射斑点如图9-13(b)所示。可以看出，两个片层团之间片层的角度为65°，并且b与c区域之间的γ片层存在[101]//[$\bar{1}$10]位向关系，即120°旋转界面。并且两个片层团内存在与γ片层具有BOR位向关系的 α_{L1} 和 α_{L2}。

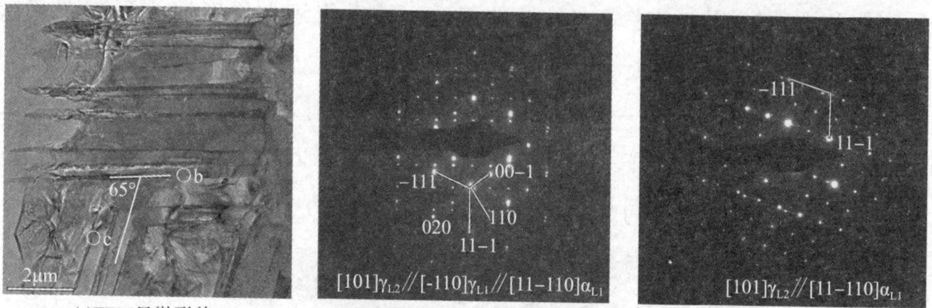

(a)TEM显微形貌 (b)图(a)中圆圈区域内的电子衍射斑点 (c)图(a)中圆圈区域内的电子衍射斑点

图9-13 Ti-48Al-3Nb-1Ta合金经过5次循环空冷热处理后的TEM形貌及电子衍射斑点

综上所述，Ta通过降低真孪晶、120°旋转界面及反相畴界面的界面能，促进魏氏组织和羽毛组织沿{111}γ形核，并且在生长过程中发生变体选择。因此Ta在空冷条件下即可促进亚稳结构魏氏和羽毛组织的析出，并使得这些亚稳结构内具有晶粒细小的亚晶粒。另外，在魏氏和羽毛组织的γ相内发现与其具有BOR位向关系的 α_2 相，表明这些 α_2 相是在空冷过程中魏氏和羽毛组织的γ相上形核析出的，故析出温度较低，含量较少。因而在下一次循环加热至1420℃时，这些新析出的魏氏和羽毛组织会转变成与粗大片层团取向不同的新α晶粒，而在空冷后形成细小的片层团。因此可以总结出细小全片层组织过程为：

第一次循环：$\alpha \rightarrow (\gamma+\alpha)_L + \gamma_W + \gamma_f \rightarrow (\gamma+\alpha_2)_L + (\gamma+\alpha_2)_W + (\gamma+\alpha_2)_f$；

第二次循环：$\alpha + \alpha_W + \alpha_f \rightarrow (\gamma+\alpha)_L + (\gamma+\alpha)_{W-L} + (\gamma+\alpha)_{f-L} + \gamma_W + \gamma_f \rightarrow (\gamma+\alpha_2)_L + (\gamma+\alpha_2)_{W-L} + (\gamma+\alpha_2)_{f-L} + (\gamma+\alpha_2)_W + (\gamma+\alpha_2)_f \cdots$

其中 $(\gamma+\alpha_2)_{W-L}$ 和 $(\gamma+\alpha_2)_{f-L}$ 分别为从魏氏组织或者羽毛组织中新转变的细小全片层组织。同时，为了防止亚稳结构魏氏和羽毛组织在升温的过程中重新溶解，将合金在1280℃保温2h，从而稳定这些亚稳结构。具体的细化示意如

图 9－14 所示。最终经过 5 次循环空冷热处理后，合金的粗大片层团被逐渐切割成细小的片层团。

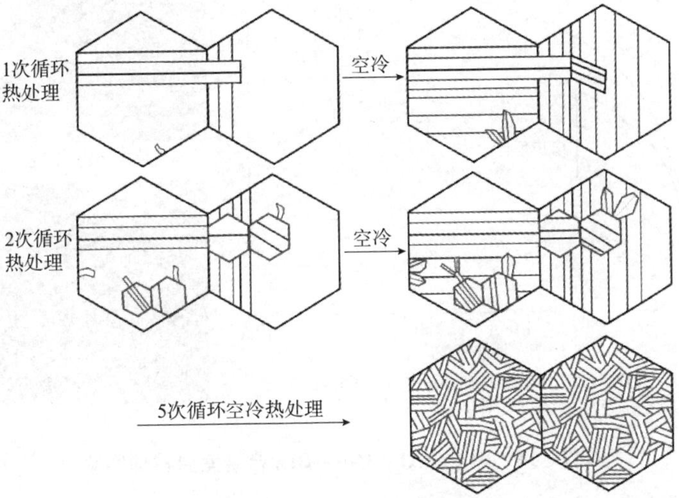

图 9－14 Ti－48Al－3Nb－1Ta 合金循环空冷热处理细化过程

9.4 热处理态下 Ti－48Al－3Nb－1Ta 合金的力学性能

对 Ti－48Al－3Nb－1Ta 合金经过循环空冷热处理之前粗片层团组织(约 400μm)和循环空冷热处理之后细片层团组织(约 40μm)进行了室温拉伸实验，拉伸曲线和断口形貌如图 9－15 所示，具体合金性能如表 9－2 所示。可以看出 Ti－48Al－3Nb－1Ta 合金室温延伸率从 0.4% 提升到 1.7%，抗拉强度从 353MPa 提升至 544MPa，细晶全片层组织在塑性和强度方面均有明显的提高。同样地，对于 Ni 基 K4169 高温合金，随着晶粒尺寸的细化，合金室温延伸率和塑性均产生了极大程度的提高。而与 Ni 基高温合金不同的是在快速冷却条件下，TiAl 合金倾向于析出亚稳结构，高温合金则倾向于析出细小的等轴晶组织。

图 9－15(b)、(c)所示为典型的 Ti－48Al－3Nb－1Ta 合金粗片层团和细片层团的断口形貌，其中具有片层结构的 TiAl 合金裂纹生长模式可以分为片层内断裂和跨越片层断裂，对于细小全片层组织而言，片层内断裂处存在不同尺寸的台阶，这些台阶平行于(111)γ 面，与粗大片层团组织断口形貌相比，细小片层团组织的断口形貌相对较粗糙和弯曲。

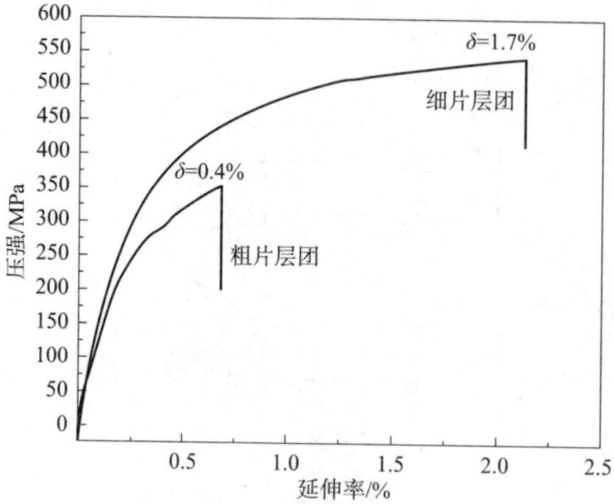

(a)循环空冷热处理之前粗片层团组织和循环空冷热处理之后细片层团组织的拉伸曲线

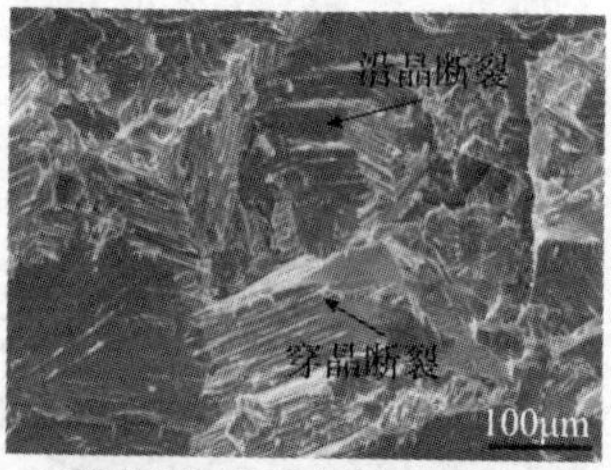

(b)粗片层团组织的断口SEM形貌

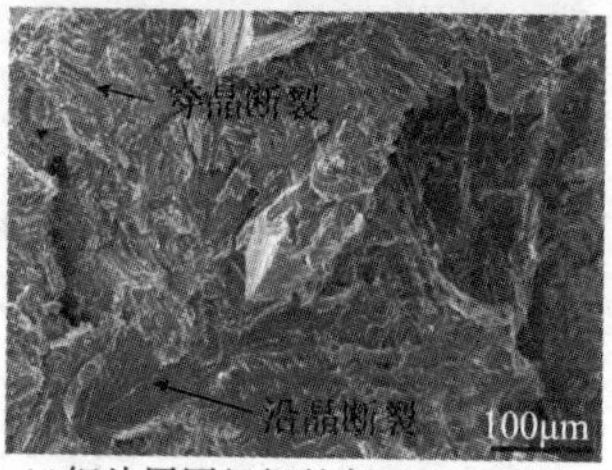

(c)细片层团组织的断口SEM形貌

图 9-15　Ti-48Al-3Nb-1Ta 合金室温拉伸实验

表 9-2　Ti-48Al-3Nb-1Ta 合金室温力学性能

合金	显微组织		$\sigma_{0.2}$/MPa	σ_{UTS}/MPa	延伸率/%
Ti-48Al-3Nb-1Ta	粗片层团	1#	325	353	0.4
	细片层团	2#	395	544	1.7

研究发现，全片层 TiAl 合金的屈服强度和延伸率受到应力方向与片层之间的夹角 ϕ 的影响。当夹角 ϕ 为 45°时，拉伸时会在{111}γ 面发生剪切变形并平行于片层界面，因此此时具有相对较低的抗拉强度和较高的塑性；而当夹角 ϕ 为 0°和 90°时，剪切变形会穿过片层界面，从而导致较高的强度、较低的塑性，并且 $\phi=0°$时的塑性要高于 $\phi=90°$时的。因此，对于粗大的全片层组织，由于含有有限的晶粒取向分布，拉伸过程中两种变形模式分布有限，从而导致塑性和强度较差。对于多晶全片层 TiAl 合金而言，更多的片层取向表示更多的变形模式，两种变形模式能够同时被激发，即当一个片层团内晶粒发生了 $\phi=90°$时的剪切变形穿过片层界面，其周围的晶粒已经具备 $\phi=45°$时的模型，故而合金具有良好的塑性和强度。另外，TiAl 合金片层团尺寸的塑性同样遵守 Hall-Petch 关系，研究认为微观裂纹的长度与片层团尺寸相当时，裂纹较为稳定。并且合金最终的断裂由这些稳定的微观裂纹进一步发展所决定的。相似地，合金强度和片层团尺寸之间同样存在 Hall-Petch 关系。

参考文献

[1]CAO S, HAN J, WANG H, et al. Effects of cycle heat treatment on the microstructure and mechanical property of as - cast γ - TiAl alloy[J]. Materials Science & Engineering A, 2022, 857: 144053.

[2]WANG J N, YANG J, XIA Q, et al. On the grain size refinement of TiAl alloys by cyclic heat treatment[J]. Materials Science & Engineering A, 2002, 329 - 331: 118 - 123.

[3]YIM S, BIAN H, AOYAGI K, et al. Effect of multi - stage heat treatment on mechanical properties and microstructure transformation of Ti - 48Al - 2Cr - 2Nb alloy[J]. Materials Science & Engineering A, 2021, 816: 141321.

[4]CUI J P, SUI M L, CUI Y Y, et al. Ductile TiAl alloy with a Widmanstätten lamellar structure formed by rapid heating[J]. Journal of Materials Research, 2008, 23: 949 - 953.

[5]WU X, HU D. Microstructural refinement in cast TiAl alloys by solid state transformations[J]. Scripta Materialia, 2005, 52(8): 731 - 734.

[6]QIN G W, OIKAWA K, SUN Z M, et al. Discontinuous coarsening of the lamellar structure of γ - TiAl - based intermetallic alloys and its control[J]. Metallurgical and Materials Transaction A, 2001, 32: 1927 - 1938.

[7]DEY S R, HAZOTTE A, BOUZY E, et al. Development of Widmanstätten laths in a near - γ TiAl alloy[J]. Acta Materialia, 2005, 53(14): 3783 - 3794.

[8]DEY S R, BOUZY E, HAZOTTE A. Features of feathery γ structure in a near - γ TiAl alloy[J]. Acta Materialia, 2008, 56(9): 2051 - 2062.

10 钛铝合金的展望及挑战

10.1 钛铝合金未来展望

由于相图的复杂性，凝固显微组织对凝固条件和合金成分高度敏感，三元、四元合金情况更是如此，即便对于已获得应用的合金，这些相平衡数据仍然缺乏。应该采用材料基因组计划所倡导的集成计算方法，将多尺度的计算模拟相结合，给出成分－相－显微组织关系的框架，并加以必要的实验验证，以更好地理解凝固偏析，改善显微组织均匀性。例如，为什么相图中 $\gamma/\gamma+\alpha_2$ 相界的准确位置难以确定？前文已提到，O 在 γ 相中的溶解度约为 0.03%（原子分数），但 O 在 α_2 相中则可溶解 0.8%～2.2%（原子分数）。这样大的差异会使相界位置受 O 含量的影响比较大，可能导致不同研究者测量的相界位置不同。要澄清这个问题，需要对 Ti－Al－O 相图进行更准确的计算和实验研究。又如，B 尽管细化晶粒，但当相邻的细晶片层位向比较接近时，室温延伸率仅为0.45%，需要弄清楚含硼合金中是否发生织构，在什么条件下（合金系、Al 含量、B 含量、硼化物种类）出现织构等问题。

10.2 变形合金的挑战

对于 γ－TiAl 这样的难变形合金，采用变形工艺意味着材料利用率很低，成本很高，这是变形合金至今未实现大批量应用的主要原因之一。尽管 40 年来报道了大量工作，但对一些基本问题仍缺乏系统的研究，如 α 相的再结晶过程及其机制，显微组织随着两相区变形演化的细节，还有更重要的变形组织和性能的各向异性。需要系统表征显微组织和织构随着变形工序的演变过程，在此基础上以最少工序获得最佳组织，以降低成本。

10.3 第三代合金的设计

第二代合金如4822和45XD目前主要用于650℃(偶尔700℃)的服役环境，目前新一代航空发动机要求提高涡轮转速(如齿轮涡扇发动机)从而承载更高应力，或为了提高燃油效率要求提高应用温度，均需要发展疲劳强度和蠕变抗力更高的第三代γ-TiAl合金。从拉伸强度来看，第三代合金比第二代高出很多，但其他更关键的性能，如氧化和蠕变并未得到系统表征和评估，综合性能离应用要求尚有差距。如前所述，像TNM这样的合金主要采用Nb、Mo等难熔元素强化，同时利用β相实现高温变形加工，然后在目标应用温度尽量消除β相。这里很多基本问题还未弄清楚，如β相(以及析出的w相或类w相)对蠕变性能的影响规律；蠕变与相变的交互作用细节；有序相在蠕变过程中的再结晶动力学及其对蠕变速率的影响；氧化及环境对蠕变寿命的影响。

10.4 新技术基础上的新应用

γ-TiAl合金的低塑性使焊接和连接具有很大的挑战性，扩散焊、钎焊、电子束焊和激光焊接等问题的解决将扩大γ-TiAl合金的应用范围；另一项有待深入研究的技术是定向生长γ-TiAl合金的PST晶体，沿生长方向可以获得高达10%的室温延伸率，但存在三个方面的问题：一是强度偏低；二是可生长晶体的合金成分很有限；三是制作部件所需的大尺寸晶体的生长方法有待突破。进一步优化生长工艺可以拓宽PST晶体的合金成分，如4722合金，通过调整O含量可以得到室温屈服强度>500MPa，抗拉强度>600MPa，延伸率>5%的优异综合性能，获得具有工程应用价值的大尺寸晶体仍具有挑战性。

10.5 新成形工艺的适宜性

很多新的金属成形工艺有助于解决γ-TiAl合金的成形难题，如预合金粉末的火花等离子烧结工艺可一步实现零件或坯料的成形，可获得细晶全片层组织，但对于厚截面构件的工艺参数尚需优化，材料的全面性能和性能一致性需要进一步研究。基于激光的快速原型制造等增材制造技术早在20世纪90年代已被尝试用于制备γ-TiAl合金。近年来，随着3D打印技术的升温，欧美对γ-TiAl合金开展了较大投入的研究。美国得克萨斯大学和加州大学等相继开展了电子束打印γ-TiAl合金研究；意大利都灵技术大学和意大利航空工业集团、瑞典Arcam公司合作，采用电子束粉末床技术对制备多种γ-TiAl合金及叶片、叶轮模拟件开展了深入研究；德国目前正在执行γ-TiAl合金激光增材制造的一项研究计划，这些3D打印技术用于γ-TiAl合金制备必将推动新一代制造方法的进步，尽管进展较快，目前仍有很多技术问题没有解决，如同一工件不同部位性能的一致性、不同批次间性能的一致性、沉积质量与制造效率的矛盾，以及当电子束扫描速率较高时造成的层间偏析等问题还有待深入研究。

欧洲科学基金会于2013年底出版的材料科学与工程展望报告列出了9个需要重点关注的研究主题，γ-TiAl合金和增材制造技术分列第一和第二。而将增材制造技术用于制备低塑性的γ-TiAl合金部件显然挑战性更大。各种3D打印技术仍在发展中，有待成熟。最接近成熟应用的是原型模具制造和航空航天非关键件制造，而期望值最高的航空航天关键部件制造从技术角度看仍具有挑战性，在批量生产中如何降低成本也是需要解决的问题。

参考文献

[1] JIN H, LIU R H, CUI Y Y, et al. In: Kim Y W, Smarsly W, Lin J P, Dimiduk D eds., Gamma Titanium Aluminide, Warrendale, PA: TMS, 2014: 14.

[2] MURR L E, GAYTAN S M, CEYLAN A, et al. Acta Mater, 2010; 58: 1887.

[3] Porter J, Wooten J, Harrysson O, Knowlson K. Materials Science and Technology—Association for Iron & Steel Technology. Vol. 2, Warrendal, PA: Association for Iron & Steel Technology, 2011: 1434.

[4] European Science Foundation, Materials Science and Engineering Expert Committee (MatSEEC). Materials Science and Engineering in Europe: Challengers and Opportunities [N]. Science Position Paper, November, 2013.